중독에 빠진 뇌

The Addicted Brain
Why we abuse drugs, alchol, and nicotine
by Michael Kuhar
published by Pearson Education, Inc.

술, 담배, 약물, 게임 중독을 벗어날 수 있는 뇌과학

중독에 빠진 뇌

마이클 쿠하 지음 | 김정훈 옮김

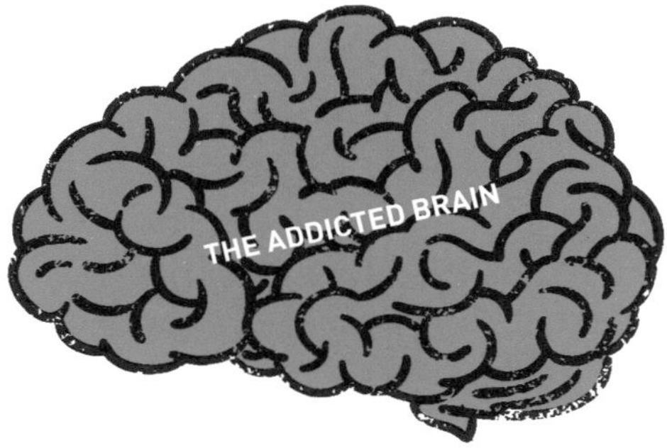

해나무

뇌질환으로 괴로움을 겪는 사람들,

그들을 돌보는 사람들과 지지자들,

그리고 더 나은 미래를 희망하는 연구자들에게

이 책을 바칩니다.

한국어판 서문

『중독에 빠진 뇌』가 한국어로 번역된 것을 기쁘게 생각한다. 나는 이 책이 모든 사람들에게 도움이 될 좋은 책이라고 믿고 있다. 이 책은 다소 전문적인 부분은 건너뛰고 읽어도 큰 지장이 없도록 쓰여 있고, 각 장들은 따로 떼어 그 부분만 읽어도 될 만큼 독립적인 내용들로 구성되어 있다. 이 책은 이 분야의 가장 최신 정보를 담고 있으며, 중독에 관한 과학, 치료, 정책이 한자리에 어우러져 있다는 점에서 독특한 책이다.

또한 평소 존경하는 과학자인 김정훈 교수가 이 책을 직접 번역했다는 사실에 기쁨을 느꼈다. 코카인과 암페타민에 대한 그의 연구는 우리가 중독성 약물들이 뇌 안에서 어떻게 작용하는지 더 잘 이해할 수 있도록 도와주었다. 약물 중독 분야에서 김정훈 교수가 오랫동안 연구해온 경험과 빈틈없는 지식은, 이 책이 한국에서 성공적으로 번역, 출간되는 데 큰 도움이 되었을 것이라 믿어 의심치 않는다.

한국의 독자 여러분의 건강과 안녕을 소원하며, 『중독에 빠진 뇌』가 많은 사람들에게 보다 나은 삶을 성취할 수 있는 어떤 영감을 제공할 수 있기를 희망한다.

마이클 쿠하

머리말

중독으로 이끄는 뇌 안의 악마

로버트Robert는 졸업 파티에서 만난 친구들의 권유로 크랙crack을 처음 경험하게 되었는데, 이때 그의 나이는 고작 열일곱 살이었다. 크랙은 평소 로버트가 상상으로만 가능했던 세계로 그를 데려다 주었다. 로버트는 점점 더 그 세계를 원하게 되었다. 3년이 흐른 뒤에, 그는 더 이상 직업을 유지할 수 없게 되었다. 그의 치아는 헐거워졌고 그중 두 개는 빠져버렸다. 그는 물건을 훔쳤고, 몸도 팔았다. 단지 더 많은 약을 위해서라면 무엇이든지 했다! 재활센터에 두 번이나 갔지만, 약을 찾아 다시금 거리를 나섰다. 로버트가 원하는 전부는 오로지 더 많은 약일 뿐이었다.

이 책에서 나는 유혹, 숨 막히는 쾌락, 그리고 당신의 머릿속 한가운데에 있는 환상이면서 동시에 실재인 하나의 세계에 관하여 말할 것이다. 이 환상의 세계는 쉽게 포기할 수 없으며, 다른 모든 환상처럼, 만일 당신이 실제 세계–생활하고 일하면서 고지서를 지불하고 사랑하는 이들을 돌봐줘야만 하는 삶의 터전–로 돌아오지 못한다면 문제를 일으키게 될 것이다. 약물, 뇌, 중독은 이러한 환상의 세계를 만든다. 하지만 그것은 너무나도 빨리 지옥으로 바뀔 수 있으며, 종종 그렇게 되고 만다.

그동안의 많은 연구 결과들은 어떻게 약물과 다른 쾌락들이 뇌에 영향을 끼치게 되는지를 우리에게 가르쳐주었다. 특히 약물, 도박, 인터넷 사용, 초콜릿 등이 전부 비슷한 방식으로 뇌에 영향을 미친다는 것이 밝혀졌다. 이러한 발견의 중요성은 단지 약물 중독과 쾌락에 관한 새로운 지식을 제공해주는 것을 넘어서서, 윤리와 도덕, 하나의 생존기관으로서의 뇌의 본성과 뇌의 진화, 그리고 선하고 추악한 인간 본성에 이르기까지 그 영향력을 행사한다. 뇌의 예측 불허성과 한계를 드러내는 그 어떤 지식도 우리에게 유용하며 우리 모두에게 도움이 된다. 뇌와 인간의 행동을 이해하는 것은 개인적으로나 사회적으로 발전을 이루기 위한 현실적인 목표를 세우는 데 있어 필요한 기본적인 요구사항이다.

놀라운 과학적 발견은 물론이고, 약물 사용자의 뇌를 검사할 수 있도록 도와주는 훌륭한 기술들을 이 책에 포함할 수 있다는 점을 나는 특별히 영예롭게 생각한다. 예를 들면, 뇌영상 기술의 발달은 머리에 어떤 물리적인 손상을 가하지 않고도 어떻게 약물이 뇌에 영향을 미치는지를 연구할 수 있게 해주는데, 이러한 기술은 수십 년 전에는 상상도 하지 못했던 일이다. 그 외에도 실험동물이 스스로 약물을 주입하도록 하는 약물 자가주입과 뇌 조직의 생화학적 분석과 같은 기술들이 현저하게 발전했다. 내가 영예롭게 생각하는 이런 것들을 여러분과 공유하고 싶다. 나는 지난 40년 이상 이 분야에 종사하면서 그 발전을 지켜보고, 공중보건에 끼치는 영향을 바라볼 수 있었던 것에 대해 나 자신이 매우 운이 좋았다고 생각한다. 이 책의 곳곳에서 사람들을 돕기 위하여 어떻게 과학이 사용되었는지를 보여주는 매력적인 이야기들을 찾아볼 수 있다.

어떤 것은 합법이고 어떤 것은 불법이지만, 서로 다른 여러 가지 종류의 중독성 약물들은 우리의 뇌 안에 매우 강력한 악마demon를 풀어놓는다. 놀랍게도, 그 잠재적인 악마들–뇌 안의 화학물질과 신경세포들–은 이미 뇌 안에 존재하고 있으며, 생존 기능에 필수적인 일들을 아주 중요하지만 별로 잘 드러나지 않는 방식으로 하고 있다. 중독성 약물들은 그 화학물질과 신경세포들을 파괴하여 뇌 안에 악마를 창조해내고, 이제 악마는 뇌의 통제를 벗어나서 많은 사람들에게 피해를 입힌다. 수십 년간의 과학적 연구 결과는 어떻게 이런 일이 일어나는지를 밝혀준다.

악마들은 예상한 대로 행동한다. 일단 풀려나고 힘을 갖게 되면, 쉽게 떠나려 하지 않는다. 몸 안에 약물을 더 이상 투여하지 않더라도, 그들은 수개월 혹은 수년 동안 지속적으로 우리의 행동에 영향을 미친다. 그들은 당신이 점점 더 많은 약물로 자신들의 배를 채워주기를 원한다. 악마들이 갖고 있는 힘의 일부는 그들이 뇌의 강력한 시스템 안에 거주하고 있다는 데에서 온다. 뇌의 시스템은 우리를 환경에 적합하게 적응시켜 살아남게 하는 것과 같은 큰일을 수행해야 하기 때문에 힘이 있어야만 한다. 악마들의 긴 수명과 힘은 그들을 가공할 만한 수준의 적으로 만들지만, 우리는 혼자가 아니며 도움이 없는 것도 아니다. 약물 중독 치료와 재활센터는 스스로가 삶을 통제하는 것을 회복하도록 돕는다. 뇌 안에 약물 중독을 일으키는 악마들은 마찬가지 방식으로 도박, 탄수화물, 섹스, 그리고 인터넷과 같은 다른 형태의 중독도 일으키는 것으로 보인다. 따라서 약물 중독 연구는 다른 중독을 이해하는 데 큰 도움을 준다.

악마를 아는 것은 유용하다. 왜냐하면 그들을 이해하고 그들이 무엇을 하는지를 앎으로써 우리는 그들의 뜻을 꺾고 약물 사용자들을 도울 수 있는 치료용 약들과 다른 처방들을 개발해낼 수 있기 때문이다. 실제로 아직은 완전하지 않지만, 치료용 약물을 찾고자 하는 노력은 꽤 성공적이다. 우리는 매일 더 힘을 얻어가고 있다. 약물 사용자들이 건설적인 방법으로 행동과 습관을 바꾸는 것 또한 악마를 무기력하게 한다.

어떤 사람은 운이 좋아서 약물 자체에 전혀 흥미가 없거나 아무 때라도 그것들로부터 자유로이 멀어질 수가 있다. 하지만 모든 사람들의 뇌는 적어도 어느 정도는 같지 않으며, 약물에 대한 취약성이 다르다. 놀랍게도 여자와 남자가, 청소년과 어른이 약물에 대해 다르게 반응한다. 십대 청소년들은 아직 어리고 약물에 대한 민감도가 크기 때문에 특별히 염려가 된다. 많은 연구들은 왜 어떤 사람이 다른 사람들보다 더 쉽게 약물 중독에 빠지는지를 밝혔다. 수많은 건강 문제와 관련이 있는 스트레스 또한 약물 중독의 악마를 키우는 데 일조한다. 타고난 유전적 특성도 기여한다. 하지만 압도적이지는 않으므로 맞서 싸워서 충분히 이길 수 있다.

약물 남용과 중독은 그로 인해 환자에게 나타나는 비참함뿐만 아니라, 비용이 많이 드는 질환이다. 이러한 비용 때문에 사회는 약물 사용에 맞서 싸우라고 과학에 투자해왔고, 이제 그 결과들을 얻어내고 있다. 우리는 악마들을 발견했고, 맞서 싸울 수가 있다. 만일 당신이 사랑하는 사람이나 어느 환자, 아니면 자신의 중독 때문에 이 싸움 자체에 처음 대면하는 것이라면, 이 싸움에서 승리하기 위하여 먼저 당신 자신부터 무장하길 바란다.

차례

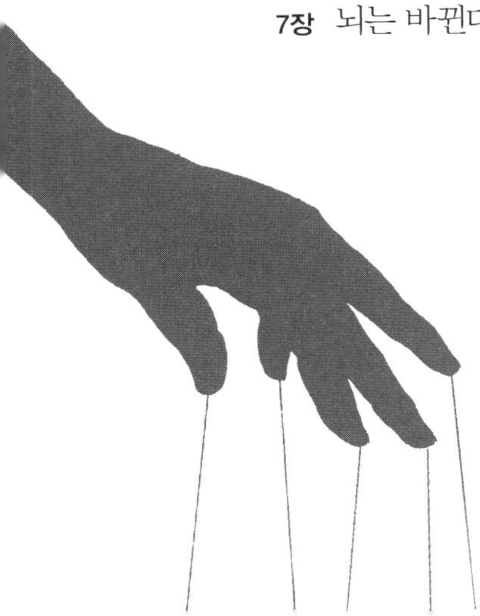

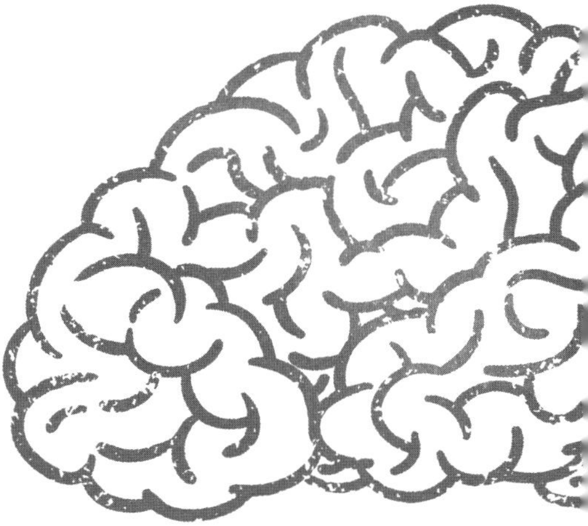

1부

뇌는 무엇을 원하는가?

1장

중독의 공모자, 뇌

"전 이제 열네 살인데, 지금 이렇게 약물 상담을 받고 있어요. 그간 도둑질을 했고, 학교를 빼먹었고, 대부분의 과목에서 낙제를 했죠. 이런 일들은 제가 약물에 손을 대면서부터 시작된 것 같아요. 우리는 형이나 누나들에게서, 부모님의 약 상자로부터, 그리고 길거리에서 약을 얻었어요. 우리는 결코 '약을 한다'고 생각하지 않았어요. 단지 재미로 시간을 보내고 싶었을 뿐이었고, 언제라도 마음만 먹으면 그만둘 수 있다고 생각했어요. 그러나 우리는 우리 자신을 속이고 있었어요. 이것은 우리에게 커다란 문제가 되었어요. 이제 저는 제 자신에게 무슨 일이 벌어진 것인지 그리고 제 삶을 되돌리기 위해 무엇을 할 수 있는지 찾고 싶어요. 저는 모든 것을 알 필요가 있어요!"

• • •

약물에 걸려든다는 것은 매력, 유혹, 강박, 고통으로 이루어진 일련의 연속적인 사건들이다. 약물은 위험하고 도처에 퍼져 있으며, 그것을 제대로 다루기 위해서는 지식과 도움이 필요하다. 이 책은 알코올, 니코틴, 불법적인 약물들이 뇌에 어떻게 작용하는지, 어떤 영향을 끼치는지, 그것들의 사용을 멈추기 위해서는 무엇을 할 수 있는지에 대해 이야기한다. 이 책은 특별히 뇌 안에서 어떤 일이 벌어지는지, 우리의 뇌는 약물에 왜 그렇게 반응할 수밖에 없는지에 대해 자세히 말한다. 그렇다. 뇌는 약물을 위해 준비가 되어 있다. 뇌는 비록 자신도 모르고 있지만, 하나의 공모자라고 할 수 있다!

어떤 사람을 약물 남용자abuser 혹은 약물 중독자addict라고 부를 수 있을까?[1] 만일 어떤 사람이 심각한 문제없이 이따금 약물을 사용하고 의지에 따라 언제든지 약물을 끊을 수 있다면, 그 사람은 단순히 '약물 사용자user'에 지나지 않을 수 있다(물론 그렇다고 해도 위험한 상황이다). 하지만 약물을 취하는 것이 그 사람의 삶에 심각한 고통과 문제를 일으킨다면, 그때는 '약물 남용자'라고 부르는 것이 적합한 표현일 것이다. 약물이 그 사람의 삶을 통제하는 지경에 이르렀거나 잇따른 심각한 고통과 부정적인 결과들에도 불구하고 약물 사용을 멈추지 못한다면, 그 사람은 '약물에 의존적으로 되었거나 중독되었다'고 말할 수 있다. 지금 이 책을 읽는 여러분이 설령 '사용자', '남용자' 혹은 '중독자', 그 어느 경우에도 해당되지 않더라도 이 책을 통해 어떤 면에서 유용한 것을 얻을 수 있을 것이다.

다음에 이어지는 용어 설명은 약물 사용의 특정 수위에 대해 전문가 집단에서 내린 정의이다. 중독은 가장 심각한 형태의 질환이며[2] 약물을 오랜 시간에 걸쳐 반복적으로 취하게 될 때 생겨난다. 보다 더 많은 양의 약물을 좀 더 빈번하게 취하게 되면 보다 더 빨리 중독에 이를 수 있다. 하지만 이 과정을 기술할 만한 수학적 공식은 없다. 반드시 '정확하게 어느 정도로 발전하게 된다'라고 말할 수는 없다. 게다가 이 과정은 개인에 따라 그리고 각자의 처한 상황에 따라 다양하게 나타난다.

약물 사용, 남용, 중독 혹은 의존성

『*DSM IV TR*』은 미국정신의학회APA, American Psychiatric Association에서 발간한 '정신질환의 진단 및 통계 편람'의 가장 최신판으로, 약물 사용과 관련된 다양한 질환을 정의하고 진단할 수 있는 공식적인 설명서이다. 이 책은 전문가들이 약물 남용의 정도를 좀 더 정밀하게 정의하는 데 사용된다. 따라서 공식적인 정의를 알기 위해서는 이 책을 살펴보기를 바란다.[3]

- 약물 사용drug use이란 말은 보통 단순히 어떤 약물을 사용하는 것을 가리킨다. 그러나 이 말은 종종 쾌락을 얻기 위한 목적으로 약물을 사용하는 경우를 뜻하며, 이 경우에는 약물이 가져다주는 급성 효과와 독성이 특별히 중요하다. 만일 사용된 약물이 불법적인 것이라면, 법률 위반에 대한 측면도 염려될 수 있다. 또한 약물을 계속 사용하다 보면

문제가 심각해질 위험이 잠재되어 있다.

- 약물 남용drug abuse은 단순한 약물 사용보다 더 깊은 수준의 약물 사용으로, 사용자의 삶을 고통스럽게 하거나 사용자에게 부정적인 영향을 미쳐 더욱 심각한 문제가 된다. 또한 이것은 스스로 통제하기 어려운 상태가 될 수 있다.

- 약물 중독 혹은 의존성drug addiction or dependence은 고통과 부정적인 결과에도 불구하고 약물 탐색과 약물 섭취에 있어서 사용자가 더욱 통제력을 잃은 심각한 상태이다. 여기서 주목할 것은 행동 통제력의 상실과 고통 및 부정적 결과가 강조되었다는 점이다. 이 외에도 약물 중독에는 잘 알려진 특징들이 추가로 몇 가지가 더 있다.
  - 약물을 얻고 그것을 사용하는 데 상당한 시간이 소비된다.
  - 의도한 것보다도 더 많은 양의 약물이 섭취된다.
  - 약물 섭취를 중단하려는 노력은 종종 실패로 끝난다.
  - 이전과 동일한 효과를 만들어내기 위해 더 많은 양의 약물을 필요로 하게 되는 상태, 즉 내성이 발달한다.
  - 약물의 효과가 사라질 때 금단 증상이 있을 수 있다. 따라서 어떤 사람은 명백히 괴로운 느낌이나 부정적인 결과가 없음에도 불구하고 약물에 대한 문제를 가지고 있을 수도 있다.

결국, 중독이나 의존성이란 용어는 약물 탐색과 섭취에 있어서 좀 더 심한 경우를 기술할 때 사용된다.

약물 사용은 단순히 하나의 지나가는 유행도, 최신 유행하는 멋진 일도 아니다. 이런 종류이건 저런 종류이건 약물은 수천 년의 오랜 세월을 우리와 함께 있어 왔다. 중국에서는 아편이 수백 년 동안 사용되어왔고, 초기 아메리카 원주민 문화에서 코카인의 사용 또한 수백 년 전으로 거슬러 올라간다. 성경에 나오는 인물조차도 포도주에 취했다는 기록이 나온다. 이와 같이 여러 시대에 걸쳐 오랫동안 사람들이 지속적으로 약물을 사용해온 까닭은 바로 약물의 고유한 성질과 그것에 반응하는 뇌의 취약성 때문이다. 예를 들어, 2006~2007년 사이의 미국에서 집계된 통계를 보면, 12세 이상의 사람들 가운데 불법 약물[4]이나 알코올을 남용하거나 약물에 대한 의존성을 갖고 있다고 분류된 사람의 수가 2200만 명 이상에 달한다.

중독이 진행됨에 따라, 사람들을 그렇게 꽉 붙잡아 매어 그들이 적어도 약물 섭취는 물론이고 때로는 그들의 삶 자체에 대한 통제력을 잃게 만드는 그 실체는 과연 무엇일까? 이 책은 지난 20여 년간에 걸친 연구를 통해 발견된 사실들을 토대로 이러한 질문에 답해보려고 한다. 그동안 약물 남용 연구는 상당한 진전을 이루었다.

중독성 약물이란 무엇인가?

남용될 가능성이 있는 약물은 대략 다음과 같은 일곱 그룹으로 나뉜다. 그것들은 (1) 니코틴nicotine (2) 알코올alcohol, 바비튜레이트barbiturate, 벤조다이아제핀benzodiazepine과 같은 진정제, 접착제에서 나는 연기와 같은 흡입제 (3) 헤로인heroin, 모르핀morphine과 같은 아편류opiates (4) 코카인cocaine, 암페타민amphetamine, 메스암페타민methamphetamine과 같은 정신자극제 (5) 마리화나marijuana (6) 환각제 (7) 카페인이다. 의사의 처방을 받아 구입하는 약들 가운데 남용될 수 있는 것들도 대부분 이 분류에 따라 구분될 수 있다. 아래는 우리 주변에서 흔히 남용되는 약물들이다(아래 약물들의 특징과 효능, 쓰임새 등에 대해서는 옮긴이가 부연 설명한 것이다).

- 클럽 약물들 :
  - GHBgamma-hydroxybutyrate(일명 '물뽕goop'. 보통 무색무취의 물약으로 사용되며, 황홀감과 근육이완 등을 가져오지만, 양이 과하면 정신적 혼동과 호흡곤란, 의식불명 등을 일으킨다. 클럽에서 한때 '데이트 강간약물date rape'로 쓰여 사회적 문제가 되었다.)
  - 케타민ketamine(일명 '스페셜 K'. 동물의 마취제로 많이 쓰이며, 환각과 신체의 감각이 몸에서 분리되는 듯한 경험을 일으킨다. 데이트 강간약물로 쓰인다.)
  - MDMAmethylenedioxymethamphetamine(일명 '엑스타시'. 일시적 안정감을 주지만 환각을 일으키며, 피로감과 우울증, 인지장애 등을 동반한다. 역시 클럽 등에서 널리 쓰인다.)
  - 로히피놀rohypnol(마취성 수면유도제로써 진정 및 불안 완화제의 효과가 있으나, 부분 기억상실 효과도 있어서 데이트 강간약물로도 쓰인다.)
- 코카인(일명 '코 사탕nose candy'. 국소 마취제이지만 각성 효과가 매우 크며 환각을 일으키는 대표적인 중독성 약물이다.)

- 크랙(코카인에서 염기를 제거한 형태로 중독성이 강하다.)
- 환각제 :
  - LSDlysergic acid diethylamide(1938년 스위스의 화학자 앨버트 호프만 Albert Hofmann이 합성한 환각제다.)
  - 메스칼린mescaline(선인장에서 추출한다.)
  - 실로시빈psilocybin(멕시코 버섯에서 추출한다.)
- 헤로인(아편의 주성분인 모르핀을 변형한 화합물로, 강력한 진통작용 및 황홀감을 일으킨다. 육체적 금단 증상과 내성을 일으키며, 가장 치명적인 육체적 손상과 가장 강력한 의존성을 가진 약물로 알려져 있다.)
- 흡입제 :
  - 허핑huffing(본드 흡입을 말한다.)
- 마리화나(대마를 건조하여 만든 분말로, 긴장을 완화시키고 약간의 황홀감을 가져다주지만, 지속적으로 사용할 경우 인지기능장애를 초래할 수 있으며, 대인관계장애로 인하여 사회로부터 이탈할 수도 있다.)
- 메스암페타민(일명 '크랭크crank' 혹은 '얼음ice'. 우리나라에서는 필로폰으로 잘 알려져 있다.)
- 처방 약품 :
  - 메타콸론methaqualone(수면진통제로써 황홀감을 유도하고 성감을 높이는 효과가 있다고 알려져 있으나, 호흡곤란, 발작, 섬망delirium 등의 부작용이 있다. 미국에서는 1960~1970년에 댄스클럽을 중심으로 유행하다가 1982년부터 제조가 금지된 약물이다.)
  - 옥시콘틴oxycontin(아편성 진통제의 일종으로, 피로감, 구토, 호흡곤란 등의 부작용이 있고, 금단 증상이 심하게 나타날 수 있다.)

– 리탈린ritalin(정신흥분제의 하나로, 주의력결핍과잉행동장애ADHD, attention deficit hyperactivity disorder의 치료제로 널리 쓰인다. 식욕억제, 불면증, 환각 등의 부작용이 알려져 있다.)

- 스테로이드steroid(근육증강의 효과가 있어 운동선수들에게서 많이 사용된다. 하지만 혈압상승 및 간 손상 등의 부작용이 있고, 특히 십대에 사용할 경우 2차 성징의 조기 발현 및 성장 억제 등의 결과를 초래할 수 있다.)

위의 목록은 불법 약물들로, 알코올과 니코틴은 포함되어 있지 않다. 더 자세한 남용 약물 목록은 미국 마약정책국ONDCP, Office of National Drug Control Policy 웹사이트(http://www.whitehousedrugpolicy.gov/drugfact/crack/index.html)에서 볼 수 있다.

위의 화학물질들은 왜 그토록 중독성이 강력할까? 본래의 효과와 사용처가 서로 다른 약물들이 어떻게 동일한 중독성을 나타내는지 흥미롭지 않을 수가 없다. 예를 들면, 아편류는 통증을 완화해주고 진정제는 잠을 오게 한다. 하지만 이것들은 모두 중독의 위험을 안고 있다. 이 물질들이 중독에 있어서 그토록 강력한 힘을 발휘하는 이유는 무엇일까? 이들 특정한 화학물질들이 모두 중독성이 있다는 것은 일종의 '우연히 얻어진 결과'라고 말하는 것이 하나의 합리적인 답변이 될 것이다. 이 지구 상에는 수백만 종의 화학물질이 존재하는데, 그중 일부가 어떤 사람의 뇌에 끼어들어 중독을 일으켰다면, 단지 그 사람이 운이 없었다고밖에 말할 수 없을 것이다. 물론 이 물질들 가운데 상대적으로 더 많이 사용되는 것들이 있다(그림 1-1 참조).

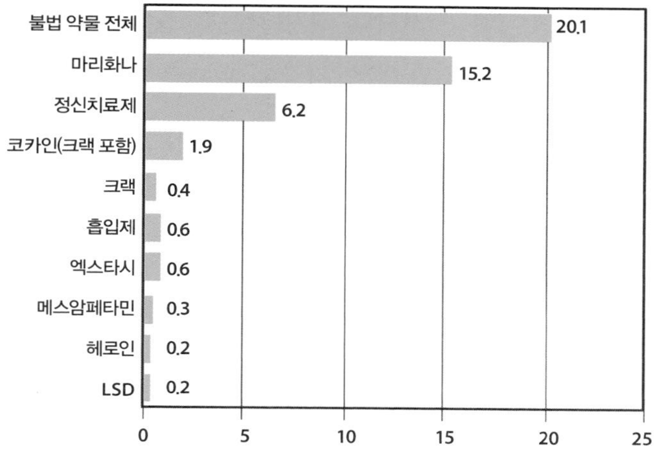

〈그림 1-1〉 2006~2007년 사이에 그래프의 y축에 열거된 약물들을 사용한 적이 있는 12세 이상의 미국 사람 수(단위: 백만 명). 정신치료제는 남용된 처방약을 가리키며, 여기에는 옥시콘틴, 비코딘(vicodin), 암페타민, 리탈린, 진정제가 포함된다. 그래프에 표시된 약물 사용자 수(20만~1500만 명 이상)는 알코올과 니코틴 같은 합법적인 약물 사용자 수에 비하면 적은 숫자이다. 5000만 명 이상의 사람들이 담배를 피우며, 그보다 더 많은 수의 사람들이 정기적으로 알코올을 섭취한다. 알코올과 니코틴을 이렇게 상대적으로 많이 사용하는 것은 이들 약물이 합법적으로 허용되어 있고 접근성이 훨씬 용이하기 때문이다. 합법적인 약물은 불법 약물보다 대략 10배는 더 많이 사용되는 것으로 추정된다.

여기서 혼동을 피하기 위해 우리가 몸을 치료하는 데 사용하는 '치료용 약물medication'과 '(중독성 혹은 남용성) 약물drug'을 구분하는 것이 도움이 될 것이다. 이 책에서 사용된 '약물'이란 단어는 사용자에게 해를 끼치고, 남용과 중독의 잠재력이 있는 물질을 가리킨다. 물론 의사들이 특별한 질환에 대하여 치료 목적으로 사용하는 다른 약물이 존재한다. 이런 종류의 약물을 여기서는 '치료용 약물'이라고 부르기로 한다. 중독성 약물 또한 의학에서 합법적으로 사용될 수 있으며, 따라서 어떤 경우에는 치료용 약물이 되기도 한다. 예를 들면, 코카인은 혈관을 수축시키는 힘이 세서 수술 과정에서 출혈을 억제하는 목적으로 사용될 수 있다. 암페타민은 정신자극제인데 주의력결핍과잉행동장애ADHD를 치료하기 위해 사용될 수 있다. 아편류는 통증 치료에서 없어서는 안 될 약이지만, 중독을 유발할 수 있다. 어떻게, 어떤 목적으로 사용되는가에 따라서 많은 물질들이 약물이면서 동시에 치료용 약물이 될 수 있다. '처방약prescription drug'은 또 다른 하나의 예가 될 수 있는데, 이것은 치료용 약물이면서 남용될 소지도 있기 때문에 동시에 약물이 된다.

사람들은 왜 약물을 섭취할까?

사람들은 여러 가지 이유로 약물을 섭취한다. 약물은 극적이고 잊지 못할 경험인 소위 '급속한 쾌감'을 만들어낼 수 있다. 때때로 동료의 압박적인 권유나 스트레스 때문에 약물을 취하기도 한다. 스트레스와 관련해서 사람들은 통증, 불안, 우울증과 같은 불쾌한 느낌을 받곤 하는데, 이를 다스리기 위해 자발적으로 약물을 사용하기도 한다. 중독이 되면, 금단 증상과 같은 부정적인 증상을 없애기 위해 약물을 섭취하기도 한다. 금단 증상이란 약물 섭취가 중단되었을 때 나타나는 고통스러운 느낌과 생리적 반응을 말한다.

약물 경험

약물 경험은 대개 정형화된 틀에 따라 이루어진다. 아주 중요한 경험이라고 할 수 있는 약물의 첫 사용은 종종 호기심이나 친구의 압박, 손쉽게 접할 수 있는 약물의 존재, 혹은 부모나 형제들이 이미 약물 사용자인 경우와 같은 다양한 요인에 영향을 받는다. 약물에 대한 반응은 사람마다 다를 수 있다. 어떤 사람은 그것들을 좋아하지만, 어떤 사람은 그렇지 않다. 어쩌면 특정 부위에 통증이 발생하여 치료용 약물을 취하기 시작하다가 계속 사용하게 될 수도 있다.

다음 단계는 지속적인 약물 사용인데, 이 경우에는 약물을 찾고 섭취하려는 더 개인적인 의도와 동기가 작용한다. 그 결과로 만성적으로 약물에 취하거나, 직장과 학교를 빠지거나, 심지어 도둑질을 하게 되는 것과 같은 문제들을 일으킬 수 있다. 여러 가지 방면에서 해야 할 의무를 게을리하거나, 보호되지 않은 섹스와 같은 무책임한 행동을 저지를 수도 있다. 만일 약물 섭취가 계속된다면 중독 상태에 접어든다. 또한 이전과 동일한 효과를 나타내기 위해 점점 더 많은 양의 약물을 섭취하게 되거나 약물 사용을 중단하려는 노력이 실패로 돌아갈 수도 있다. 그 외에도 약물과 관련된 다른 종류의 문제들이 삶의 한복판에 나타날 수 있으며, 건강은 위협받게 된다. 누군가는 약물 사용을 중단하는 데 성공하기도 하지만, 다른 누군가는 수십 년을 혹은 평생에 걸쳐 약물 사용의 중단과 재발을 반복하며 표류하기도 한다. 또 다른 누군가는 한참의 시간이 흐른 후, 그동안 미처 이해하지 못하고 잘 대처하지 못한 뇌장애로 덧없이 낭비되고 사라져버린 자신의 삶을 발견하게 될지도 모른다.

어떤 약물 남용자들은 다행스럽게도 스스로 약물 사용을 중단하거나 운이 좋게도 약물 사용을 중단할 수 있도록 도와줄 가족의 일원이나 친구, 상담원을 만나기도 한다. 그들은 자발적으로 혹은 법원의 명령에 따라 강제로 치료 프로그램에 들어갈지도 모른다. 어떻게 그 일이 진행되든 간에, 강제로 프로그램에 들어간 사람에게조차도, 치료 프로그램은 효과적이다. 그러나 안타깝게도 정보의 부족, 넉넉하지 못한 경제 사정, 치료에 대한 강력한 거부 혹은 중독자라는 딱지에 대한 두려움 등의 이유로 어떤 사람은 치료 프로그램을 결코 만나지 못하기도 한다.

약물 사용은 여러 가지 측면에서 비용이 많이 든다

많은 사람들은 비단 약물 사용자 자신뿐만 아니라, 그 가족이나 주변 사람들까지도, 중독이 얼마나 괴로운 일인지 직접적인 경험을 통해서 알고 있다. 약물 사용은 결과적으로 가족들, 여러 인간관계에 놓인 사람들, 혹은 이웃이나 단체에 해를 끼치며 심각한 질환이나 범죄의 위험을 증가시킨다. 약물 사용자는 종종 약물을 중단하겠다고 서약을 하고 수차례에 걸쳐 노력을 해보지만, 결과는 실패로 돌아가고 오히려 더 많은 약물을 사용하거나 보다 의존적으로 되기도 한다. 이때 수반되어 나타나는 무기력감, 무능감, 실패의 느낌은 한 사람의 인생 전체를 삼켜버리고 파멸로 이끌 수 있다.

약물 사용에 따른 개인적 비용과 사회적 비용이 얼마나 큰지는 우리 주변과 미디어를 통해서 어렵지 않게 알 수 있다. 세계적인 영화배우이자 제작자이며 가수이기도 한 로버트 다우니 주니어Robert Downey Jr.는 심각한 약물 문제를 안고 있었다. 그는 자기 자신이 곤경에 빠졌다는 것을 알면서도 왜 약물 사용을 멈출 수가 없었는지를 법관 앞에서 진술한 적이 있다. 미국의 TV 드라마 〈앨리 맥빌*Ally McBeal*(2000~2002년)〉에 출연할 당시 이미 그에 대한 평가가 좋지 않았지만, 그는 자신의 연기 경력이 그렇게 끝나가는 것에 대해 신경을 쓰지 않는다고 말했다. 약물 남용, 체포, 재활센터에서의 복역, 그리고 수많은 재발 등으로 얼룩진 5년의 시간이 지나고 나서야 비로소 자신의 문제를 돌아보고 해결점을 찾기 위해 노력을 기울였다. 미국의 전설적인 가수이자 연주자인 레이 찰스Ray Charles는 일찍이 헤로인에 중독되어 있었지만, 세 번째 마약 단속에 적발되고 나서야 비로소 재활 프로그램에 들어가고 약물을 포기했다. 다행히도 이처럼 용기 있게 사람들 앞으로 나와서 자신의 실제 이야기를 들려주고, 우리에게 약물의 위험성을 경고해주는 사람들이 있다. 그러나 약물 사용자들이 모두가 치료를 받아들이거나 약물을 중단하는 것은 아니며, 바로 그들이 사회적으로 큰 우려를 자아낸다. 하지만 이보다 더 큰 사회적 우려가 있는데, 나와 비슷한 위치에 있는 사람들이나 미디어에서 상당히 위험스러운 약물 사용을 오히려 미화하여 전할 때이다.

약물 남용으로 발생하는 비용 손실은 적잖다. 악화된 건강을 관리하는 데 드는 비용, 생산성 감소나 범죄 발생으로 인한 손실액 등을 따지면 약물 남용 때문에 발생한 전체 비용은 엄청나게 커진다.[5] 예를 들

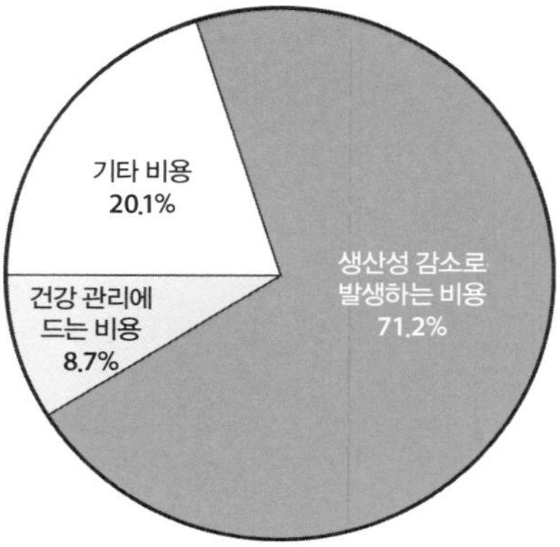

〈그림 1–2〉 2002년도 미국에서 불법 약물 사용에 따른 비용의 분포. 생산성 감소로 발생하는 비용이 전체 비용에서 차지하는 비율 가운데 가장 크다. 여기서 '기타' 비용은 범죄행정체계 비용(투옥, 법정 비용 등), 관련 범죄의 희생자에게 치르는 비용, 사회복지제도 비용이 주를 이룬다.

면, 2002년 미국의 경우 약물 사용에 따른 전체 비용은 1800억 달러를 넘었으며, 생산성 감소가 가장 큰 원인이었다(그림 1–2 참조). 약물 남용으로 발생한 비용은 1992년 이래로 매년 5% 이상씩 증가해왔는데, 이는 형사행정과 관련된 비용 가운데 가장 빠른 증가이다. 이 숫자는 심장질환, 암, 그리고 정신질환과 관련된 비용과 비교가 될 정도이다. 결국 약물 남용은 한 사회가 갖고 있는 자원을 빠져나가게 하는 주요한 배수관의 역할을 하고 있다. 물론 경제적 비용을 나타내는 숫자가 약물 사용 때문에 개인과 그 가족과 친구들이 겪게 될 비참함을 다 반영하는 것은 아니다.

문제가 상당히 크긴 하지만, 희망이 전혀 없는 것은 아니다. 이 희망을 이루기 위해서는 아마도 확고한 태도가 요구될 것이다. 하버드 대학의 약물 중독 연구가이며 백악관 행정직을 수행한 바 있는 베르사 마드라스Bertha Madras 박사는 다음과 같이 말한다.

"국가적 관점에서 볼 때, 미국의 약물 남용 문제는 너무나도 심각한 상황이다. 하지만 나는 우리가 효과적인 해결책과 전략을 만들어낼 수 있으리라고 확신한다. 그러나 그것을 이루기 위해서 우리의 가장 커다란 도전이 될, '문제를 해결하고자 하는 의지'가 반드시 먼저 있어야만 한다."

다른 종류의 중독들

이 책은 약물 중독과 사람들이 약물에 빠져드는 이유를 다룬 책이지만, 또한 인간의 보편적인 욕구를 다룬 책이기도 하다. 약물 중독을 이해하는 것은 음식이나 도박과 같은 다른 종류의 잠재적 중독을 이해하는 데 도움이 될 수 있다. 예를 들어, 어떤 사람이 툭하면 과식하고, 매일 탄수화물을 갈망하며, 하루라도 탄수화물을 섭취하지 못할 경우 금단 증상을 보인다면, 그 사람은 탄수화물 중독 문제가 있을지도 모른다. 만일 그와 같은 사람이 도움의 손길을 필요로 한다면, 당면한 문제를 이해하고 치료의 필요성을 제시할 수 있다는 점에서 이 책이 도움을 줄 수 있다. 음식, 도박, 그리고 성적 욕망에 대해서는 뒤에 가서 좀 더 말할 것이다.

치료용 약물들의 경우

또 하나 지적하고 싶은 점은 치료용으로 유용한 약물들(중독성이 있는 약물들이 아님), 이를테면 항우울제 같은 것들은 오랜 시간 동안 꾸준히 복용해야 할 필요가 있다는 점이다. 치료용 약물 복용을 갑작스럽게 중단하면 증상이 다시 나타날 수 있기 때문이다. 마찬가지로 중독성 약물들을 오랜 시간 동안 섭취하게 했을 때의 연구는 어떻게 치료용 약물들이 뇌 안에서 그 효과를 발휘하는지에 관한 것뿐만 아니라, 도중에 치료용 약물 복용을 멈췄을 때 생겨나는 문제에 대해서도 정보를 제공해줄 수 있다.

뇌의 구조와 기능

중독에 빠진 뇌에 대한 연구를 본격적으로 소개하기에 앞서, 뇌가 어떻게 구성되어 있는지를 먼저 이해해둘 필요가 있다. 뇌는 부위별로 서로 다른 기능을 지닌다. 바깥쪽에서 뇌를 둘러싸고 있는 주름진 부위를 대뇌피질cerebral cortex이라고 하는데, 사람의 경우 전체 뇌의 75%를 차지하고 있으며 여러 가지 다른 기능을 하는 부분들로 나뉘어 있다. 운동을 관장하는 대뇌피질 부분의 신경세포가 죽게 되면, 근육에 마비가 오는데 그 정도는 얼마나 많은 운동피질motor cortex이 손상을 입었는지에 비례한다. 연합피질association cortex 영역에 뇌졸중이 발생한 환자는 지각과 주의의 기능적 결핍이 나타난다. 측두엽이 손상을 입으면, 사물을 인식하고 그 이름을 부르는 데 문제가 생긴다. 전두엽이 손상을 입으면 인성에 변화가 나타나고, 계획을 잘 세우지 못하며, 복잡한 행동을 수행하는 데 어려움을 겪게 된다. 그 외에도 뇌의 여러 부위에 생긴 뇌졸중이나 종양은 다양한 증상들을 유발한다(그림 1-3 참조).

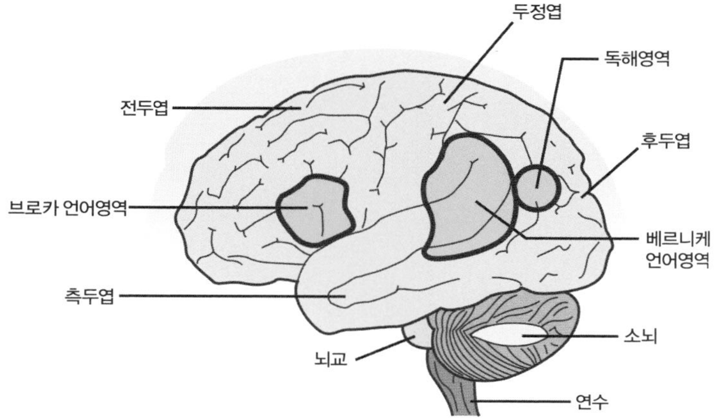

〈그림 1–3〉 측면에서 바라본 뇌 표면. 각기 다른 기능을 갖고 있는 뇌의 여러 부위가 잘 드러난다. 뇌의 다양한 부위들이 갖고 있는 독특한 기능들은 수백 년에 걸쳐 뇌졸중, 상처, 그리고 종양을 갖고 있는 환자들을 연구함으로써 알려졌다. 약물 중독 또한 뇌의 특정 부위가 관여한다.

뇌는 또한 의식을 가지고 있는 기관이다. 일반적으로 마취제가 처치되었을 때, 뇌의 전기 활동은 감소하면서 우리는 외부에서 일어나는 일들에 대한 분별력을 잃고 보통 잠이 든다. 만일 시각피질visual cortex이 자극을 받으면 우리가 분별 가능한 의식 속으로 시각적 이미지가 튀어나올 수 있다. 만일 후각피질olfactory cortex이 자극을 받으면 우리는 어떤 냄새를 인지하게 될 것이다. 뇌의 어느 부위에 자극이 주어지느냐에 따라 그에 상응하는 어떤 사건이나 감각이 우리의 의식 속으로 들어오게 된다. 정서적인 행동 또한 뇌에 기반을 두고 있다. 변연계limbic system라고 불리는 일정 그룹의 뇌 영역 부위는 정서적 행동을 조절하며, 우리가 '기분 좋다'라고 느끼는 감정에 어느 정도 관여한다. 이 책의 뒤에 이어질 장들에서 뇌의 어떤 영역이 기분 좋은 느낌이나 약물과 관련이 있는지 보게 될 것이다.

도구 상자

삶의 많은 부분이 그런 것처럼 새로운 기술이 과학을 이끌기도 한다. 실제로 세포 내 염색체의 아주 작은 부분까지도 조사할 수 있게 하거나 두개골을 수술로 절개하지 않고도 뇌 안을 깊숙이 들여다볼 수 있게 하는 놀랄 만한 새로운 접근 방법과 기술이 우리 곁에 존재한다. 이러한 도구들은 우리에게 강력한 힘을 제공해주며 그 자체로도 흥미롭다.

오늘날 유전학의 발전은 아주 적은 양의 혈액 표본만으로도 유전자를 조사하는 것을 가능하게 한다. 유전자는 유전 현상을 이해하는 기초가 되는데, 약물 중독의 어떤 면은 유전성과 관련되어 있으므로 유전자 연구는 약물 중독에도 유용한 정보를 제공해준다. DNA는 염기라고 부르는 4가지 서로 다른 화학물질을 가지고 있는데, 이들 염기가 어떤 순서로 놓여 있는가에 따라 우리의 유전자가 정해진다. 염기는 알파벳 A, T, G, C로 표기하는데 DNA의 이중나선 구조를 이루는 두 개의 평행선을 따라 일렬로 나열되어 있다. 이들 염기는 3개가 한 그룹이 되어 하나의 아미노산을 지정하고 따라서 일정 수의 염기 배열은 여러 개의 아미노산으로 이루어진 하나의 단백질을 만들어냄으로써 유전부호로서의 역할을 수행하는데, 이런 유전부호 중의 일부는 어떤 사람이 약물 중독자로 발전할 가능성을 결정하는 데 기여하는 것으로 생각된다.

뇌를 절단하지 않고도 뇌를 들여다볼 수 있는 뇌영상 기법의 출현은 실로 놀랍다. 자기공명영상MRI, magnetic resonance imaging은 뇌의 구조를 볼 수 있게 해주며, 그렇기 때문에 뇌의 어떤 부분에 나타난 크기의 변화를 측정하는 것을 가능하게 해준다. 기능성자기공명영상fMRI, functional magnetic resonance imaging을 사용하면 뇌의 여러 부위에서 일어나는 기능적 활동에 대해 알 수 있다. 양전자방출단층촬영술PET, positron emission tomography은 뇌의 서로 다른 부위에서 일어나는 활동이나 혹은 뇌 안에 존재하는 어떤 특정 화학물질이나 단백질의 양적 수준을 보여주기도 한다. 하지만 전체적으로 보았을 때, 유전학이나 뇌영상 연구를 통해 얻은 이러한 기술은 지난 25~35년 사이에 가능하게 된 여러 가지 새로운 도구 가운데 단지 대표적인 두 가지 예일 뿐이다. 그 외에도 다양한 도구들이 약물 중독과의 전쟁의 최전선에서 사용될 수 있도록 우리 앞에 놓여 있다.

focus

이 책은 약물과 뇌에 관하여 다음과 같은 질문들을 다루고 있다 :

- 왜 약물 중독을 일종의 도덕적 실패로 간주하기보다는 뇌질환으로 여길까?
- 약물을 반복적으로 사용하는 사람의 뇌 안에서는 어떤 일이 벌어질까?
- 중독 환자들을 위한 보다 나은 치료용 약이 미래에 나오게 될 것이라고 기대할 수 있을까?
- 왜 약물 남용은 만성적이고 재발이 잘 일어날까?
- 왜 약물은 우리의 행동을 통제할 만큼 힘이 셀까? 그럼에도 우리

는 자신의 행동에 대한 책임감을 포기할 수 없는 것일까?

• 나도 약물에 의존하게 될까?

• 약물에 대한 반응과 약물 경험은 여자, 남자, 청소년, 성인들 사이에 어떤 차이가 있을까?

• 과연 약물 중독은 치료될 수 있을까? 약물 중독으로부터 벗어날 수 있을까?

• '약물 남용자'라는 사회적으로 불명예스러운 딱지는 그 환자가 치료할 방법을 찾거나 문제를 드러내고 해결할 수 있도록 하는 것을 종종 방해한다는 점에서 문제가 있다. 이 문제에 대하여 우리는 어떤 태도를 취해야 할까?

2장

약물을 욕망하는 인간에 대하여 동물실험이 말해주는 것

"약을 한방 먹어야 했는데……. 저는 돈을 훔쳤고, 약을 하려고 한낮에 일을 중단하기도 했어요. 이런 일들을 도저히 멈출 수가 없었어요. 저에게 도대체 무슨 일이 일어난 걸까요?"

• • •

오랜 기간 의사와 과학자들은 약물 중독이 어떻게 작동되는지, 중독자들을 어떻게 치료할 수 있을지를 알아내기 위해 노력해왔다. 사람을 대상으로 연구할 수 있는 아주 정교한 연구실을 갖춘 최고의 의료센터들에서 세련된 연구들이 진행되어왔다. 약물 중독자들을 더 잘 이해하고 보다 발전된 치료를 약속하는 새로운 발견들에 관한 논문들이 매년 수만 편씩 쏟아져 나온다.

직접적으로 사람에 대한 것 외에도, 동물에 관한 연구도 상당히 도움이 되어왔다. 사실 연구에 동물을 사용하는 것은 사람을 대상으로 하는 연구에 비해 몇 가지 장점이 있다.[1] 동물의 경우, 중요하게도 태어날 때부터 환경, 영양, 일반 건강, 약물 사용 등이 엄격하게 통제될 수 있지만, 사람의 경우는 이런 것이 불가능하다. 이런 이유 때문에 동물 실험들은 좀 더 조심스럽게 윤곽을 명확히 구분할 수 있고 보다 쉽게 결과를 해석할 수 있다. 또한 동물들은 실험 기간 동안 진행되는 양질의 의학적 돌봄을 거절할 수 없지만, 사람들의 경우에는 의학적 충고를 꼭 따르지는 않는다. 동물들은 통제되고 보호받는 환경에 놓여 있지만, 사람들이 인위적으로 선택하는 환경에 대해서는 거의 통제할 수가 없다. 게다가 동물들에게는 새로운 처방과 치료용 약을 시험해볼 수 있는데, 실제로 미국 식품의약국FDA, Food and Drug Administration은 새로운 치료약의 안전성을 입증하기 위해 동물에게 먼저 사용할 것을 요구하고 있다.

하지만 이런 장점들이 있다고 해서, 동물들을 사용하는 연구가 동물들에게 필요한 어떤 돌봄이나 주의함 없이 그저 아무렇게나 무분별하게 행해지는 것은 아니다. 모든 실험은 실제로 시행되기 전에 그 절차를 자세하게 기술하고, 기관의 위원회로부터 승인을 받아야만 한다.[2] 위원회에서는 예상치 못한 문제들이 발생할 때 실험동물들을 어떻게 더 잘 돌볼 수 있을지를 터득하기 위해 연구한다. 과학자들은 이러한 사안들에 민감한 편이며, 집에서는 종종 사랑하는 애완동물들을 키우고 있기도 하다.

약물이 만들어내는 감각의 거부할 수 없는 유혹

1920년대에도 중독 연구를 위해 동물들이 일부분 사용되긴 했지만, 당시의 연구들은 주로 어떻게 약물들이 동물의 생리에 영향을 미치는지 이해하는 데 초점을 맞추었다. 보통 동물들을 움직이지 못하도록 한 상태에서 약물을 주입했기 때문에 동물들은 단지 수동적인 입장이었다. 하지만 그 후에 다양한 테스트와 측정이 동물들에게 행해졌고, 동물실험의 결과는 오늘날 많은 연구의 토대가 되었다. 1960년대와 1970년대에 발전된 새로운 실험방법에서는 동물들이 자신이 취하게 될 약물에 대하여 스스로 통제력을 갖는 방식으로 바뀌었다. 즉, 동물들은 약물을 얻기 위해 능동적이고 자유롭게 지렛대lever를 눌렀고, 그 빈도수는 더 많은 약물을 얻고자 하는 바람과 약물이 주는 효과를 반영하여 나타났다. 이처럼 동물이 약물에 대한 통제력을 갖는 것은 사람의 경우와 유사하며, 따라서 사람의 약물 섭취에 대한 연구를 위해 더 좋은 모델이 될 수 있다.

이러한 실험방법과 모델은 제임스 윅스James Weeks, C. R. 슈스터C. R. Schuster, 토모지 야나기타Tomoji Yanagita 등을 포함한 몇몇 과학자들이 개발했다. 동물들이 지렛대를 눌러서 스스로 약물을 섭취하도록 만들었더니, 동물들이 정말로 그렇게 하는 것이 아닌가. 그것도 아주 열정적으로! 이러한 실험방법을 자가투여self-administration 방법이라고 부르는데, 보통 마취 상태에서 카테터cathether라고 부르는 가느다란 관을 동물의 목정맥 안에 집어넣고 동물이 지렛대를 누를 때마다 일정량의 약물이 카테터를 통해 직접 혈관 속으로 들어가도록 하면 곧바로

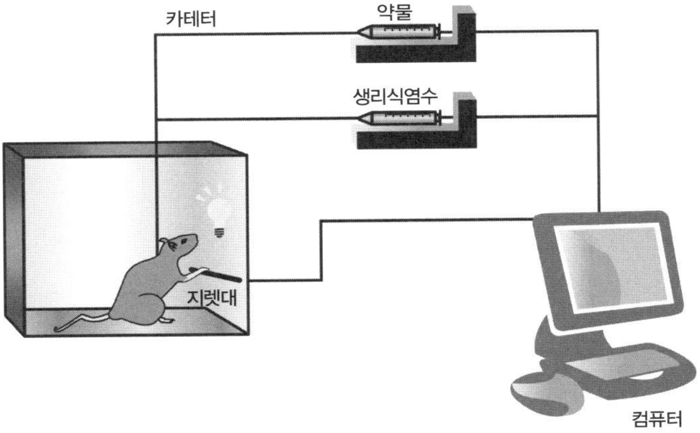

〈그림 2-1〉 일정 조건 하에서 동물들도 약물을 자가투여한다. 그림은 두 개의 지렛대-하나는 생리식염수에, 다른 하나는 코카인 같은 중독성 약물에 연결되어 있는데, 여기에서는 한 개만 보인다-에 접근하고 있는 쥐를 보여준다. 카테터 혹은 다른 형태의 약물을 전달할 수 있는 튜브가 쥐의 혈관 속에 삽입되어 있다. 쥐가 지렛대를 누를 때, 얼마나 자주 그리고 얼마나 많은 약물을 쥐에게 전달해야 하는지는 컴퓨터로 통제한다. 약물과 연관된 지렛대를 누르면 약물이 자기 몸 안에 들어온다는 사실을 쥐는 알지 못하지만, 약물이 들어올 때 생기는 어떤 감각을 느낄 것이다. 쥐가 이 감각을 기분 좋게 받아들인다면 계속해서 지렛대를 누르려고 할 것이다. 그뿐만 아니라 쥐는 시간이 지남에 따라 약물을 전해주는 지렛대와 그렇지 않은 지렛대를 구분할 줄 알게 되고, 점차 약물이 나오지 않는 지렛대는 무시하고 약물이 나오는 지렛대에만 관심을 보이게 된다. 이러한 약물 자가투여의 동물 모델은 중독이 어떻게 그리고 왜 일어나는지를 연구하고 이해하는 데 매우 중요하다.

혈액순환을 거쳐 뇌로 전달되도록 하는 방법이다. 동물들은 카테터의 존재에 대해 빠르게 적응하는 것처럼 보였으며, 마치 개들이 산책을 할 때 목줄에 신경 쓰는 정도만큼 카테터의 존재를 신경 쓰며 지렛대 누르기를 행했다.

어떻게 이런 식으로 장치를 만드는가는 연구자마다 약간씩 방법상의 차이가 있지만, 기본적인 생각은 주의가 산만해지지 않도록 외부와 소리가 차단된 상자 안에 동물을 집어넣고 두 개의 지렛대를 제공하는 것이다. 하나의 지렛대를 누르면 생리식염수가 전달되지만, 다른 하나를 누르면 가령 코카인과 같은 약물이 들어 있는 생리식염수가 전달된다. 물론 동물은 자신에게 약물이 주입되고 있다는 것을 모르지만, 약물이 들어 있는 지렛대를 누르면 생리식염수만 들어 있는 지렛대를 누를 때와는 구별되는 감각이 느껴진다는 것을 명백히 학습해나간다. 여기서 어떤 지렛대를 누르는지, 얼마나 자주 누르는지를 알아보는 것은 동물이 어떤 감각을 선호하는지를 우리에게 알려주는 분명하고도 정량이 가능한 방법이 된다(그림 2-1 참조).

사람들이 남용하는 약물들 가운데 어느 한 가지를 동물에게 생리식염수와 함께 주고선 둘 중 하나를 선택하게 하면, 환각제와 같이 감각과 지각을 왜곡시키는 약물을 제외하고는 거의 항상 약물을 전달해주는 지렛대를 선택한다. 동물의 몸 안에 주입된 약물이 만들어내는 감각은 동물에게 긍정적으로 받아들여져, 이 감각은 이제 동물에게 지렛대를 누르는 행위를 계속할 수 있도록 강화시켜주는 하나의 보상으로 작용한다. 즉, 지렛대를 누를 때마다 기분 좋은 감각을 만들어내는 약물이 주입되고, 이것은 다시 지렛대를 누르는 행동을 더욱 강화시킨다. 지렛대를 반복적으로 누르는 동물을 보면 마치 지렛대에 낚시 바늘이라도 꿰어 있어서 그렇게 행동하는 것처럼 보인다. 코카인과 같이 보상이 강한 약물의 경우, 동물은 먹이, 물, 심지어 교미할 수 있는 짝조차도 무시하고, 더는 지쳐서 누를 수 없을 때까지 지렛대를 계속 누른다. 비록 지렛대를 누르는 행동 자체는 동물이 스스로 조절하지만, 동물에게 얼마만큼의 약물을 허용할 것인가를 조절하는 것은 연구자이며, 이렇게 함으로써 혹시라도 동물이 약물을 너무 많이 취하여 사고로 상처를 입거나 죽게 되는 것을 막을 수 있다. 슬픈 일이지만 실험동물이 아닌 사람들의 경우, 스스로 약물의 양을 조절하지 못해 종종 사고로 상처를 입거나 죽게 되는 일이 일어나기도 한다.

만일 연구자가 코카인을 전해주던 지렛대와 생리식염수를 전해주던 지렛대를 갑자기 맞바꾸면, 동물은 약물이 나오는 지렛대가 어느 것인지를 곧바로 알아채고는 그것을 다시 누르기 시작한다. 만일 지렛대를 눌러도 더 이상 약물이 나오지 않도록 하면, 동물은 약물이 다시 나올 것을 기대하면서 한동안 지렛대 누르기를 계속할 것이다. 하지만 꽤 많은 횟수를 거듭하여 지렛대를 눌러도 더 이상 약물이 나오지 않으면 지렛대 누르기 행동은 소거된다. 이 말은 이제 더 이상 지렛대 누르기와 그로 말미암아 생겨날 것으로 기대되는 감각을 서로 연관짓지 않고 그 행동을 중단하게 됨을 의미한다.

앞서 기술한 것과 같은 통제된 실험에서는 동물들에게 허용된 약물의 양과 투여 시간이 제한적이다. 하지만 사람의 경우, 꼭 그렇게 제한적으로 작동하지는 않으며 약물 사용자들은 때때로 어떤 약물에 장시간 노출된다. 조지 쿱George Koob을 비롯한 몇몇 다른 연구자들은[3] 동물들을 더 오랫동안 약물에 노출시키는 실험을 해보았다. 예를 들어, 하루에 1시간 혹은 6시간 동안 쥐들에게 약물을 자가투여하도록 허용했더니, 1시간 허용 그룹에서는 여러 날에 걸쳐 자가투여한 코카인 양이 상대적으로 많지 않고 안정적이었지만, 6시간 허용 그룹에서는 투여량이 점진적으로 증가했다. 이는 약물의 존재 여부와 그것에 대한 접근의 허용 정도가 실제로 투여되는 약물의 양에 차이를 가져올 수 있음을 보여주는 결과이다. 이러한 동물실험의 결과는 약물을 과도하게 사용하는 사람들이 보이는 행동과도 일치한다.

이처럼 자가투여 방식을 통한 약물 중독 연구는 매우 성공적이어서 이 분야에서는 하나의 패러다임이 되었고, 사람의 중독을 이해하기 위한 신뢰할 만한 모델이 되었다. 또한 이러한 모델은 어떤 새로운 약물(치료용 약물 포함)이 중독성이 있는지를 알아보기 위해 사용될 수도 있는데, 가령 어떤 물질 X가 뇌에 영향을 끼친다면 동물들이 X를 자가투여하는지 실험해보는 것은 매우 합리적인 접근이 될 것이다. 그 결과 만일 정말로 그렇게 나타난다면, 그 물질을 잠재적으로 위험하고 중독성이 있는 물질로 여겨야만 한다.

사람과 동물 모두에게 약물 자가투여가 활발하게 일어나는 것을 어떻게 설명할 수 있을까? 약물이 만들어내는 감각을 욕망하도록 만들어주는 어떤 성질이 사람이나 동물의 뇌 안에 공통적으로 존재한다는 사실 이외에는 달리 설명할 방법이 없어 보인다. 다시 말하면, 사람이나 동물의 뇌 안에는 약물 중독이 일어나는 것을 용이하게 해주는 어떤 구조가 내장되어 있는 것처럼 여겨진다. 중독의 위험은 바로 사람이나 동물이 모두 공통적으로 갖고 있는 생물학적 취약성에 있다. 이와 같이 사람들이 광범위하게 약물을 사용하는 행동의 배후에는 생물학적 토대가 자리 잡고 있고, 이것 때문에 어떤 사람들은 약물 중독을 단순히 도덕적인 나약함으로 설명하는 것은 타당하지 않다고 여긴다.

다윈은 알고 있었다

과거의 기록에서 어떤 동물들은 사람과 마찬가지로 약물에 흥미를 갖고 있다는 사실을 발견하게 된다면, 이는 그리 놀랄 일이 아니다. 1871년에 찰스 다윈Charles Darwin은 익살스러우면서도 깨우침을 주는 몇 가지 흥미로운 점을 관찰했다.

술 취한 원숭이는 술 취한 사람보다 현명하다[4]

"많은 종류의 원숭이들이 차와 커피 그리고 술에 대해 꽤 강한 입맛을 갖고 있다: 내가 직접 본 적도 있는데, 그들은 담배도 피운다(아마도 쾌락을 얻기 위해). 브레흠Brehm(19세기 독일의 동물학자—옮긴이)은 아프리카 동북부 지역의 원주민들이 독한 맥주가 든 항아리를 밖에 내놓고선 개코원숭이baboon들이 그것을 마시고 취하게 되면 그때 그들을 잡아들인다고 말했다. 브레흠은 술에 취한 상태로 잡혀온 개코원숭이들을 관찰해 그들의 행동과 이상하게 찡그린 표정에 대한 재미있는 설명을 내놓았다. 개코원숭이들은 잡혀온 다음 날 양손으로 자신의 아픈 머리를 싸매고 세상에서 가장 불쌍한 표정을 짓곤 하는데, 이때 맥주나 와인을 건네주면 혐오스러운 표정으로 고개를 돌려대지만 레몬주스를 주면 매우 좋아한다는 것이다. 거미원숭이 속genus에 속하는 한 아메리카산 원숭이는 브랜디에 취하고 나서 다시는 그것을 손대지 않았는데, 그런 점에서 그는 많은 사람들보다 더 현명했다."

오늘날 우리는 구글, 유튜브 등의 웹사이트에서 과거 조상들이 자연속에서 틀림없이 관찰했을 동물들의 모습을 쉽게 찾아볼 수 있다. 예를 들어, 아편이 가득 찬 양귀비를 씹고 있는 왈라비wallaby(캥거루와 외형은 비슷하나 크기는 훨씬 작은 유대목 캥거루과의 동물—옮긴이), 발효된 야자나무 과일즙을 찾아다니는 나무두더쥐, 사람이 마시고는 어딘가에 아무렇게나 버려뒀을 맥주 같은 것을 이용하는 동물들의 모습 말이다. 불행하게도 음식이나 알코올을 쉽게 구할 수 있는 요즘 시대에 현대인들은 음식이나 알코올의 유혹에 쉽게 빠질 수 있다.

불확실하고 불규칙적인 보상에 중독이 더 잘된다

지렛대를 누를 때마다 약물을 주지 않고, 세 번 누를 때 한 번씩 약물을 주면 어떨까? 심리학자들이 발견한 것처럼, 도박을 즐기는 사람이라면 쉽게 알 수 있듯이, 어떤 행동에 대해 이따금씩 제공되는 보상이 전적으로 예측 가능한 보상보다 더욱 강력한 강화물reinforcement로 작용한다.

1950년대에 행해졌던 먹이로 행동을 강화하는 동물실험은 이런 사실을 잘 보여준다. 쥐들이 일정 길이의 통로를 지나가면 그 보상으로 먹이를 얻을 수 있도록 훈련을 시켰는데, 한 그룹은 통로를 지날 때마다 매번 먹이를 주었고, 다른 그룹은 열 번에 세 번 정도로 먹이를 주었다. 두 그룹은 모두 통로를 지나가야 먹이를 얻는다는 것을 학습했고, 단지 보상으로 주어지는 먹이 횟수가 다르다는 차이가 있었다. 이제 두 그룹의 쥐들에게 통로를 계속 지날 수 있게 허용하되, 더 이상

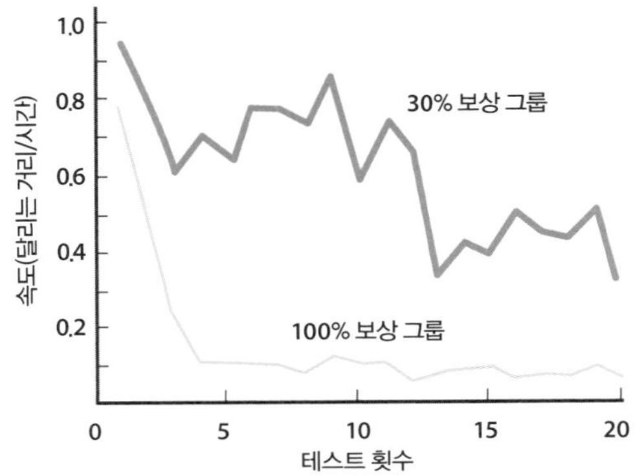

〈그림 2-2〉 불확실하거나 불규칙적인 보상이 보다 강화력이 있고 중독성이 강하다. 통로를 지나가면 먹이를 얻도록 쥐들을 훈련시켰다. 한 그룹은 매번 먹이 보상을 받았고, 다른 한 그룹은 단지 30%만 먹이 보상을 받았다. 그런 뒤에 먹이 보상을 완전히 없앴다. 그 결과, 100% 보상을 받던 그룹은 30% 보상을 받던 그룹보다 훨씬 더 빨리 통로 지나가기 행동을 포기하는 것으로 나타났다. 비록 더 이상의 보상이 뒤따르지 않더라도, 30% 보상을 받던 그룹의 쥐들이 더 오랫동안 그리고 더 많은 테스트 시행에서 통로 지나가기 행동을 유지했다.

그 보상으로 먹이를 제공하지 않도록 실험 조건을 바꾸어보았다. 이 경우 쥐들이 먹이를 찾아 통로를 지나가는 행동을 곧바로 포기하지는 않을 것이라고 예측할 수 있는데, 실제로 쥐들은 먹이를 얻지 못해도 한동안 통로를 지나다녔다. 그런데 여기에 흥미로운 부분이 있다. 훈련 기간 동안에 단지 30% 정도로 먹이 보상을 받았던 그룹의 쥐들이 매번 먹이를 받던 그룹보다 훨씬 더 오래 통로를 지나다녔던 것이다(그림 2-2 참조). 예상과 달리 불규칙적인 보상이 규칙적인 보상보다 더 강화력이 있으며, 무언가를 찾고자 하는 탐색행동seeking behavior을 보다 더 잘 만들어냈다. 다소 역설적으로 들리겠지만, 어쩌면 사람들도 확실하고 규칙적인 것보다 오히려 불확실하고 불규칙적인 보상을 더 원하고 있는지도 모른다!

이 실험 결과는 일상생활에 적용해볼 수 있는 중요한 단초를 제공한다. 예를 들어, 애완동물의 행동을 길들이기 원한다고 가정해보자. 식탁 위의 음식을 달라고 보채는 개에게, 그렇게 하면 버릇이 없어져서 안 된다고 속으로는 생각하지만, 그래도 워낙 귀엽고 예쁜 나머지 이따금씩 먹을 것을 준다고 해보자. '그래도 내가 늘 그런 것은 아니니까 나름대로 잘 훈련하고 있는 걸 거야'라고 생각할 수도 있지만, 사실은 이런 주인의 행동이 개가 음식을 달라고 보채는 개의 행동을 중단하기 더 어렵게 만들고 있는 것이다. 이와 비슷한 이야기를 어린아이, 학생 등을 대상으로 하는 학습 현장에도 적용할 수 있으며, 우리 자신의 어떤 행동을 돌아보는 데에도 영감을 줄 수 있다. 바로 이런 점 때문에 사람들이 도박을 쉽게 끊지 못하는 것은 아닐까?

좀 더 확장된 동물모델의 사용

약물 자가투여 동물모델은 약물 중독 연구에서 매우 중요한 도구이다(그림 2-1 참조). 흥미롭게도 이 모델을 통한 실험적 접근이 다양해졌고, 그 결과에 대한 해석 또한 발전해왔다. 이 모델이 제공해주는 정보를 좀 더 확장하고 면밀히 조사하여 약물 중독과 관련한 몇 가지 단계를 연구할 수 있다. 첫째, 지렛대를 눌러 약물을 자가투여하는 방법을 학습하는 약물 섭취 개시 단계이다. 둘째, 약물 섭취 유지 단계인데, 이때 지렛대 학습을 마치고 나서 그 행동이 안정적으로 유지되는 단계이다. 셋째, 지렛대를 눌러도 더 이상 약물을 얻지 못하여 점진적으로 지렛대를 누르는 행동 횟수가 줄어들다 멈추게 되는 약물 섭취 소거 단계이다. 마지막으로 넷째는, 스트레스 혹은 어떤 단서에 의해 약물 섭취가 소거된 개체가 다시 약물 찾기 행동을 시작하는 재발 단계이다. 이들 네 가지 단계는 서로 다르며 뇌 안에서 작동하는 서로 다른 과정에 의해 나타난다. 게다가 어떤 한 단계에 처치되는 치료용 약물은 다른 단계에서보다 효과적일 수 있다. 따라서 우리는 치료용 약물과 처방을 찾기 위한 도구로써 자가투여 모델을 보다 세련되게 사용할 수 있다.

단서자극

약물 중독에서 약물 그 자체나 약물 섭취를 기억나게 하는 것을 '단서자극cue'이라고 한다. 그것은 약물을 함께 섭취했던 친구의 모습일 수도, 약물을 섭취했던 장소일 수도, 약물과 유사하게 생긴 흰색 가루일 수도 있다. 단서자극이 중요한 까닭은 이것만으로도 재발을 일으킬 수 있기 때문이다. 단서자극은 뇌 안에 어떤 반응을 일으켜 약물을 원하도록 만들 수 있다. 진정으로 약물을 끊기 원하는 누군가가 있다면, 그 사람에게 갈망을 일으켜 더 많은 약물을 섭취하도록 만드는 '단서자극' 혹은 '위험신호'가 무엇인지를 파악하여, 그것들을 피하게 하거나 그것들이 더 이상 마음속에서 힘을 발휘하지 못하도록 중립화해야만 한다.

새로운 아이디어의 예

자가투여 동물모델을 가지고 새로운 아이디어를 탐색할 수 있는 좋은 예를 내가 연구했던 CART 펩타이드CART peptide(보통 수십 개 정도의 아미노산으로 이루어진 단백질의 일종. 세포 내에서 신호전달 같은 독자적 기능을 갖고 있다. —옮긴이)에서 찾아볼 수 있다. CART 펩타이드는 약물 중독과 관련이 있는 뇌 부위에서 발견되는 화학물질인데, 이 물질이 약물 섭취에 어떤 영향을 미치는지 자가투여 동물모델을 이용하여 탐색할 수 있다. 만일 어떤 동물이 코카인을 자가투여하도록 학습된 상태에서 다음 번 보상을 얻기 위해 매우 많이 지렛대를 눌러야 한다면, 그 동물은 그만 지렛대 누르기를 포기할 것이다.

이를테면, 지렛대를 누를 때마다 매번 혹은 두 번에 한 번씩 코카인을 주는 것이 아니라, 수십 번을 눌러야 겨우 한 번 코카인을 준다면, 동물은 이내 지렛대 누르기를 포기하고 만다. 여기에 중요한 점이 있다. 동물은 보통 더 좋아하는 약물일수록 그렇지 않은 약물에 비해 그것을 얻고자 지렛대 누르기를 더 많이 시도한다. 따라서 어떤 약물을 얻기 위해 포기하지 않고 지렛대를 누르는 횟수는 동물이 그 약물을 얼마만큼 원하는지를 알 수 있는 하나의 지표가 될 수 있다. 이런 원리를 이용하여 이제 실험실에서 코카인을 자가투여하도록 훈련이 된 동물에게, 지렛대를 눌러도 더 이상 약물을 얻지 못하도록 처치한 다음, 과연 몇 번까지 누르고 포기하는지를 측정하면 그 약물에 대한 의존 가능성의 강도를 파악할 수 있다. 나의 연구실에서 얻어진 실험 결과에 따르면, CART 펩타이드를 뇌의 특정 부위에 주입했을 때, 흥미롭

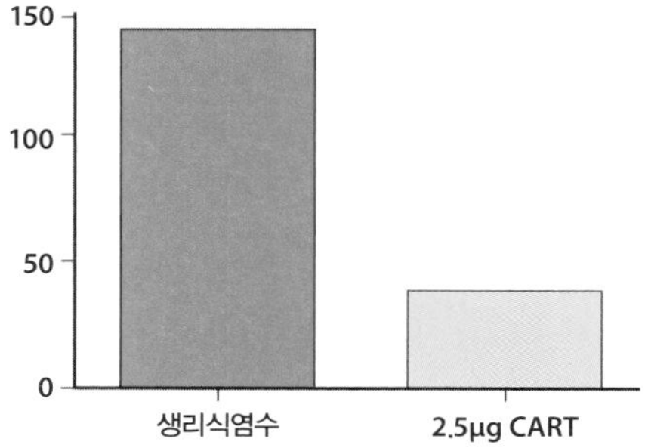

〈그림 2-3〉 CART 펩타이드의 주입은 코카인 보상과 섭취를 감소시킨다. 동물들은 코카인을 통해 어떤 보상을 발견하고 그것을 원하게 되기 때문에, 코카인을 섭취하고자 지렛대를 누르는 일을 한다. 실제로 한 번의 코카인 섭취를 위해 동물들은 여러 번 지렛대를 누르는 일을 마다하지 않는다. 이제 실험 조건을 변화시켜보자. 만일 지렛대를 누를 때 약물 대신 생리식염수가 주입되도록 하면, 동물들은 한동안 코카인을 얻으리라는 기대감으로 지렛대를 누를 것이다(그림에서 막대그래프의 길이는 지렛대를 누르는 횟수를 나타낸다). 그런데 코카인 중독과 관련이 있는 뇌의 한 부위인 중격측좌핵(NAcc, nucleus accumbens) 안으로 CART 펩타이드를 2.5μg 주입하면, 그림과 같이 동물들은 코카인을 얻고자 일하는 것을 이전보다 덜하게 된다. 그림에서 막대그래프의 길이는 동물이 코카인을 얼마나 원하는지를 보여주는 지표로 생각할 수 있는데, CART 펩타이드의 주입은 바로 이 지표를 감소시키고 그 결과 막대그래프의 길이가 짧아졌다고 생각할 수 있다.

게도 동물들은 지렛대 누르기를 평소보다 더 빨리 포기했다(그림 2-3 참조). 이는 마치 CART 펩타이드가 들어가면 코카인 보상을 받는 것에 대해 쥐들이 더 이상 흥미를 보이지 않는 것처럼 보인다.

여기서 중요한 점은 뇌 안에 주입한 CART 펩타이드가 코카인을 덜 매력적으로 보이도록 작용할 수 있다는 점이다. 아마도 CART 펩타이드는 코카인에 의해 과도하게 활성화된 뇌 활동을 조절하는 일종의 화학적 반사 작용인지도 모른다. 이에 대해서는 다음 장들에서 더 얘기하겠다. 그런데 여기서 잠깐! 만일 이렇게 CART 펩타이드에 기초한 어떤 치료용 약물이 개발되어 중독 환자들에게 코카인을 덜 매력적으로 보이도록 할 수 있다면 이것은 상당히 흥미로운 일이 아닐까? 이 질문은 아직 사람에게 처방을 해보기에는 CART 펩타이드에 대한 연구 성과가 충분하지 않기 때문에 현재로서는 생각에만 머물 뿐이다. 하지만 이런 이야기를 통해 여러분은 어떤 아이디어를 얻을 수 있을 것이다. 이와 유사하게 자가투여 방법을 응용한 여러 가지 실험들이 추가적인 처방을 위한 새로운 아이디어를 만들어내고 있다.

이제 여러분은 자가투여 모델을 비롯한 몇 가지 동물모델들이 약물 중독 연구에 얼마나 중요한지 알았을 것이다. 약물 중독이 생리적 과정에 기초하여 뇌 안에서 일어나는 과정임을 알게 됨으로써 우리는 그 과정을 억제하거나 되돌릴 수 있는 새로운 약물이나 처방을 찾아낼 수도 있다. 이러한 접근은 새로운 처방을 발견하기 위하여 합리적이면서 생리학에 기초를 둔 탐색을 가능하게 해준다. 예를 들면, 중독을 매개하는 뇌의 부위를 찾아내기 위하여 뇌의 여러 부위에 약물을 주입할 수도 있고, 수술로 그 부위에 변화를 줄 수도 있다. 물론 이런 종류의 실험을 사람에게 한다는 것은 매우 비윤리적이고 불가능하기 때문에[5], 동물모델을 이용한 실험은 그만큼 중요하다.

재발, 갈망, 그리고 재개

약물 남용은 재발성이 있는 장애이다. 사실, 대부분의 약물 남용자와 중독자는 약물 섭취를 멈추거나 멈춰보려고 노력을 해본 적이 있지만, 결국은 재발을 경험한다. 어느 시점에서든, 대부분의 약물 남용자는 사실상 이미 재발이 된 상태라고 볼 수 있다. 따라서 '재발' 그 자체를 연구하는 것은 매우 중요하고, 이러한 연구는 앞서 소개한 자가투여 모델을 변형한 실험 방법으로 훌륭하게 해낼 수가 있다. 먼저 동물들로 하여금 지렛대 누르기가 안정될 때까지 코카인과 같은 약물을 자가투여하도록 훈련한 다음에 약물을 더 이상 주지 않으면, 동물들은 보상이 따르지 않는 지렛대 누르기에 점차 흥미를 잃게 되어 이 특정 행동은 소거된다. 이 동물들은 약물을 사용했었고 이제는 약물 사용을 멈추었다는 점에서 그런 상태에 처해 있는 많은 사람들처럼 약물 경험자가 된 셈이다. 이런 상태의 사람들은 스트레스를 받거나 어떤 단서자극에 의해 약물의 경험을 떠올리게 되면 약물을 갈망하고 더 나아가 그것을 찾아 나선다. 단서자극은 약물을 같이 나누던 친구 혹은 그 장소의 모습일 수도 있고, 약물을 생각나게 하는 하얀 가루일 수도 있다. 단서자극과 그 단서자극이 주는 효과는 매우 흥미로운 주제이며 그에 대한 연구들이 진행되고 있다. 예를 들어, 레슬리 룬달Leslie Lundahl과 크리스-엘린 요한슨Chris-Ellyn Johanson 박사는 마리화나 의존성이 있는 피험자에게 약물과 관련 있는 단서자극들이 약물에 대한 갈망을 불러일으킬 수 있음을 보여주었다.[6] 아주 적은 양의 약물—이것도 일종의 단서자극으로 작용할 수 있다—을 섭취한 것이 약물을 폭식하듯이 섭취하게 만들 수 있다. 결국 약물 남용자에게 하나의 단서로 작용할 수 있는 어떤 사건들은 갈망, 약물 탐색, 재발이라는 일련의 과정을 차례대로 밟게 하는 방아쇠와 같은 역할을 한다.

이번 장을 함께 시작한 실험동물에게로 돌아가자. 이 동물은 과거에 약물을 경험한 적이 있지만, 현재는 약물과 떨어져 있는 상태이다. 이 동물에게 발바닥에 전기충격을 주는 것과 같은 스트레스를 가하거나 이전에 맛보았던 소량의 약물을 주면, 동물은 과거에 약물과 짝을 이루었던 지렛대를 다시 눌러대기 시작한다(이 과정을 가리켜 재개

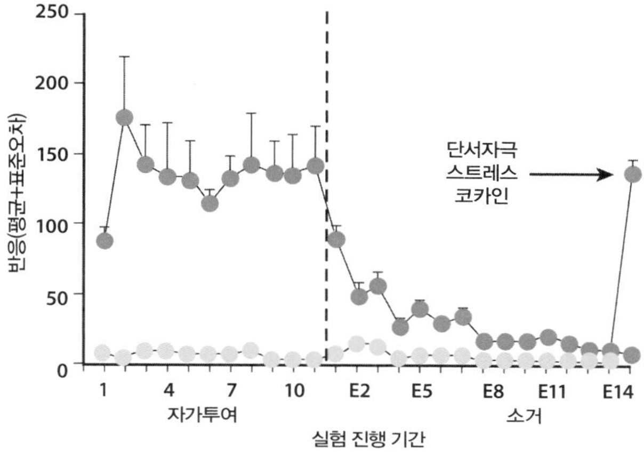

〈그림 2-4〉 동물들의 약물 자가투여는 사람들의 재발을 연구하는 데 유용한 모델이 된다. 동물들에게 약물과 관련 있는 지렛대(진한 점)와 그렇지 않은 지렛대(흐린 점) 2개가 주어진다. 예상대로 약물과 관련 없는 지렛대는 거의 눌리지 않는다(그래프의 y축은 지렛대를 누르는 횟수를 나타낸다). 12일 동안 지렛대를 눌러 코카인을 자가투여하도록 동물들을 훈련했으며(그래프의 점선의 왼쪽에 해당), 약물이 전달될 때마다 조명이나 소리와 같은 하나의 단서자극을 함께 주었다. 훈련이 시작된 첫 날을 제외하고는 평균 140회의 고른 반응을 보였다. 두 번째 실험 단계(그래프의 점선의 오른쪽에 해당)에서 동물들은 지렛대를 눌러도 더 이상 약물이 전달되지 않는 '소거 훈련'을 받게 되자(E1~E14), 지렛대를 누르는 횟수가 거의 0으로 떨어졌다. 이 상태에서 이제 동물들에게 자가투여 훈련 기간 동안 약물이 전달될 때마다 수반했던 단서자극, 즉 발바닥에 가하는 전기충격 정도의 강도가 약한 스트레스라든지 소량의 약물을 주었다. 이들 각각의 자극은 모두 소거 훈련으로 감소했던 지렛대 누르기 행동을 상당한 수준으로 회복시켰다. 지렛대 누르기 행동의 재개는 약물 탐색과 재발의 시작점으로 여겨진다. 이로부터 과거에 약물을 섭취한 경험이 있는 동물들은 약한 스트레스를 받거나 단 한 번의 약물 주입만으로도 다시 약물을 탐색하고 싶게끔 자극된다는 것을 명백히 알 수 있다.

reinstatement가 일어났다고 한다. ―옮긴이). 이러한 변화는 눈에 띌 정도로 두드러지게 나타나며, 비록 지렛대를 누를 때 약물을 제공하지 않더라도 동물은 지렛대를 누른다(그림 2-4 참조). 사람들이 다시금 약물을 갈망하도록 하는 것처럼, 동물들도 과거에 경험한 약물이 그들을 어떤 환경자극에 조건화시킴으로써 약물을 다시 찾게 만든 것이다.

이러한 동물모델을 통해서, 재발과 관련된 여러 가지 질문을 던질 수 있고, 이제 우리는 재발을 치료하거나 예방하기 위해 어떤 치료제가 가장 좋을지 고민하기 시작했다.

다른 동물모델들

우리는 또 다른 형태의 동물모델을 통해서 뇌와 약물에 대한 추가적인 속성을 연구할 수 있다. 예를 들어 '조건화된 장소 선호conditioned place preference'나 '약물 분별drug discrimination' 같은 모델들이 있는데, 이런 방법들은 어느 정도 기술적인 설명을 요구하긴 하지만 상당히 유용하다. 이런 방법들은 여기서 자세히 다루지는 않을 생각인데, 다만 약물 중독의 연구 방법이 매우 다양하며 풍부함을 알리기 위해 언급했다. 다음 장에서 우리는 '전기 자가투여electrical self-administration'에 대해 알아볼 텐데, 약물 중독을 논의하는 데 있어서 이것이 왜 중요한지 생각해볼 것이다.

생각의 변화

사람뿐만 아니라 동물들도 중독에 취약하다는 것을 깨닫는 것은 중요하다. 약물 중독자들은 과거(때로는 현재까지도)의 자신을 진절머리 나는 존재, 도덕적 실패자, 도울 가치가 없는 존재로 여기며, (그들을 위한) 연구 프로그램도 아주 적다고 생각한다. 그들의 통제할 수 없는 약물 탐색은 종종 그와 연관되어 나타나는 범죄와 함께 그들에게 사회적으로 불명예스러운 오명을 갖게 하고, 때때로 그들을 사회적으로 돌볼 가치가 없는 포기 상태로 내버려지게 만들기도 한다. 약물 남용자들 또한 스스로를 무기력하고 희망이 없는 자들로 여긴다. 그러나 중독이 편

두통이나 발작과 같은 일종의 뇌장애임을 깨닫게 되면 근본적으로 생각이 바뀔 것이다. 이제 우리는 뇌에 대하여 충분히 알기만 한다면 중독을 보다 효과적으로 다룰 수 있다고 생각하는데, 이것은 점차 현실화되어가고 있다. 약물 사용자들도 치료 가능성이 높은 처방들의 새로운 영역이 자신들에게 열려 있음을 깨닫고 있으며, 여기에는 뇌와 뇌가 작동하는 방식에 방향을 맞춘 치료용 약물과 행동치료가 포함된다. 그렇다고 해서 오래된 기존의 치료 프로그램들이 이젠 효과가 없다는 것은 결코 아니다. 실제로 예전에 만들어진 많은 프로그램들이 여전히 나름대로 효과가 있다. 다만 치료 방법에 있어서 선택사항들이 추가되고 있는 중이다. 연구가 가지는 중요한 기능 가운데 하나는 단지 발견을 해내는 것뿐만 아니라, 현재에는 없지만 미래에는 가능한 새로운 치료 방법에 대한 희망을 제시해주는 것이다.

focus

동물도 사람과 마찬가지로 약물을 섭취하며, 그렇기 때문에 사람의 약물 사용을 이해하기 위한 모델이 될 수 있다. 약물과 뇌에 관한 연구는 필수적으로 요구되지만, 사람을 대상으로 하는 여러 유형의 연구들은 (윤리적·현실적 제약으로) 가능하지 않기 때문에, 주로 동물모델들을 사용해왔고 그 결과는 성공적이었다.

3장

뇌가 만들어내는 쾌락과 보상

도대체 약물을 해서 좋은 것이 뭘까? 한 여성 중독자에게 왜 헤로인을 하느냐고 물어보았다. 그녀는 그건 마치 12배의 성적 오르가슴을 느끼는 것과 같다고 대답했다! 비록 그 효과는 약물에 따라 차이가 나지만, 약물은 우리로 하여금 기분을 좋게 하거나 어떤 놀라운 흥분을 경험하도록 하는 것이 틀림없다. 쾌락, 보상, 그리고 강화와 같은 개념들은 약물 중독을 이해하는 데 있어서 매우 중요하므로, 이 주제를 다룰 때 뇌 안에 존재하는 쾌락과 보상계에 대한 아주 중요한 발견을 기술하지 않고 넘어갈 수는 없다. 보상을 생산해내는 것을 가능하게 만들어주는 능력이 뇌 안에 이미 존재하지 않는다면 어떤 약물도 몸 안에 들어와 보상을 일으킬 수는 없다.

• • •

앞선 장들에서 기술했던 약물과 관련된 보상을 보여주는 실험들이 있기 전에, 우리 뇌 안에는 굳이 약물이 아니더라도 살아가면서 자연스럽게 발생하는 보상과 강화를 만들고 처리하는 하나의 시스템이 이미 존재한다는 것을 밝혀준 실험들이 있었다. 뇌가 부분적으로는 전기 활동을 통해서 작동하고 있다는 사실을 고려해볼 때, 이 발견들이 뇌를 전기 자극함으로써 얻게 되었다는 사실은 놀랄 일이 아닐 것이다. 만일 우리가 어떤 행동을 한 결과로 즉각적인 보상이나 좋은 느낌을 얻게 되었다면, 우리는 그 행동을 계속하려고 할 것이고, 실제로 매일 그렇게 하고 있다. 좋은 느낌은 그 느낌을 만들어낸 행동을 다시 수행하도록 힘을 실어준다(여기서 '강화'라는 개념이 나왔다). 예를 들면, 우리는 기분 좋은 식사를 하기 위해 약속된 식당에 정시에 도착해야 한다는 것을 안다. 보상에 따라 우리는 그것을 배우고 습관을 익힌다. 뇌가 행동을 만들어내는 기관임을 고려할 때, 이러한 보상과 강화가 수반되는 행동들이 뇌의 어느 곳을 통해서 만들어져 나오는지를 연구자들이 어떻게 찾아냈으며, 실제로 뇌 안에서는 어떤 일이 벌어지는지를 밝히는 것은 매우 흥미로운 일이 아닐 수 없다.

이러한 질문들에 답하기 위해서는 전극이 뇌 안에 심어져 뇌를 자극해야 하고, 이에 따라 발생하는 행동이 측정되고 기록되어야 한다. 그리고 전기 자가자극electrical self-stimulation 방법이 있는데, 이것은 동물이 지렛대를 눌러 스스로 뇌의 특정 부위에 전기 자극을 전달하는 방법을 말한다. 그렇다. 다시 지렛대 누르기다! 단지 이번에는 약물이 아니라, 뇌에 직접 전기 자극을 주는 것이다. 동물이 지렛대를 계속해서 누른다는 사실은 전기 자극의 결과가 동물에게 무언가 긍정적이거나 좋은 것임을 의미한다. 그런데 전기 자가자극은 전극이 뇌의 어느 특정 부위에 위치할 때에만 나타나며, 이것은 보상이나 쾌락과 관련된 뇌 부위가 특정하게 존재함을 의미한다. 이 중요한 발견은 1950년대에 이루어졌다.

훌륭한 관찰자들과 커다란 발견

어떻게 이 모든 것이 시작되었을까? 1954년 두 명의 젊은 과학자, 제임스 올즈James Olds와 피터 밀너Peter Milner는 뇌의 망상체reticular formation라는 부위를 전기로 자극해주면 쥐들의 학습이 얼마만큼 빨라지는지를 알아보고 있었다. 그들은 이 과정에서, 짧은 시간 자극을 받은 몇몇 쥐들이 자극을 경험한 장소로 빠르게 되돌아오는 것에 주목했다. 쥐들은 자극을 받았던 장소로 다시 그리고 또다시 계속해서 돌아왔다. 마치 쥐들이 더 많은 자극을 원하는 것처럼 보였다! 이것은 전극이 놓여 있는 뇌의 부위를 자극하면 어떤 긍정적인 보상이 따라오고, 강화 요소가 있는 무언가가 존재함을 말해주었다.

한 가지 놀라운 사실은 이런 식의 행동을 나타내는 쥐들의 경우, 전극이 망상체에 놓여 있을 것이라는 예상과는 달리 전극이 중격septum(동기와 정서를 담당하는 대뇌변연계의 일부 — 옮긴이)이라는 부위에 놓여 있었다는 점이다. 뇌 안에 전극을 설치하는 과정에서 계산상의 오류가 있었다. 와우! 여러 가지 면에서 이것은 우연한 발견이었다. 이

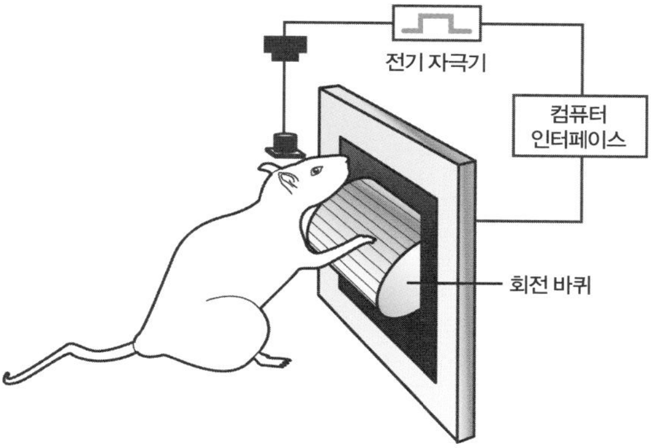

〈그림 3-1〉 쥐가 바퀴를 돌리면 뇌의 특정 부위에 전기 자극이 가해지도록 설계된 실험. 쥐가 바퀴를 돌릴 때 지렛대를 누를 때와 마찬가지로 똑같은 자극이 뇌에 전달되므로 바퀴와 지렛대 둘 중 어느 것이든지 실험에 사용할 수 있다. 자극을 전달할 뇌의 위치는 쥐를 마취하고선 수술할 때 연구자가 선택한다. 전기 자극기는 뇌 안에 박혀 있는 전극과 헐거운 스프링으로 연결되어 있어 쥐는 실험상자 안을 자유롭게 돌아다닐 수 있다. 이런 실험을 통해 뇌의 여러 부위를 체계적으로 탐색함으로써 뇌 안의 '쾌감센터'들의 지도를 만들어냈다.

어지는 실험들에서, 쥐들로 하여금 스스로 자극을 조절하게 하거나 지렛대 누르기를 통해 뇌 안에 심어진 전극에 전기 자가자극을 주도록 했을 때, 쥐들은 실제로 전기 자극을 추구했다. 너무나도 뚜렷한 나머지, 커다란 발견을 바로 눈앞에 두고 있음을 깨달은 올즈와 밀너는 자신들이 원래 계획했던 실험들을 버리고 전기 자극이 주는 보상과 강화의 속성에 대해 연구하기로 결정했다. 그들은 뇌의 다양한 부위에 전극을 꽂으면서 어느 곳이 전기 자극을 위한 지렛대 누르기를 계속 유지하게 하는 장소인지를 찾았다(그림 3-1 참조).

제임스 올즈는 이렇게 말했다[1]

"저는 쥐들이 방 한쪽의 어느 구석에 들어갈 때마다 60사이클cycle 사인파sine-wave의 전류를 잠깐씩 흘려주었습니다. 그랬더니 쥐들은 그 구석에서 멀리 떨어지기는커녕 잠깐 머뭇거리다가 빠르게 그곳으로 달려왔습니다. 마찬가지로 두 번째 자극을 받고 나서도 잠깐 머뭇거리다가 첫 번째 자극 때보다도 더 빠르게 그 장소로 달려왔습니다. 세 번째 자극이 주어졌을 때, 쥐들은 '더 많은 자극을 위해 다시 돌아오는 것'처럼 보였습니다."

뇌 안에 전극이 놓여 있던 부위들을 조심스럽게 찾아냄으로써[2], 그들은 반복적이고 강화적인 자가자극 행동을 만들어내는 곳이 뇌 안에 몇 군데 있음을 발견했고, 때때로 이 부위들을 가리켜 쾌감센터pleasure center라고 불렀다. 그중에서도 특별히 외측 시상하부lateral hypothalamus, 내측 전뇌 축색다발medial forebrain bundle, 그리고 몇몇 다른 뇌 부위에서는 높은 비율의 자가자극이 나타났다. 이와 같이 해부학적으로 뇌의 위치를 찾는 연구는 보상과 관련된 뇌의 부위에 대하여 많은 것을 밝혀냈지만, 우리의 목적상 이 책에서는 해부학적인 내용을 그렇게 자세히 들여다볼 필요는 없다. 이들 보상과 관련 있는 부위들은 다시 이를 구성하는 많은 요소들로 이루어져 있고, 아마도 들어온 전기에 의해 동시에 자극을 받게 될 것이어서 이중에 어느 것이든지 전기 자가자극의 원인이 될 수 있을 것이다. 하지만 그 후에 이어진 실험들은 전기 자가자극을 가능하게 만드는 내측 전뇌 축색다발 내의 적어도 한 가지 중요 구성 요소는 도파민dopamine이라는 신경전달물질을 갖고 있는 신경세포임을 보여주었다. 내측 전뇌 축색다발에 전기 자가자극을 주면 도파민이 분비되고, 도파민을 억제하는 화학물질을 처리하면 전기 자가자극이 중단되었다. 코카인과 같은 약물도 마찬가지로 도파민을 증가시키는데, 그래서 약물과 전기 자극은 많은 면에서 똑같은 효과를 갖고 있다. 도파민을 포함한 몇 가지 신경전달물질들과 그들이 뇌 안에서 하는 역할에 대해서는 뒤에서 더 살펴볼 것이다.

사람의 경우도 마찬가지다

이런 종류의 실험은 온갖 처방이 소용없는 아주 심각한 질환의 환자가 아닌 이상, 윤리적인 문제 때문에 사람에게는 행하지 않는다. 1950년대에 미국 뉴올리언스의 툴랜Tulane에서 로버트 히스Robert Heath 박사와 그 동료들은 중요한 몇 가지 목적을 가지고 사람 환자의 뇌 안에 전극을 설치했다. 그들은 쾌감센터에 직접 전기 자극을 주어서 심각한 정신질환을 완전히 치료해내거나 적어도 완화시키길 원했다. 당시에는 그와 같은 환자들에게 다른 선택의 여지는 거의 없었다.

한 가지 흥미로운 것은, 히스의 환자 중 한 명이 자신의 중격 부위를 한 시간에 1500번이나 자가자극을 했는데, 이것은 매우 힘이 있고 심지어 소모적인 면이 있기도 한 효과였다. 이 내용은 이번 장을 시작할 때 인용한 헤로인 중독자를 상기시킨다. 실제로 히스의 환자는 전기 자극을 받는 동안에 섹스를 떠올리며 그에 대해 얘기했다. 중뇌midbrain와 같은 뇌의 다른 부위를 전기 자극할 때는 섹스와 관련 없는 다른 종류의 행복한 생각에 빠져들었다. 다른 연구들에서는 환자들이 일반적인 쾌감이나 잘 살고 있다는 어떤 느낌, 긍정적인 분위기, 몸의 여러 부위에서 느껴지는 기분 좋은 감각들, 걱정거리로부터의 해방감, 황홀감 등 여러 가지 종류의 감각과 느낌들을 기술했다. 이 얼마나 놀라운 결과인가!

결국 히스와 다른 이들의 연구 결과는 올즈와 밀너가 실험에서 보여준 것처럼 사람의 뇌와 동물의 뇌 안에 쾌감센터들이나 보상센터들이 존재함을 말해준다. 뇌는 고통뿐만 아니라 쾌감의 기관이기도 하다는 개념에 대하여 이제 우리는 말할 수 있게 되었다.

오늘날의 심부뇌 자극

약물이나 쾌감과는 어떤 필연적인 연관은 없지만, 오늘날 사람들에게 행해지는 유용한 의학적 처치 방법 중 하나로 심부뇌 자극DBS, deep brain stimulation이라는 것이 있다. 이 방법에 따르면, 신경외과 의사는 보통 축전지로 힘을 공급받으며 전기적 진동electrical pulse을 만들어 낼 수 있는 발전기를 환자의 뇌에 심어진 전극에 연결하여 전기 자극을 주는데(그림 3-2 참조), 이렇게 하면 만성통증이나 우울증, 파킨슨병, 그 밖의 다른 종류의 질환들의 증상을 완화시켜주는 효과가 있는 것으로 알려졌다. 물론 이러한 효과는 전극이 뇌의 어느 부위에 위치하

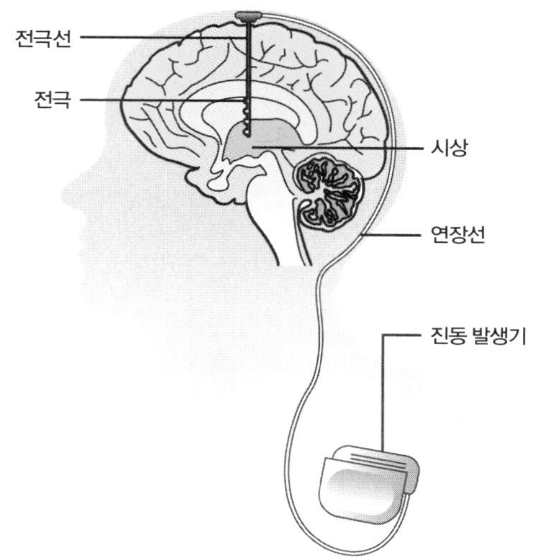

〈그림 3-2〉 심부뇌 자극은 오늘날 심각한 신경학적 질환들을 치료하는 데 사용되는 중요한 치료법이다. 뇌의 특정 부위(예를 들면, 그림에서 '시상'으로 표시된 부분)에 심어진 전극을 이용해 전기 자극이 신경학적 증상을 완화시킬 수 있음이 밝혀졌다. 전극은 전극선(lead)을 통해 연장선(extension)과 연결되는데, 이 연장선은 밖에서 보이지 않도록 피부 안쪽에 심어지며, 뇌에 전기 자극을 전달하는 진동 발생기(pulse generator)와 연결된다. 진동 발생기는 보통 안전하게 넣고 빼고 할 수 있으면서 또한 언제든지 기계의 눈금 조율을 쉽게 할 수 있는 신체 부위의 피부 밑(예를 들면, 쇄골 밑)에 설치하고, 여러 가지 증상을 완화시키기 위해 사용된다.

느냐에 따라 다르게 나타나며, 증상에 따라 서로 다른 뇌 부위에 전극을 시술하게 된다. 이러한 처방은 1997년에 미국 식품의약국FDA의 승인을 처음 받은 비교적 최신 방법으로, 어떻게 해서 이러한 효과를 가져오는지 그 메커니즘은 아직 완전히 밝혀지지 않았다. 심부뇌 자극이 중독질환을 치료하는 하나의 방법으로 논의되고 있다는 것은 크게 놀랄 일이 아닐 것이다. 실제로 동물실험에서 심부뇌 자극을 통해 약물 자가투여에 대한 흥미를 잃는 것으로 보이는 희망적인 결과를 얻은 바 있다.

놀랄 만한 함축과 영향

올즈와 밀너의 발견이 있은 뒤, 그와 동일한 주제로 수천여 편의 논문이 쏟아져 나왔다. '전기 자극 강화'라는 용어가 널리 사용되면서, 그러한 현상이 포유류는 물론이고 어떤 물고기나 심지어 달팽이에게서도 나타난다는 보고가 나왔다. 그중에는 매우 격렬하고 힘 있는 결과를 보여주는 것도 더러 있는데, 한 보고에 의하면 쥐들이 전기 자극을 얻기 위해 대략 1분에 29번꼴로 지렛대를 눌러댔다고 한다! 약 20일 동안 매일 연속으로 그렇게 격렬하게 눌러댔던 것이다. 자가자극 실험은 먹이와 물의 섭취와도 연결되어 실험이 진행되었다. 동물들이 먹이가 고갈되었을 때에는 자가자극의 빈도가 증가하는 반면, 반대로 먹이를 섭취하고 난 후에는 자가자극의 빈도가 감소하는데, 이와 관련된 뇌의 특정 부위가 발견되었다. 또한 물의 고갈에 비례하여 자가자극의 정도가 다양해지는 뇌의 부위도 발견되었다. 이러한 결과들은 음식과 물을 섭취하는 것과 같은 행동들을 강화시켜주는 강력한 시스템이 뇌 안에 존재한다는 생각을 지지해준다. 짝짓기 행동에 따르는 보상과 함께 음식과 물을 섭취하는 행동을 위한 보상들은 각 개체로서 그리고 하나의 종으로서 생존하는 데 필수적이다.[3] 이러한 점에서 우리의 뇌가 생존에 탁월한 영향을 끼치는 위치에 있다고 보는 견해는 매우 타당하다.

약물과의 연관성

이제 마지막 연결 조각에 대하여 말할 때다. 앞선 장들을 통해서 우리는 약물이 자가투여될 수 있음을 알았고, 이번 장을 통해서 뇌의 어떤 부위가 전기 자가자극이 되는지 알았다. 이어서 자연스럽게 다음과 같은 논리적 질문이 나올 수 있다: 그 두 가지 행동은 서로 완전히 다른 실재entity인가? 아니면 서로 연결되어 있는가? 다시 말하면, 그 둘은 뇌의 동일한 곳으로 접속이 되는가? 동일한 뇌 부위가 두 가지 행동의 과정을 모두 매개하는가?

밝혀진 바에 따르면, 이 두 가지 행동은 서로 연관이 있는데, 비교적 간단한 실험을 통해서 이것을 알아볼 수 있다. 우선 쥐들이 지렛대 누르기를 안정적으로 할 때까지 스스로 뇌에 전기 자극을 가하도록 훈련한 다음, 전류의 세기를 변화시키면서 '역치threshold'(일어나지 않던 어떤 생리적 반응을 일어나게 하는 자극의 최솟값—옮긴이)를 찾아낸다. 이 실험을 제대로 이해하기 위해서는 역치가 무엇인지를 알아야 하는데, 이 실험의 경우 역치란 쥐들이 자가자극을 하도록 만드는 가장 낮은 전류의 세기를 말한다. 만일 전류의 세기가 역치 미만으로 너무 약하면 쥐들은 자극이 주어진 것을 알아차리지 못할 것이고, 역치 이상의 전류가 주어지면 쥐들은 그것을 자극으로 인지하게 될 것이다. 신뢰할 수 있는 역치를 얻는 측정 방법들은 이미 개발되어 있다.

역치를 찾고 난 후에는 자가자극을 하는 쥐들에게 다양한 농도의 코카인을 주입하고[4], 각각 주입된 코카인의 농도에 따라 전기 자가자극의 역치가 어떻게 달라지는지를 측정한다. 결과는 코카인 농도의 변화에

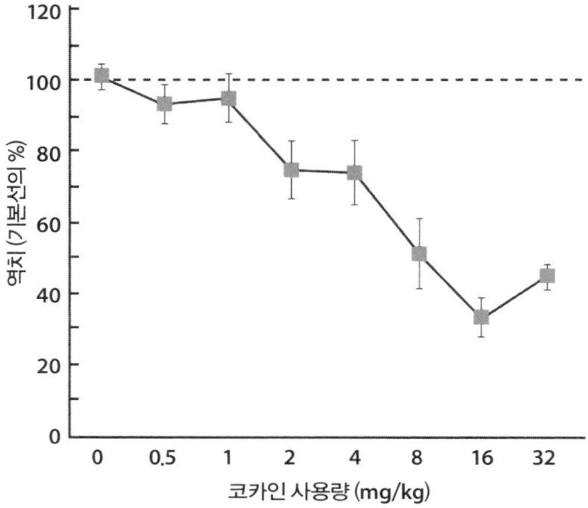

〈그림 3-3〉 전극에 흐르는 전류의 양을 변화시키면서 역치의 변화를 관찰한 전기 자가자극 실험. 전류가 일정 수준 아래로 낮아지면, 동물들은 전류를 명백히 인지하지 못해 자가자극이 나타나지 않는다. 역치란 자가자극을 일으킬 수 있는 가장 낮은 수준의 전류의 세기이다(자가자극에 대해서는 그림 3-1 참조). 코카인은 역치를 떨어뜨린다! 그것은 마치 코카인 그 자체가 동일한 뇌 부위에 이미 자극을 주어서 역치에 이르기 위해서는 이제 더 적은 양의 전류만이 필요한 것처럼 여겨진다. 따라서 약물은 전기 자가자극에 의해 확인된 것과 동일한, 우리 몸에 내재하는 보상 시스템에 영향을 미친다.

따라 쥐들의 자가자극의 역치 또한 변화하는 것으로 나타났다. 즉, 쥐들에게 더 많은 코카인을 줄수록 역치는 더 낮아졌다. 특히 행동의 변화에 효과를 나타내는 코카인 농도 근방에서 역치는 현저하게 낮아졌으며(그림 3-3 참조), 다른 종류의 약물을 가지고 실험해봐도 마찬가지의 결과가 나왔다.

뇌의 특정 부위에서 약물과 전기 자가자극의 상호작용이 일어난다는 것은 서로 다른 그 두 가지 자극이 뇌 안에서 동일한 신경경로를 사용하고 있음을 보여준다. 약물이 뇌에 들어가 특정 신경경로의 활동을 높이면 전기 자가자극의 역치에 도달하기 위해 필요한 전류의 세기를 그만큼 낮춰주는 것이다. 이것은 약물이 뇌에 어떻게 작용하는지에 대한 귀중한 정보를 제공해주는 발견이라고 단호히 말할 수 있다!

아울러 이제까지 얘기해오던 뇌에 관한 그림을 완성하기 위해서, 혐오 혹은 회피와 연관된 뇌의 특정 부위도 발견되었음을 밝혀둔다.[5] 약물들 중에는 혐오스러운 성질을 띤 것도 있다. 따라서 약물 자가투여의 정도는 그 약물이 지닌 혐오성에 대한 보상성의 비율에 영향을 받는다고 추측할 수도 있다. 주의 깊게 행한 실험들에서 대마초cannabis, 코카인, 알코올, 모르핀과 같은 많은 약물들이 혐오성을 갖고 있음이 밝혀졌다. 많은 사람들이 알코올은 그 맛이 꽤 쓰고 지독하며, 담배 연기는 몹시 욕지기가 나게 하거나 숨쉬기 힘들게 한다고 말한다. 약물의 보상 효과에 대해 내성이 생기듯, 어떤 약물들은 혐오적인 효과에 대해서도 내성이 생기는 것 같다. 하지만 불행하게도 약물이 갖고 있는 보상으로서의 성질이 너무나도 자주 승리한다.

focus

뇌의 여러 부위 가운데 전기 자가자극을 지지하는 몇몇의 부위가 있다. 즉, 동물들은 이들 뇌의 특정 부위에 전기 자극을 전달하려고 지속적으로 노력한다. 이들 부위 중 적어도 몇 군데는 약물에 의해서도 활성화된다. 따라서 우리의 뇌 안에는 긍정적인 느낌을 매개하는 신경경로가 본래부터 존재하며, 약물은 바로 이 동일한 신경경로를 활성화시킨다고 볼 수 있다. 약물은 우리가 기분이 좋다고 느끼게끔 이미 그렇게 짜인 뇌의 특정 부위에 작용하는 것이다.

2부

우리는 어떻게 중독되는가?

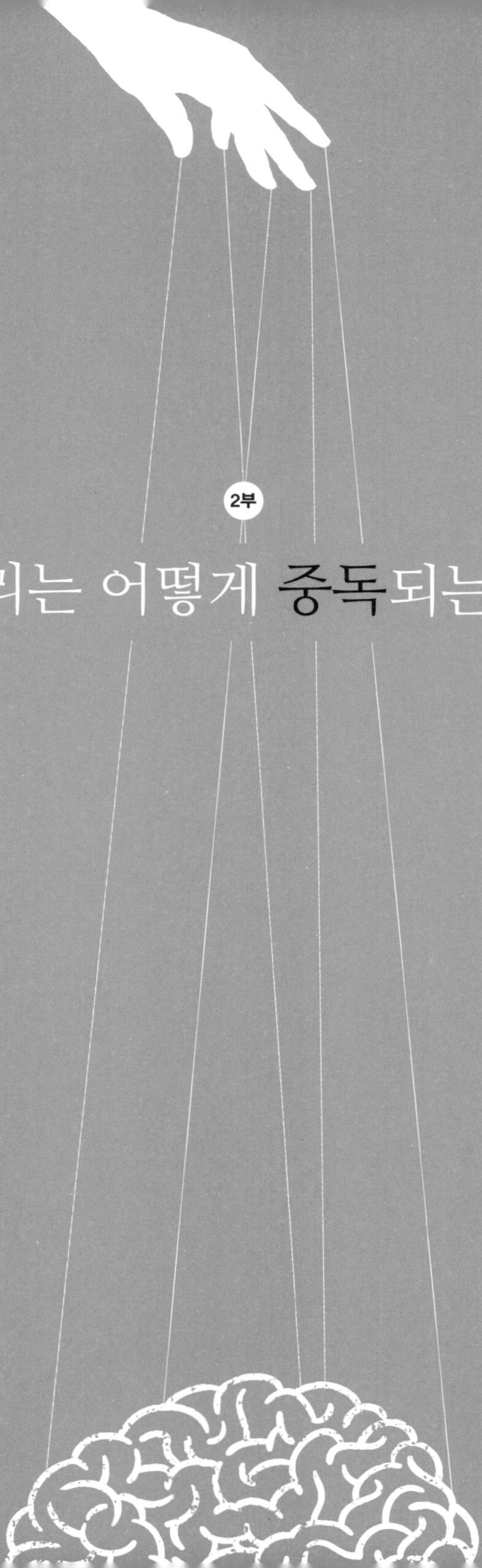

4장

뇌에서 일어나는 약물 작용의 ABC

어느 중독 환자가 그의 상담자에게, 지난 몇 달간 점점 더 많은 약물을 섭취하다가 어느새 중독에 빠지게 되었다고 말했다.

"예전에는 그래도 멈출 수 있곤 했는데, 이제는 약물이 없으면 미칠 것만 같아요. 사람들은 약물이 제 머릿속에, 바로 뇌 안에 있다고 말하는데…… 정말 제 머릿속이 뭔가 달라진 것 같아요."

환자의 말이 옳다. 환자의 뇌에는 변화가 일어났으며, 그것을 이해하기 위해서 우리는 기초적인 수준에서 뇌가 어떻게 작동하는지 살펴볼 필요가 있다.

• • •

신경세포

뇌는 신경세포라고 부르는 기능단위를 사용하여 몸과 행동을 통제한다. 신경세포는 나뭇가지 모양의 수상돌기dendrite를 가지고 있는 세포체cell body와 보다 굵고 길게 뻗은 하나의 축삭돌기axon, 그리고 축삭돌기 끝에서 발견되는 신경세포 말단으로 구성되어 있다(그림 4-1 왼쪽 참조). 신경세포 말단은 전형적으로 다른 신경세포와 연접해 있으며 화학물질을 분비하여 영향을 끼친다. 세포의 둘레는 세포막으로 쌓여 있으며, 세포막은 신경세포를 온전하게 유지한다.

신경세포들은 사슬이나 회로를 이루면서 연속으로 배열되어 있지만, 서로 간에 직접적인 물리적 연결이나 접촉은 없다. 대신에 시냅스 간극synaptic cleft이라고 부르는 하나의 작은 공간에 의해 분리되어 있다(그림 4-1 오른쪽 참조). 시냅스는 신경세포 말단, 시냅스 간극 그리고 회로 상에 연이어 있는 다음 번 신경세포의 세포막을 모두 포함하는 접합부위junction를 가리키는 말이다. 하나의 수상돌기 혹은 신경세포의 세포체가 전기적으로 흥분되고, 그 흥분이 일정 수준의 역치에 도달하게 되면, '활동전위action potential'라고 부르는 전기 자극이 발생하게 된다. 활동전위는 축삭돌기를 따라 밑으로 내려가 결국 축삭돌기의 끝까지 다다르고, 신경세포 말단에 이르게 되면 화학적 신경전달 과정이 일어난다.

화학적 신경전달[1]이란 화학물질에 의해 신호전달이 이루어지는 과정을 말하는데, 신경세포 말단에서 분비된 하나의 화학물질이 회로 상에 연속으로 위치한 다음 신경세포를 흥분 또는 억제시킬 수가 있다.

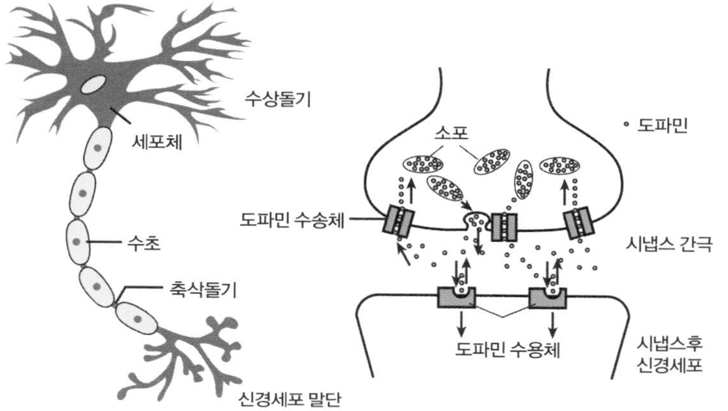

〈그림 4-1〉 신경세포의 구조와 기능. 왼쪽의 그림은 한 개의 신경세포의 구조를 보여준다. 수상돌기를 가지고 있는 세포체와 신경세포 말단으로 끝나는 축삭돌기를 볼 수 있다. 이 그림에서는 축삭돌기가 활동전위의 움직임을 도와주는 수초(myelin sheath)로 덮여 있는데, 신경세포가 항상 이렇게 수초를 갖고 있는 것은 아니다. 하나의 신경세포 말단은 회로 상의 인접해 있는 다른 신경세포의 수상돌기와 오른쪽 그림과 같이 시냅스를 이루는데, 뇌가 작동하는 방식에 있어서 매우 중요한 역할을 한다. 오른쪽 그림은 신경전달물질인 도파민을 함유하고 있으며, 이웃한 신경세포의 수상돌기와 연접해 있는 신경세포 말단의 모습을 보여준다. 도파민은 소포에 저장되는데 활동전위가 신경세포 말단에 다다르면, 세포막과 융합을 이루면서 도파민을 시냅스 간극으로 분비한다. 이렇게 분비된 신경전달물질은 시냅스를 가로질러 확산되면서 수용체와 반응을 하고 하나의 자극을 만들어낸다(그림에서 화살표로 표시함). 한편 시냅스 간극에 분비된 도파민은 도파민 수용체에 의해 신경세포 말단 안으로 들어오게 되고 소포 안에 다시 저장된다.

이때 신경세포 말단에서 분비되는 화학물질을 신경전달물질이라고 부르고, 신경계에는 수많은 서로 다른 신경전달물질이 존재함이 밝혀졌다. 결국 뇌(혹은 실제적인 측면에서 다시 말하면 하나의 회로 안의 개별적인 신경세포들)는 전체적으로 보았을 때 세포와 축삭돌기에서의 전기적 활동과 시냅스에서의 화학적 신호전달 과정이 교대로 나타나면서 작동한다. 화학적 신호전달은 수용체에 의해 매개되는데, 이에 관해서는 곧 설명할 것이다. 이 '화학적 신호전달' 과정은 뇌 안에서 약물이 어떻게 작용하는지를 아는 데 꼭 필요한 열쇠이다.

뇌 – 하나의 생존 기관

신경전달의 전체적인 과정은 매우 잘 작동되고 있고, 당연히 그래야만 한다. 이미 우리는 뇌가 동물이 생존하는 데 없어서는 안 될 필수적인 기관임을 알고 있다. 만일 뇌가 조금이라도 잘 작동되지 않는다면, 보다 영리한 뇌를 가진 개체들과의 생존 경쟁에서 뒤떨어지게 될 것이다. 얼마나 많은 서로 다른 과정들이 생존에 필수적으로 요구되는지를 생각해본다면, 그리고 실제로 그런 일련의 과정들을 뇌가 어떻게 처리하고 조정하는지를 생각해본다면, 우리는 실로 놀랍다 못해 겸손해지기까지 한다.

신경전달물질의 합성과 저장

신경전달물질이 합성되는 방식은 신경전달물질마다 차이가 난다. 도파민과 같은 작은 분자로 된 신경전달물질은 효소의 작용으로 아미노산 전구체로부터 만들어진다. 효소는 단백질의 일종으로 분자의 변화를 촉진시키는 역할을 한다. 이때 변화란 원자들을 더하거나 작은 분자들을 연결하여 새로운 구조를 크게 만드는 것일 수도 있고, 반대로 원자들을 제거하거나 분자를 구성하는 부분을 나누어 기존의 분자를 작게 쪼개는 것일 수도 있다. 독특한 구조를 갖고 있는 신경전달물질들을 만들기 위해 몇 개의 효소들이 종종 순차적으로 일하기도 하는데, 이때 중간 단계에서 만들어지는 물질들을 중간물질intermediates이라고 부른다. 예를 들면, 도파민은 우리 몸에 광범위하게 존재하는 아미노산의 일종인 타이로신tyrosine으로부터 만들어지기 시작한다. 먼저 타이로신 수산화효소tyrosine hydroxylase에 의해 타이로신에 수산화기hydroxyl group, -OH가 붙게 되면 중간물질인 도파DOPA, dihydroxyphenylalanine가 만들어지고, 이어서 도파 탈탄산효소DOPA decarboxylase가 도파로부터 카르복시기carboxyl group, -COOH를 제거하면 비로소 도파민이 만들어진다. 각각의 신경전달물질들은 자신만의 독특한 구조를 갖고 있기 때문에 그것들을 합성하기 위해 필요한 독특한 효소들의 집합과 과정을 갖고 있으며, 이것들은 보통 신경세포의 세포체에 존재하고 실제로 이곳에서 신경전달물질이 만들어진다.

신경전달물질들은 그들이 갖고 있는 신호전달 능력을 통해서 신경의 기능을 현저하게 바꿀 수가 있기 때문에 매우 힘이 있을 뿐만 아니라, 만일 잘못된 시간에 잘못된 장소에서 수용체와 작용을 하게 된다면 위험하기까지도 하다. 만일 그런 식으로 조절이 안 되고 밖으로 새어버린 신경전달물질이 있다면 신호전달에 혼동이 일어날 것이기 때문에, 신경세포는 많은 양의 신경전달물질을 크기가 작으면서 막으로 둘러싸인 소포vesicle라고 부르는 컨테이너 안에다가 격리하여 보관하고 있다. 종합하면, 신경전달물질은 보통 세포체에서 합성되고, 소포 안에 저장되었다가 신경세포 말단으로 운반된 다음, 활동전위에 의해 시냅스 간극으로 신경전달물질을 분비하게 된다.

매우 다양한 신경전달물질들

우리 뇌에는 놀라울 정도로 다양한 신경전달물질들이 존재한다. 도파민과 같은 작은 분자가 있는가 하면, 엔도르핀endorphin과 같이 매우 커다란 분자도 있다. 그런가 하면, 일산화질소nitric oxide, NO와 같은 기체도 있다. 글루타메이트glutamate와 같은 신경전달물질은 회로 상에 연접한 신경세포를 흥분시키지만, 가바GABA, gamma-aminobutyric acid와 같은 물질은 반대로 억제시킨다. 흥분성과 억제성 신호를 같이 갖고 있어서 신경세포의 활성을 훨씬 더 잘 조절할 수 있다.

왜 이렇게 신경전달물질이 다양하고 많은 것일까? 과학자들은 뇌의 기능이 매우 중요하기 때문에 신경전달물질이 많아질 수밖에 없다고 생각한다. 만일 유전적 돌연변이가 일어나서 하나의 신경전달물질이 기능을 못하게 되는 일이 생기더라도, 여러 종류의 신경전달물질로 안전한 계margin of safety(실제 매출액과 손익분기점을 이루는 매출액과의 차이를 말하는 경제 용어 — 옮긴이)를 둔다면 우리는 뇌 기능을 완전히 상실하지는 않을 것이다. 만일 서로 다른 약물들이 뇌 안에서 어떻게 작용하는지를 이해하고자 한다면, 우리는 신경전달물질들에 대해 세세하게 알아야 한다. 왜냐하면 각각의 약물은 특정 신경전달물질들의 작용의 변화와 연관되어 있기 때문이다(표 4-1 참조).

수용체 – 신경전달물질이 작용하는 방법

신경전달이라는 무지개의 끝에서 우리를 기다리고 있는 황금은 수용체라고 부르는 단백질인데, 마치 하나의 열쇠가 어떤 하나의 자물쇠에만 선택적인 것처럼 수용체는 하나의 신경전달물질에 대해 선택적으로 작용한

〈표 4-1〉 몇 가지 약물과 관련된 신경전달물질들

약물	신경전달물질
니코틴	아세틸콜린(acetylcholine)
알코올	가바, 글루타메이트
정신자극제(코카인, 암페타민)	도파민
아편제(opiates)	엔케팔린(enkephalin), 엔도르핀
항불안제(antianxiety drugs)	가바
흡입제	가바
환각제(LSD)	세로토닌(serotonin)
카페인	아데노신(adenosine)
마리화나	엔도카나비노이드(endocannabinoid), 아난다마이드(anandamide)
PCP(phencyclidine)	글루타메이트

남용되고 중독을 유발하는 약물들은 몇몇 신경전달물질의 활동을 간섭한다. 특정 그룹에 속하는 각 약물들은 동일한 신경전달물질에 영향을 끼친다. 때때로 하나의 약물이 두 개 이상의 신경전달물질에 영향을 주기도 한다.

다. 예를 들면, 도파민 수용체는 글루타메이트 혹은 다른 종류의 신경전달물질과는 결합하지 않는다. 하나의 신경전달물질이 분비되면, 시냅스 간극을 가로질러 확산되고(그림 4-1 오른쪽 참조) 수용체와 결합한다. 신경전달물질이 결합된 수용체는, 이 부분이 중요한데, 모양이 변하면서 신경세포에도 변화를 가져오게 된다. 따라서 신경전달물질과 함께 수용체는 신경회로 상에서 연접한 다음 번 신경세포로 정보를 전달해주는 중요한 요소이다. 여기서 한 가지 알아야 할 중요한 사실이 있는데, 신경전달물질은 수용체에 단지 가역적으로 결합하기 때문에 수용체에 작용을 하고 난 다음에는 수용체로부터 분리되어 떨어져 나가게 된다는 것이다. 이

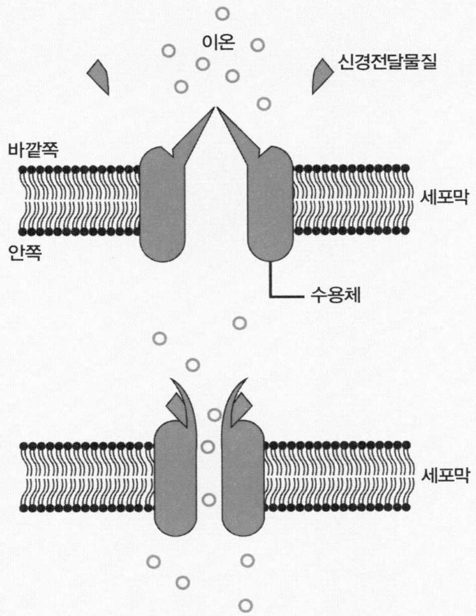

〈그림 4-2〉 신경전달물질 수용체들은 하나의 신경세포에서 다음 신경세포로의 신호전달을 매개한다. 이 그림은 뇌 안에 존재하는 주요한 수용체인 리간드관련이온통로(ligand-gated ion channel) 수용체인데, 그 이름에서 알 수 있듯이 신경전달물질이 수용체와 결합을 하게 되면 수용체 안쪽의 닫혔던 통로가 열리면서 그 안으로 이온들이 지나가게 되고 그 결과 세포막 안과 밖의 전하 및 전압이 변한다. 이로 말미암아 차례로 시냅스후 세포(postsynaptic cell)에 활동전위가 일어나게 된다. 이것은 신경세포에서 분비된 한 종류의 신경전달물질이 수용체를 통해서 그 다음 신경세포의 성질을 어떻게 변화시키는지를 보여주는 하나의 예이다.

것의 중요성에 대해서는 이번 장 뒷부분에서 다루게 될 것이다. 수용체는 그것들이 작용하는 방식과 그 구조에 따라서 몇 가지로 분류되는데, 그 중 중요한 두 가지는 이온통로ion channel 수용체와 G-단백질연결G-protein coupled 수용체이다. 이온통로 수용체는 신경전달물질과 결합하게 되면 수용체 자신의 일부이기도 한 이온통로를 열고 특정 이온들을 통과시킴으로써 신경세포의 전하를 변화시키기 때문에 붙은 이름이다. 이온통로 수용체는 보통 1000분의 1초 범위 내로 빠르게 작동하며, 가령 근육을 수축시키거나 운동을 할 때 관여한다.

다른 주요한 한 종류의 수용체는 G-단백질연결 수용체인데, 신호전달 과정에 G-단백질이 관여하기 때문에 그런 이름이 붙었다. 이 수용체로 일어나는 신호전달 과정은 상대적으로 느려서 몇 초 정도로 나타나기도 한다. 신경전달물질이 결합되면 수용체의 모양에 변화가 나타나는데, 이 때 세포 안에 존재하며 수용체에 가역적으로 결합하는 G-단백질이 활성화되고, 신경세포 내에서 여러 가지 다양한 기능이 일어나도록 유도한다. 다양한 신경전달물질이 있는 것만큼 서로 다른 G-단백질들이 또한 존재한다. 이런 다양성 덕분에 신경세포는 필요한 변화를 만들어낼 수 있는 매우 놀라울 만큼의 다양한 방법을 갖게 된다. 여기서 더 나아가, 도파민 같은 신경전달물질은 서로 다른 세포 내 신호전달을 사용하는 많은 종류의 아형subtypes 수용체를 갖고 있어서 다양성은 더욱 커진다!

아무튼 약물 중독에 관심을 갖고 있는 우리에게 중요한 점은 뇌 안에 여러 종류의 신호전달 과정과 수용체들이 존재한다는 것이다. 그것들은 복잡하고 다양하며, 어떤 면에서는 결과적으로 약물들이 우리 뇌에 들어와 영향을 끼칠 수 있는 다양한 기회를 제공해준다고도 말할 수 있을 것이다. 어떻게 약물이 작용하는지를 알기 위해 모든 종류의 수용체가 어떻게 작동하는지를 알 필요는 없을지라도, 일반적으로 수용체가 어떻게 작동하는지를 개략적으로 아는 것은 중요하다.

신경전달물질의 제거 – 메시지를 구별하기

신경전달물질들은 수용체에 가역적으로 결합하여 붙었다 떨어졌다 할 수 있다. 분비가 막 이루어지고 난 후에 시냅스 간극 내의 신경전달물질의 농도는 매우 높아서 신경전달물질이 수용체 위에 영원히 머무르지 않더라도 수용체는 충분히 자극을 받는다. 하지만 이것이 중요한데, 수용체가 전달받은 신호는 이제 수용체와 시냅스로부터 신경전달물질을 제거함으로써 멈춰져야만 한다. 만일 그렇지 않다면, 신경전달물질의 작용은 구분이 안 될 것이고 그것은 한낱 소음에 지나지 않게 될 것이다. 신경전달물질이 수용체로부터 제거되는 방법에는 신경전달물질을 비활성물질로 분해하는 방법, 재활용을 위해 시냅스로부터 재흡수하는 방법, 시냅스 간극 바깥으로 멀리 확산시켜버리는 방법이 있다. 신경전달물질을 분해하기 위해서는 특별한 효소가 필요하고, 재흡수를 하기 위해서는 수송체transporter를 필요로 하는데, 수송체는 신경세포 말단의 세포막에 존재하며 신경전달물질을 신경세포 말단 안으로 되돌려 들여보내는 역할을 한다. 이렇게 들어온 신경전달물질은 다시 소포 안에 저장되었다가 다음 번 활동전위가 오게 되면 또다시 시냅스 간극으로 분비된다.

우리가 분해를 통해 비활성화되는 신경전달물질을 생각할 때면, 종종 아세틸콜린을 떠올리는데, 이것은 역사적으로 신경전달물질이라고 믿게 된 첫 번째 물질이기 때문이다. 다른 신경전달물질들처럼 아세틸콜린도 몸의 여러 부위별로 다르게 존재하는 몇 가지 아형의 수용체를 가지고 있다. 하지만 수용체의 반응이 종결되는 메커니즘은 항상 동일하다. 아세틸콜린은 아세틸콜린 가수분해효소acetylcholinesterase에 의해 비활성 조각들로 분해가 된다(그림 4–3 참조).

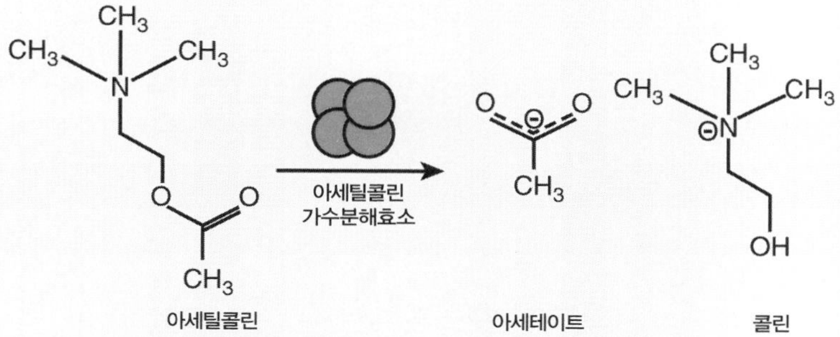

〈그림 4-3〉 효소에 의한 아세틸콜린의 분해. 구형으로 그려진 아세틸콜린 가수분해효소에 의해 아세틸콜린은 두 개의 더 작은 분자인 아세테이트(acetate)와 콜린(choline)으로 분해된다. 아세테이트와 콜린은 둘 다 수용체에 효과가 없으므로 이제 아세틸콜린에 의한 신경전달은 효과적으로 종결된다.

또 다른 종류의 신경전달물질은 펩타이드인데, 크기가 매우 큰 것이 많다. 펩타이드는 펩타이드 가수분해효소peptidases라고 부르는 효소 집단에 의해 더 이상 기능을 발휘하지 않는 작은 조각들로 분해된다.

재흡수는 많은 종류의 신경전달물질과 연관된 종결 방법이다. 예를 들어, 약물 중독과 관련 있는 신경전달물질인 도파민의 경우 도파민 수송체DAT, dopamine transporter에 의해 시냅스로부터 제거된다(그림 4-1 오른쪽 참조). 수송체는 마치 펌프처럼 작용하여 신경전달물질을 신경세포 말단 밖에서 안으로 움직여 들여보낸다. 이렇게 함으로써 수용체는 신경전달물질과 떨어지고 그 작용을 멈춘다. 코카인, 암페타민, 메스암페타민과 같은 정신자극제 약물들은 도파민 수송체를 막아서 시냅스에 도파민이 과도하게 넘치도록 한다는 것은 이미 잘 알려져 있다.

화학적 신호전달의 전 과정

정상적으로 뇌의 신경전달이 이루어지기 위해서는 세 가지 R로 시작하는 과정을 필요로 한다는 것을 기억해둘 필요가 있다. 그 세 가지는 신경전달물질의 분비release, 신경전달물질에 의한 수용체의 활성receptor activation, 신경전달물질의 제거removal다. 이들 중 어느 한 가지라도 방해를 받게 되면, 어떤 형태로든지 우리는 독성이나 질환을 갖게 된다. 하지만 우리에게 도움이 되는 치료용 약물이나 처방 또한 동일한 과정을 목표로 삼아, 우리에게 보다 커다란 혜택을 제공하고 있다는 것을 기억하는 것이 중요하다. 예를 들면, 어떤 항우울증 치료제는 세로토닌의 재흡수를 막아 시냅스 상에서 세로토닌의 활동을 연장한다.

중독성 약물은 신경전달을 왜곡한다

이제 우리는 앞에서 말한 모든 것들을 한데 모아서 어떻게 약물들이 뇌에 영향을 끼치는지를 생각해볼 수 있다. 약물들은 조절되지 않는 방식으로 신경전달물질들을 모방하거나 방해함으로써 신경전달물질들의 기능을 왜곡할 수가 있고, 이것은 더 나아가 뇌에 의해 조절되는 우리의 행동을 왜곡하고 우리의 감각을 바꾸어 놓는다. 여기서 '조절되지 않는다'는 말은 뇌 자체에 그것들을 조절할 어떤 메커니즘이 없음을 의미한다.

약물들은 일단 뇌 안에 들어오면 화학신호로 작용하기 때문에 신경전달물질과 비슷한 역할을 한다. 그러나 그것들은 아주 중요한 점에서 신경전달물질들과는 구별된다. 신경전달물질들은 뇌와 함께 아주 오랫동안 평화롭게 공존해왔고, 그렇기 때문에 신경전달물질들은 뇌 안에서 아름다울 정도로 조절이 잘되고 있다. 그것들의 양적 수준이 떨어지면, 새로이 합성이 일어나고, 새로 만들어진 것은 안전하게 소포 안에 저장된다. 필요할 때면 특정 신경세포로부터 분비가 이루어지고, 그 결과로 수용체를 활성화하고 나서는 그들의 활동은 이제 분해, 확산, 혹은 재흡수 등에 의해 종결된다. 하지만 약물들은 뇌 안에 들어가 신경전달에 영향을 끼치긴 하지만, 뇌는 이들의 활동을 다루거나 종결할 만한 어떤 방법도 가지고 있지 않다! 뇌 안에 존재하는 약물의 양적 수준은 약물 섭취자의 조절 하에 놓여 있을 뿐, 뇌 안에서 일어나는 효소의 합성이나 분비 혹은 재흡수로 조절되지 않는다. 약물들은 신경전달물질들처럼 수용체로부터 쉽게 제거되지 않으며, 그렇기 때문에 약물의 작용 시간은 신경전달물질들보다 훨씬 더 오래 지속된다. 약물에 의해 유도된 신호전달은 신경전달물질에 의한 것보다 훨씬 강력하며 오래 유지된다. 따라서 약물이 뇌를 제압할 수 있다는 사실은 놀랄 일이 아니다. 그것들은 마치 트로이 목마처럼 자연스런 과정을 통해 뇌 안에 침투하지만, 일단 뇌에 들어가서는 큰 혼란을 만들어낸다!

코카인의 작용

도파민성 신경세포들(도파민을 신경전달물질로 갖고 있는 신경세포들을 말함—옮긴이)은 중독이 일어나는 데 있어서, 특히 코카인과 같은 정신자극제에 대해 매우 중요하다.[2] 많은 종류의 약물들은 비록 그것들이 서로 다른 부위에 가서 작용하고 서로 다른 효과를 만들어낼지라도 모두가 도파민을 분비한다는 점에서 동일한 효과를 공유하고 있다. 도파민성 신경세포들이 활성화되면 활동전위가 발달하게 되고 전기 충격이 축삭돌기를 따라 밑으로 이동하여 신경세포 말단에 다다르게 되면, 말단에서 도파민의 분비가 이루어진다. 분비된 도파민은 시냅스 간극을 지나 수용체를 활성화시키고, 이 활동은 도파민 수송체가 시냅스 간극에서 도파민을 재흡수함으로써 종결된다. 이것은 우리가 앞에서 살펴본 바와 같은 정상적인 진행 과정이다.

이제 여기에 코카인을 투입해보자! 코카인은 도파민 수송체를 막음으로써 도파민의 재흡수를 방해한다.[3] 결과적으로 도파민의 제거가 방해되어 시냅스에 존재하는 도파민의 양이 빠르게 올라가게 되고, 그로 인해 도파민에 의한 신경전달 과정이 오랫동안 증가하게 된다. 뇌 자체로는 코카인의 활동을 멈추게 할 수 있는 메커니즘이 없다. 비록 간에서 진행되는 대사작용으로 뇌와 혈액 속에서 약물이 줄어들기는 하지만, 뇌 안에서 분해나 재흡수 등을 통해 직접적으로 제거되지는 않는다. 그리고 간에서 일어나는 분해 과정은 신경전달에 소요되는 시간(대략 몇 초)에 비하면 너무나도 느리게 진행된다(때때로 오랜 시간이 걸리기도 한다). 따라서 도파민 수용체에 대한 강렬하면서도 지속적인 자극은 약물 사용자가 약물을 사용하는 시간만큼이나 계속 진행된다. 이런 수준의 자극은 정상적인 상황에서는 설령 일어난다고 해도 매우 드물게 일어나는 일일 것이다. 이와 같은 지속적이면서도 강렬한 도파민 수용체의 자극은 중독 과정에서 어떤 형태로든 중요한 열쇠가 될 것이다(그림 4-4와 4-5 참조). 과도한 양의 도파민은 보상과 동기의 증가와 관련이 있다.

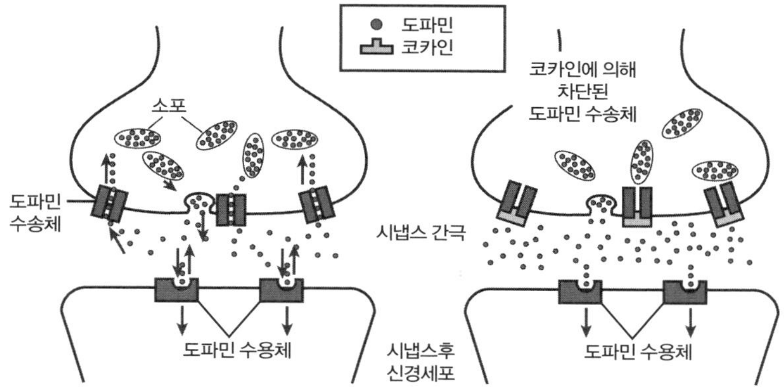

〈그림 4-4〉 도파민성 신경세포 말단과 코카인. 왼쪽 그림은 신경전달의 세 단계를 보여준다: (1) 소포에서 시냅스 간극으로 도파민의 분비 (2) 수용체와의 상호작용 (3) 재흡수에 의해 시냅스로부터 도파민의 제거. 오른쪽 그림에서 코카인이 도파민 수송체를 막음으로써 재흡수를 방해하고 이 세 단계의 진행을 망가뜨리는 것을 주목하여 보라. 결과적으로 수용체에 작용하는 도파민의 양을 증가시키고 그에 따른 신호전달을 증폭시킨다. 뇌는 코카인을 제거할 방법이 없기 때문에 이 문제를 통제할 수 없다.

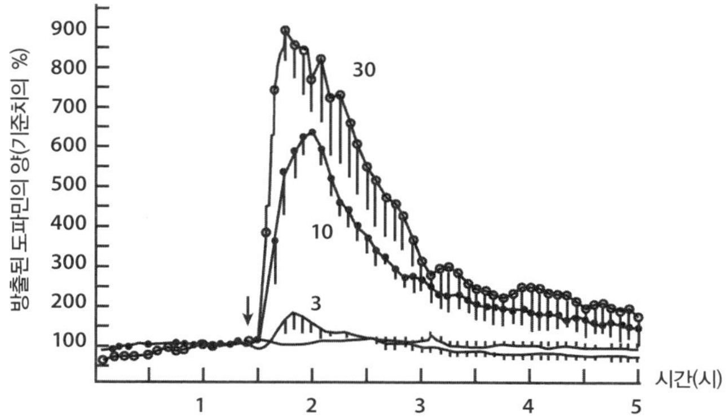

〈그림 4-5〉 코카인이 도파민 수송체를 방해하자, 뇌 안의 세포 밖 도파민 양이 가파르게 증가한다. x축은 코카인을 주고 난 후의 시간(여기서는 약 1시간 반 후에 주었다. 화살표로 표시한 지점)을 나타내고, y축은 코카인을 주기 전과 비교하여 선조체(striatum)라고 부르는 뇌 영역 안에서 측정한 도파민의 양을 나타낸다. 맨 위의 그래프는 코카인 30mg/kg을, 그 다음 아래의 그래프는 10mg/kg을, 그리고 그 다음 아래의 그래프는 3mg/kg을 주고 난 후에 각각 측정한 도파민의 양을 나타낸다. 맨 아래에 있는 그래프는 코카인 없이 측정한 것으로 기준치를 나타낸다. 코카인을 30mg/kg으로 주었을 때 도파민의 양이 약 9배(기준치의 약 900%)로 올라간 것을 볼 수 있는데, 이것은 그림 4-4에서 보여준 아이디어에 대한 실험적 증거라고 할 수 있다.

정상적인 신경전달을 망가뜨리는 또 다른 종류의 약물은 아편제에 속하는 모르핀이다. 모르핀은 뇌 안에서 신경전달물질인 엔케팔린과 엔도르핀의 수용체들을 자극한다. 모르핀은 신경전달물질의 재흡수, 확산, 대사에는 전혀 관여를 하지 않는다. 대신에 직접 수용체를 자극하는데, 실제로 많은 종류의 약물들이 이런 식으로 직접 수용체를 자극 혹은 억제함으로써 작용하고 있다. 약물 사용자가 모르핀 주사를 놓거나 구강 섭취를 하면, 모르핀은 혈관을 통해 뇌로 들어가고 거기에서 엔도르핀이나 엔케팔린을 위해 준비된 수용체를 자극한다. 하지만 뇌는 모르핀의 작용을 제거하거나 멈추게 하기 위해서, 정상적인 경우 엔케팔린이나 엔도르핀을 제거하기 위해 뇌가 사용하는 확산이나 펩타이드 가수분해효소에 의한 분해 같은 유사한 방법을 가지고 있지 않다. 모르핀은 대사작용을 통해 몸에서 제거가 되긴 하지만, 자연적인 신경전달에 소요되는 시간과 비교하면 그 과정이 너무나 느리기 때문에 신경전달에 의한 시간 과정이 약물에 의해 완전히 뒤틀어지게 된다! 여기서도 마찬가지로 모르핀과 그 외의 다른 종류의 아편성 약물에 의해 아편성 시냅스opioid synapse(아편은 물론이고, 아편과 유사한 성질을 갖는 신체 내에 존재하는 아편 유사물질들에 의해 매개되는 신경전달이 나타나는 시냅스를 가리킴 —옮긴이)에서의 신경전달은 자연 상태에서는 아마도 전혀 나타나지 않았을 정도의 수준으로 현저하게 증폭되고 장시간 지속된다. 사용자가 섭취한 모르핀이 뇌 안에 들어와 마치 아편성 신경전달을 징발해가버린 것과 같게 된 것이다. 그리고 모르핀이 사용자를 기분 좋게 만들기 때문에, 자신이 얼마만큼 기분 좋게 느끼느냐에 따라서, 그리고 얼마만큼 약이 존재하느냐에 따라서 사용자 스스로 뇌 안에 들어갈 약물의 양을 조절하게 될 것이다. 뇌 안에 존재하는 어떤 신경회로를 통해 모르핀이 도파민의 양을 증가시킨다는 것도 흥미로운 사실이다.

그래서 이 모든 것이 무엇을 의미하는 것일까? 한 가지 흥미로운 함축적 의미는 약물 남용과 약물 중독은 뇌 안에서 일어나는 생리적 기반을 갖고 있다는 것이다. 그것은 뇌의 특정 부위에서 나타나는 신경전달물질 기능의 심각한 변화를 포함한다. 약물 남용과 중독이 신비롭거나 영적인 것이라기보다는 생리적 기반을 갖고 있기 때문에 이러한 질환들이 도덕성의 치명적인 결함이나 자제력의 결핍에 기인한다고 보기는 어렵다. 이러한 사실은 강조해도 좋을 만큼 중요한데, 그것은 일반적으로 치료용 약물 또한 생리적 과정을 그 표적으로 삼고 있기 때문이다. 따라서 약물 사용자를 위해 치료용 약물이 개발될 수 있으며, 실제로 현재 약물 남용과 싸우기 위한 여러 가지 유용한 약물이 사용되고 있다.

뇌 안으로의 약물 투입의 속도는 빠를수록 좋다

뇌 안으로 들어가는 약물의 속도도 결정적으로 중요한 것으로 보인다. 약물이 혈관 안으로 들어가면, 그것들은 보통의 혈액순환 과정을 따라 뇌에 도달하게 된다. 하지만 단순히 뇌 안에 도달하는 것만이 뇌에서의 약물 작용을 만들어내는 유일한 변수는 아니다. 뇌 안으로 약물이 들어가는 비율과 속도 또한 매우 중요하다는 것이 밝혀졌다.

약물을 입으로 섭취하면, 위胃를 거쳐 혈액 속으로 흡수되는데, 이런 식의 약물 섭취는 다른 종류의 약물 전달 방식에 비해 상대적으로 느린 경로에 해당한다. 정맥주사를 놓아 약물을 직접 혈액 속으로 넣어주면, 입으로 섭취하는 것보다 훨씬 빠른 효과를 만들어낼 수 있다. 약물을 코로 직접 빨아들이거나 담배처럼 태워 연기로 흡입하여 폐로 전달해도 효과가 빠른데, 폐에서 혈액으로의 약물 흡수가 빨리 일어나기 때문이다. 이런 현상들은 모두 뇌 안으로 빨리 들어가는 약물이 그렇지 않은 약물보다 더 크고 강렬한 효과를 만들어내기 때문에 생기는 것이다. 따라서 이와 같이 빠르고 큰 약물 효과를 만들어내는 방법들을 사용하면 동일한 약물일지라도 훨씬 더 중독이 잘 일어나게 된다. 이러한 결과들은 동물실험[4]과 사람의 연구에서 보여준 바 있고, 그 결과는 이제 어느 정도 잘 정착된 것처럼 여겨진다. 예를 들어 한 연구[5] 결과를 소개하면, 코카인 50mg을 담배처럼 피우면 1분도 안 돼서 '만족점high or rush'(약물 중독자들이 만족할 수준의 쾌감이 일어나는 상태를 말함—옮긴이)에 도달하는 효과가 나타나지만, 96mg을 코로 직접 들이마시면 5분이 지나도 동일한 수준의 만족점이 나타나지 않는다. 이러한 과정을 이해하는 것은 중독이 진행되는 전체적인 과정을 이해하는 것을 도와주며, 그리고 또한 약물 사용자를 위한 치료 효과가 있을 것으로 여겨지는 약물들—특히 어떤 중독성 약물과 유사한 성질을 갖고 있는 치료용 약물들—을 사용하고자 하는 경우, 이런 치료용 약물들 자체가 중독을 일으키는 것을 피하기 위해 최대한 이것들이 뇌 안으로 서서히 들어가도록 해주는 것이 좋을 것이라고 제안해준다.

왜 뇌 안으로 들어가는 약물의 속도가 중요한 것일까? 여기서 다시 한 번, 그것은 아마도 우리의 뇌가 그렇게 구조적으로 짜여 있으며 그렇게 기능을 하고 있기 때문일 것이라고 생각한다. 우리의 감각들, 즉 듣고, 냄새 맡고, 보는 것을 포함하여 이러한 것들은 우리의 생존에 아주 중요하다. 그러나 여기서 중요한 것은 단지 소리와 냄새, 그리고 사물에 대한 단순한 '감지'뿐만이 아니라, 이들 감각들 속에서 우리의 생존에 기여하는 그 '변화의 속도'이다.[6] 갑자기 소리의 크기가 바뀔 때, 혹은 어떤 물체가 움직일 때 이것들은 더 잘 식별된다. 다시 말하면, 환경에서의 어떤 '변화'들이 보다 더 쉽게 우리의 주목을 끌고 발견된다! 어떤 소란스러운 파티에 있다고 가정해보자. 그리고 거기서 나오는 음악과 시끄러운 소리들에 적응되어 있었는데, 갑자기 특정 소리에 변화가 일어난다면, 가령 새로운 레코드가 틀어진다든지 혹은 큰 소리가 나는 어떤 발표가 있다든지 하면 우리는 그 소리를 듣고 주목하게 된다. 만일 눈앞에 넓게 펼쳐진 어느 풍경을 바라보고 있다면, 이 광경에서 어떤 동물이나 사람의 움직임이 포착될 때까지는 그 존재를 눈치 채지 못할지도 모른다. 결국 우리의 감각은 느리게 움직이거나 움직임에 변화가 없는 장면들보다는 환경 속에서 나타나는 변화를 보다 더 쉽게 발견하도록 짜여 있다. 이것은 분명 생존에 유리하다고 판단할 수 있을 텐데, 왜냐하면 갑작스러운 위협을 찾아내고 알맞게 대처할 수 있기 때문이다. 감각의 변화는 쉽게 발견되는데, 빠른 변화일수록 더 빨리 발견된다!

이 같은 원리는 약물 섭취에도 적용된다. 뇌 안으로 더 빨리 전달되는 약물일수록 그렇지 않은 약물보다 우리의 감각에 더 큰 변화를 만들어낸다. 다시 말하면, 약물이 더 빨리 혹은 더 자주 뇌 안으로 들어갈수록, 더 커다란 만족점을 만들어내고, 이러한 만족점의 상태를 경험하는 것이 종종 약물을 더 섭취하려고 하는 이유가 된다. 뇌 안으로 들어가는 약물은 두 가지 정도의 이유로 그 속에서 더 빨리 발견될 수 있다. 첫 번째는 약물이 가지고 있는 화학구조와 용해도 때문에 다른 약물보다 더 쉽게 뇌 안으로 침투해 들어갈 수가 있다. 두 번째는 자신이 섭취하는 약물의 양을 스스로 조절하는 경우이다. 코카인 크랙을 피우는 것은 그것을 삼키는 것보다 더 빨리 뇌 안으로 약물을 전달한다. 혈관으로 직접 약물을 넣어주는 것은 약물을 삼키거나 코로 들이마시는 것보다 더 빨리 약물을 뇌로 전해준다. 따라서 피우거나 주사로 놓을 수 있는 형태의 약물은 남용이나 중독을 일으킬 위험소지가 더 크다.

뇌가 기능하는 방식은 약물 사용자들이 어떻게 약물을 선택하고 그 약물을 뇌로 전달할지를 정하는 데 중요한 역할을 한다. 이것이 왜 뇌가 약물에 의해 영향을 받는 화학적 신호전달에 있어서 통제력을 잃게 되고, 어떻게 뇌가 중독에 대해 선천적으로 취약할 수밖에 없는지를 설명해주는 이유이다.

가소성 – 중요한 것!

뇌 안에서의 신호전달과 관련하여 기억해야 할 또 한 가지는 신경회로와 신호전달 경로가 고정적이지 않다는 것이다. 신경전달물질, 수용체, 수송체, 그리고 다른 종류의 단백질들의 양적·질적 수준이 여러 가지 자극에 반응하여 변화할 수 있다! 다시 말하면, 뇌는 구조, 생화학적 구성과 기능, 그리고 반응에 있어서 유연성을 갖고 있다. 이 유연성, 즉 자극에 반응하여 변화하는 뇌의 능력을 특별히 가소성plasticity이라고 부르는데 이것은 뇌를 이해하는 데 있어서 매우 중요한 개념이다. 뇌가 가진 가소성을 통해서 개체가 환경에서의 변화를 학습하거나 이에 적응하는 것이 가능하며, 동시에 뇌에서의 이 가소성은 반복적으로 약물을 섭취하는 것을 포함하여 다양한 방법들에 의해 야기될 수 있다. 중독의 기저에는 가소성이 있으며, 약물 중독에서 하나의 열쇠가 되는 연구의 중요한 목적은 이러한 가소성의 본성을 발견하고 이해하는 데에 초점을 맞추는 일이다. 약물에 대한 가소성은 다음 장에서 더 자세하게 이야기할 것이다.

focus

이번 장에서는 화학적 신경전달 과정과 연관된 뇌의 기본 조직과 약물이 화학적 신경전달 과정에 어떻게 간섭하는지에 대해 알아보았다. 직간접적으로 약물들은 신경전달물질들이 하는 것과 동일한 일—가령 수용체를 자극하는 것—을 할 수 있고 혹은 코카인이 도파민 수송체를 막는 것처럼 신경전달물질들의 기능을 방해할 수도 있다. 그런데 뇌는 신경전달물질들을 조절하듯이 뇌 안에 들어온 약물들을 조절할 수 없다. 오히려 뇌 안에서의 약물의 작용은 약물 사용자의 통제 아래에 놓여 있다. 이 점이 왜 뇌가 약물의 통제 아래에 놓일 수밖에 없는지에 대한 부분적인 이유가 된다. 다음 장에서 우리는 약물이 뇌 안에서 일으키는 비정상적인 행동 때문에 빚어진 심각한 결과들을 보게 될 것이다.

5장

쾌락의 검은 그림자

이라크 전에 참전했던 팀Tim은 한 길가의 매복지점에서 대다수의 동료들과 자신의 두 다리를 잃었다. 그 이후로 수년 동안 약물을 섭취해 오고 있다. 그는 외상후스트레스장애PTSD, Post Traumatic Stress Disorder라는 진단을 받았고, 자신에게 안정을 주며 잠이 잘 오도록 도와주는 알코올을 비롯한 몇 가지 약물을 사용하고 있다. 그는 비록 짧은 시간일지라도 잠이 들기 위해서는 점점 더 많은 양의 약물이 필요하다는 현실 때문에 괴로워하고 있다. 게다가 약물을 구하기 위해 드는 비용은 날로 큰 부담이 되었고, 자신의 주된 활동은 이제 약물을 구하는 일이라는 생각이 들자 무척 괴로웠다. 그는 자신이 약물에 중독된 것이 아닌가 하고 염려하기 시작했다.

• • •

뇌는 약물에 대처할 적당한 방어력이 없기 때문에 약물은 말 그대로 뇌를 지배할 수 있게 된다. 그러나 중독에는 그 이상의 것이 있다. 만일 어떤 약물을 한 번 섭취하면, 그 약물은 뇌가 기능하는 방식을 왜곡할 것이다. 하지만 그것을 중독이라고 말할 수 있을까? 그렇지 않다. 중독으로의 발달은 거의 언제나 반복적인 약물 섭취를 필요로 한다. 이 말이 한 번의 약물 경험은 대수롭지 않다는 뜻은 전혀 아니다. 실제로 약물 사용자들은 “처음으로 헤로인을 맛보았을 때 그것이 내게 특별한 그 무엇이라는 것을 알았다. 헤로인과 함께라면 나는 무엇이든지 할 수 있거나 무엇이든지 참아낼 수 있었다”와 같이 말하곤 한다. 사실 약물 사용자들은 처음 약물을 했을 때의 그 특별한 느낌을 또 경험하려고 시도하며, 다시는 완벽히 재현할 수 없을지도 모르는 처음의 그 어떤 경험을 좇고 있다. 여기서 중요한 것은 뒤따르는 결과들이 처참함에도 불구하고 그들은 멈추지 못한다는 것이다.

닉 레딩Nick Reding이 쓴 『메스랜드*Methland*』에 중독이 가져다주는 재난에 관한 이야기가 설득력 있게 잘 그려져 있다. 거기에는 약물 사용자들이 어떻게 건강을 잃어버리고 인간관계나 직장생활을 망쳐버리는지가 담겨 있다. 이 책에서 저자는 ‘크랭크’ 또는 ‘크리스탈 메스crystal meth’라고 불리는, 중독성이 매우 강한 메스암페타민이 미국 중서부의 한 가난한 마을의 경제와 사회 구조를 어떻게 점령하게 되었는지를 기술한다. 한번은 사람들에게 약물을 공짜로 나누어주었는데, 약물을 맛본 사람들은 그것을 사기 위해 맹렬하게 달려들었다. 어떤 이들은 돈을 절약하기 위해 혹은 약을 팔아 돈을 마련해볼 생각으로 메스암페타민을 직접 집에서 만들기도 했다. 이것은 약물이 담긴 용기가 폭발할 수도 있는 굉장히 위험한 과정이다. 불행하게도 많은 사람들은 직접 약을 만들다가 얼굴이나 몸에 화상을 입거나 심지어는 폭발로 손가락이 떨어져나가는 일도 생겼다. 그럼에도 불구하고 그들은 그 손으로 약물을 섭취하기 위해 어떻게든 파이프를 잡고, 불을 붙여 연기를 들이마시는 방법을 배웠다. 이처럼 약물에 대한 의존성은 믿을 수 없을 정도로 강력해서 약물을 끊기가 어려울 수 있다.

약물을 섭취하려는 충동에는 좀 기이한 면이 있다. 때때로 약물을 섭취하여 만족점을 얻으려는 것보다 단지 약물을 섭취하는 행위 자체가 더 큰 충동을 불러일으킬 수 있다. 약물 중독자들은 약물이 황홀감을 준다고 말하지만, 대부분의 사람들에게 있어서 그것은 오래가지 않는다! 코카인은 시간이 지나면 그들에게 더 이상의 만족점을 제공하지 않지만, 그들은 여전히 약물을 중단할 수가 없다.[1] 처음에는 그 만족점이 다른 어떤 것보다 더 좋을 수 있지만, 몇 달이 지난 뒤에는 황홀감은 사라질 수 있고 그 약물이 우리의 삶을 망쳐놓고 있음에도 우리는 여전히 그 약물을 얻기 위한 충동을 멈출 수가 없게 된다. 중독의 상태는 실제로 만족점을 얻으려는 것보다도 어쩌면 일종의 '강박'이나 '동기'일 수 있다. 처음 약물을 섭취하려던 그 단순한 선택이 강박적 약물 사용으로 바뀌어감에 따라, 뇌 안에서는 많은 일들이 벌어진다.

신경정신약리학자인 조지 쿱은 뇌 안에서 약물이 일으키는 변화를 연구하는데, 그는 이 변화를 가리켜 중독의 '어두운 면'이라고 부른다. 그는 계속되는 약물 섭취가 대뇌 보상 시스템에 장애를 가져오고, 동시에 대뇌 스트레스 시스템을 점점 더 민감하게 만든다는 것을 주목했다. 이 말은 약물을 계속하면 할수록, 보상 혹은 기분 좋은 느낌은 줄어들게 되고, 스트레스에 대한 반응은 커지게 됨을 시사한다. 더 나아가 그는 이 같은 과정에 관여하는 신경 경로와 신경전달물질들을 구체화했는데, 이러한 것들은 미래의 연구에 많은 도움이 될 것이다. 그의 연구는 많은 연구자들에 의하여 계속 탐구되고 있다.

뇌 안에 존재하는 악마 – 중독과 금단

중독된 뇌는 마치 뇌 안에 약물을 갈망하는 악마를 갖고 있는 것과 같다. 반복적인 약물 사용이 중독된 뇌를 만들어내는 한편, 뇌 안에는 '금단'이라고 부르는 또 하나의 위협적인 악마도 도사리고 있다. 금단은 개체가 약물 섭취를 멈추고 나서 종종 약물이 만들어내는 것과 반대되는 느낌을 갖게 하는 증상을 발전시킬 때 나타난다. 예를 들어 코카인을 섭취했을 때 정신을 자극시키는 효과가 나타나지만, 코카인 섭취를 멈추었을 때 우울함이 금단 증상으로 나타난다. 금단은 중독 환자가 매우 불쾌한 느낌을 가지게 하는 것 말고도 약물 사용을 재발하는 추진력으로 작용하는데, 왜냐하면 약물을 더 많이 섭취함으로써 금단 증상을 경감시킬 수 있기 때문이다. 금단에 대한 두려움 역시 중독 환자를 치료하는 데 있어서 장애물이 될 수 있다. 따라서 금단은 우리가 탐색하고 있는 이 복잡한 그림에서 빼놓을 수 없는 커다란 부분을 차지하고 있다. 금단은 도대체 어떻게 생겨나는 것이며, 우리는 이것을 어떻게 받아들여야 하는 것일까?

중독과 금단의 관계를 시소를 가지고 단순화해서 생각해보자(그림 5-1 참조). 여기 약물과는 전혀 상관없이 뇌가 정상적으로 기능하는 한 사람이 있다. 뇌의 정상 상태는 시소가 수평인 상태로 표현할 수 있다. 그러나 약물을 반복적으로 섭취하면 뇌는 화학적 신호의 변화에 심한 공격을 받게 되고 새로운 상태로 바뀌게 되는데, 이는 시소의 한쪽이 약물에 의해 아래로 기울어지게 된 것으로 표현할 수 있다. 뇌는 변화할 수 있고, 가소성이 있음을 우리는 이미 앞에서 얘기한 바 있다.[2] 약물이 시소의 한쪽을 누름에 따라, 뇌는 시소를 평행하게 유지하기 위해 내려간 곳의 반대쪽을 누름으로써 보정을 하려고 한다. 충분히 긴 시간 동안 충분한 양의 약물을 섭취하면 뇌 안에 어떤 보정적인 변화들이 축적되고, 이것이 중독으로 나타난다. 이때 약물 섭취를 중단하면, 그동안 약물의 효과에 대하여 반대 방향으로 균형을 잡으려고 애쓰던 뇌의 노력들만 남아 결과적으로 시소의 한쪽만 눌려지는 꼴이 된다. 즉, 다시금 한쪽이 올라가거나 내려가 시소의 평형이 깨진다. 이 상태가 바로 약물 섭취자들이 불쾌감을 느끼거나 생리적인 금단 증상을 경험하는 때이다. 알코올과 같은 어떤 약물들의 금단은 의학적으로 심각하고 생명을 위협하기까지도 한다. 금단은 일상의 업무를 방해하고, 약물 사용자로 하여금 많은 일들, 그중에는 더 많은 약물을 얻기 위해 위험하고 파괴적인 범죄조차도 하게 만들 수 있다. 하지만 약물 사용자가 충분히 오랜 시간 동안 약물로부터 멀어져 있는 것에 성공한다면, 뇌는 다시 상태 조정이 일어나고, 우리가 이해를 돕기 위해 그렸던 가상의 시소는 결국 처음으로 돌아가 수평을 유지하고 처음의 정상 상태를—적어도 이론적으로는—되찾게 될 것이다. 하지만 현실적으로는

〈그림 5-1〉 약물은 뇌 안의 정상적으로 균형 잡힌 상태를 변화시킨다. 그림에서 수평을 이룬 시소는 약물이 없는 상태(예를 들어, 뇌가 약물들에 노출되기 전의 상태)에서의 뇌의 신경화학을 나타낸다. 약물을 소비하면 약물 사용과 연관된 효과를 만들어내기 위해 뇌화학의 균형이 깨지게 된다. 약물 소비는 시소의 한쪽을 아래로 누르는 것으로 상징되고, 이때 뇌는 균형을 회복하고자 시소의 반대쪽을 아래로 누르려고 애쓴다. 만일 약물이 사라지면 불균형이 노출되고, 뇌의 신경화학은 이제 반대 방향으로 작용함으로써(금단), 약물의 효과와는 보통 반대되는 방향으로 신호와 증상들을 포함하는 금단 증상을 일으킨다. 금단은 뇌가 정상 상태를 회복할 때까지 지속된다.

일단 약물 고리에 꿰이게 되면, 약물로부터 멀리 떨어지기가 쉽지 않다.

이제 우리는 반복적인 약물 섭취가 뇌를 변화시키고, 약물 사용의 중단이 금단의 불쾌한 상태를 만든다는 것을 안다. 약물 의존자가 경험하는 금단 증상은 하나의 극적인 변화를 가져다주는 것일 수 있지만, 사용하던 약물의 종류가 무엇인가에 따라 그 증상이 다양하게 나타난다. 예를 들어 알코올의 금단 증상에는 조급함, 불안, 더 많은 알코올에 대한 갈망, 불면증, 발한, 설사, 빠른 심장 박동, 혈압 상승, 그리고 심지어는 발작까지 포함된다. 반면에 순한 정신자극제의 하나인 카페인의 금단은 피로감, 진정작용, 두통 정도를 만들어낼 뿐이다. 어떤 약물들의 금단에서는 환각이 두드러지게 나타나기도 한다. 감옥에 있던 한 메스암페타민 중독자는 자신의 팔의 정맥 일부분이 금속으로 만들어진 가느다란 띠라고 확신을 하고 손톱으로 그것을 파내는 데 많은 시간을 소비했다고 한다. 이러한 생리와 행동의 극적인 왜곡은 뇌 안에서 약물들이 일으키는 힘을 잘 보여준다.

점점 더 많이 섭취해야만 한다

중독의 전형적인 특징들 중 한 가지는 중독된 물질에 대한 '내성'이다. 이 말은 동일한 반응을 만들어내기 위해서는 시간이 지남에 따라 점점 더 많은 양의 약물이 필요해진다는 것을 뜻한다. 바꿔 말하면 동일한 양의 약물이 이제는 더 작은 반응을 만들어내는 것을 의미한다. 만일 우리가 어떤 약물에 대하여 처음에는 한 알로 만족점을 경험했다면, 그 약을 지속적으로 사용함에 따라 이제는 동일한 수준의 만족점을 경험하기 위해 세 알이 필요할 수도 있다. 따라서 중독이란 약물 섭취를 유지하려는 강박일 뿐만 아니라, 많은 경우에 있어서, 동일한 반응을 유지하기 위해 점점 더 많은 양의 약물을 섭취하려는 강박이기도 하다. 내성의 기초는 적어도 부분적으로는 시냅스전달synaptic transmission에 관여하는 분자들의 변화 때문이다. 사람들이 경험하는 많은 종류의 약물에 대한 내성이 잘 정리되어 있다. 어떤 약물의 경우에는, 적어도 내성의 일부는 간에서 약물에 대한 적응이 빨리 일어나고 그것들을 빨리 분해하기 때문에 나타난다. 하지만 내성을 설명하기 위해서는 뇌 안에서 일어나는 많은 변화들이 또한 필요하다. 버지니아 코먼웰스 대학의 교수로 있는 빌 듀이Bill Dewey 박사는 다른 연구자들과 함께 내성이 서로 다른 생체 조직에 따라 얼마나 많은 서로 다른 메커니즘이 존재하는지를 기술했다. 즉, 단지 하나의 내성보다는 서로 다른 많은 종류의 내성들에 대하여 말하는 것이 보다 적합하다.

코카인이나 암페타민과 같은 정신자극제의 경우에는 역내성reverse tolerance 혹은 민감화sensitization가 나타날 수 있다. 약물이 반복적으로 투여되고 일정한 금단 기간이 지난 후 이제 동일한 양의 약물에 대한 반응이 더 작아지기보다는 오히려 더 커지는 결과를 만들어낼 수 있음이 동물연구를 통해 알려졌다. 내성과 민감화 모두 반복적인 약물 섭취에 대한 뇌의 적응으로 나타나는 현상[3]으로 여겨진다.

뇌에서는 무슨 일이 일어나고 있는 것일까?

행동은 뇌의 통제 아래 놓여 있으므로 어떤 사람이 강박적으로 약물을 섭취하는 습관을 가지고 있다면, 그 강박성은 뇌에 기초할 수밖에 없다. 우리는 앞선 장들에서 약물들이 뇌의 화학적 신호를 변화시킨다는 것을 살펴보았고, 이번 장에서는 어떻게 이 화학적 신호가 유전자와 단백질의 발현을 바꿀 수 있는지 탐구해볼 것이다. 우리는 뇌 안의 유전적 변화를 직접 측정할 수 있기 때문에, 약물이 그와 같은 변화를 뇌 안에 실제로 만들어낼 수 있음을 알 수 있다.

뇌 안의 신경세포를 포함하여 우리 몸의 모든 세포는 핵을 가지고 있는데, 그 안에는 염색체라고 불리는 물질이 들어 있다. 각 염색체는 일정 수의 유전자를 지니고 있다. 유전자는 사다리 모양으로 길게 늘어진 DNA로 구성되어 있으며(그림 5-2와 5-3 참조), 하나의 특정 단백질을 부호화하는 단위이다. 몸 안의 단백질들은 머리카락의 색이라든지 특별한 음색

DNA → mRNA → 단백질

〈그림 5-2〉 간단한 이 그림은 생물학에서 가장 중요한 도식 중 하나다. 염색체 안에서 유전자를 담고 있는 물질인 DNA가 전령 RNA(mRNA)를 만드는 형판(template)이 되고, 곧이어 전령 RNA는 단백질을 만드는 형판이 되는 것을 보여준다. 유전자에 돌연변이가 일어나면, 즉 DNA에 구조적 변화가 일어나면 단백질의 변화를 가져와 그것의 기능이 바뀌거나 상실될 수도 있다. 우리 몸에 있는 단백질들이야말로 우리가 어떻게 행동해야 하는지를 궁극적으로 책임지는 분자들이다. 그림에는 나와 있지 않지만, 유전자의 활동이 어떻게 조절되는지가 중요한데, 전사인자(transcription factor)라고 부르는 특별한 단백질들이 DNA와 결합하여 만들어지는 전령 RNA와 단백질의 수준을 조절한다. 신경전달물질은 이 전사인자들의 활동을 조절할 수 있다. 따라서 약물들은 유전자의 발현을 바꾸고 결과적으로 단백질의 수준에 영향을 끼칠 수 있다.

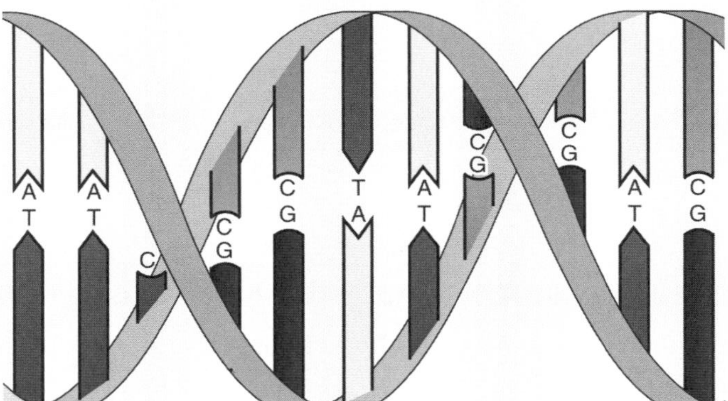

〈그림 5-3〉 DNA의 바깥쪽 골격은 실 모양의 두 가닥이 나선형으로 휘어진 사다리 같은 형태로 이루어져 있는데, 두 가닥은 그림에서 보는 것과 같이 서로 유사하면서 상보적이다. DNA의 안쪽에 층층이 놓여 있는 사다리의 단들은 염기(base)라고 부르는 특별한 화학물질들로 이루어져 있고, 이것들이 유전자 부호를 구성한다. 염기들의 이름은 A, T, C, G라고 짧게 줄여서 부르며, 하나의 유전자는 이들 염기들이 일렬로 모여 궁극적으로 하나의 단백질을 만들어낼 수 있는 DNA의 길이를 가리킨다. 앞서 '상보적'이라는 표현을 쓴 것은, 항상 G와 C가 그리고 A와 T가 서로 짝을 이루기 때문이다. 염기 3개가 하나의 단위가 되어 하나의 유전부호(codon)를 만들고, 이 유전부호 하나당 하나의 아미노산을 지정한다. 따라서 우리 몸의 모든 단백질들은 유전자 안에 들어 있는 유전부호들에 의해 특이적으로 결정된다. 만일 염기 하나가 예컨대 G에서 C로 바뀌게 되면 하나의 아미노산이 변하므로 그것을 포함하는 단백질의 구조나 기능이 바뀌는 돌연변이가 일어날 수 있는데, 어떤 경우에는 그것이 아주 의미 있는 변화가 될 수도 있다.

의 목소리 등과 같은 특정 형질을 만들어내는 데 기여한다.

그러나 대부분의 유전자와 단백질들은 그 효과에 있어서 눈으로 볼 때 명백히 드러나는 하나의 형질로 관찰되기 어려울 때가 많은데, 대신에 여러 가지 다양한 방법으로 뇌를 포함한 우리 몸의 기능을 돕는 일을 할 수도 있다. 예를 들어, 뇌의 특정 영역에서 화학적 신경전달을 도와주거나, 어떤 부위에서의 시냅스의 숫자를 바꿔줄 수도 있고, 혹은 에너지 대사를 바꾸는 일들을 한다. 요점은 단백질들이 어떻게 우리 뇌가 (그리고 각 개체가) 기능할지를 혹은 어떤 수준에서 기능할지를 결정한다는 것이다. 우리 몸에서 단백질의 수준이 바뀌는 주된 이유는 유전자의 활성 혹은 유전자의 발현이 바뀌기 때문이다. 유전자의 발현의 변화는 궁극적으로 우리 몸 어딘가에서 어떻게든 효과를 남긴다. 그런데 약물 또한 유전자 발현의 변화를 야기하며, 그것은 결과적으로 더 많은 약물을 찾아서 섭취하려고 하는 충동을 만들어낸다!

그 일을 하는 것은 분자들이다

강박적으로 약물을 섭취하려는 행동을 이해하는 열쇠는 시냅스에서 시작하여 그 다음에 이어지는 시냅스후 신경세포postsynaptic neuron에 있다(4장의 그림 4-1과 4-4 참조). 약물 섭취가 신경전달의 증가나 감소를 가져오면, 거기에 맞춰 유전자 발현이 바뀌게 된다. 앞에서도 기술한 것처럼 신경전달은 수용체가 자극을 받고 난 다음에 신경세포 내의 생화학적 신호전달 경로에 변화를 일으킨다. 이 과정에서 중요한 특징은 세포 내 신호전달에 의해 전사인자들이 활성화된다는 것이다(그림 5-4 참조).

유전자에는 유전자의 발현을 조절하는 '프로모터promotor'라고 부르는 특

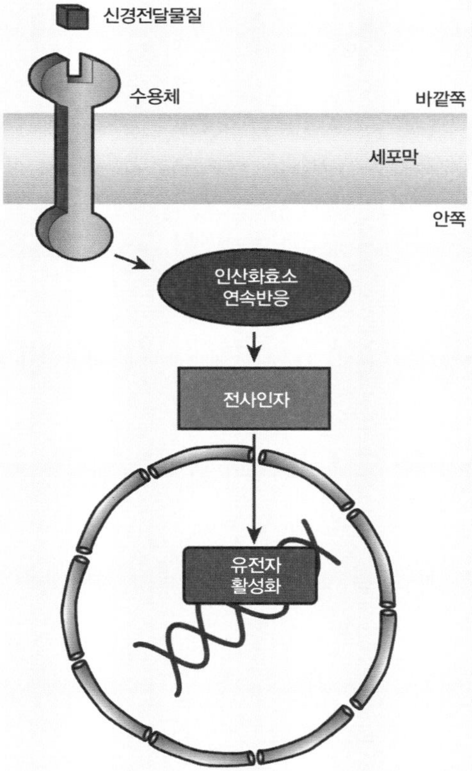

〈그림 5-4〉 약물은 신호전달에 의해 유전자 발현을 변화시킨다. 이 그림은 세포막에 박혀 있는 수용체를 포함한 신경세포의 일부를 보여주는데, 복잡한 신호전달 과정의 한 예를 나타낸다. 가운데 원은 핵을 가리키며, 그 안에는 DNA(염색체)가 들어 있다. 염색체는 유전자를 담고 있으며, 각각의 유전자는 주어진 시간 동안 알맞게 발현이 조절되고 있다. 그림 윗부분에 있는 것은 세포막을 관통하고 서 있는 수용체인데, 바깥 부분의 일부가 움푹 파여 있다. 이곳에 마치 열쇠와 자물쇠처럼 구조적으로 딱 맞는 신경전달물질이 들어오면, 수용체의 모양이 변화하고, 세포 내에 연속적으로 연결된 단계들이 연이어 나타난다. 즉, 소위 '연속반응(cascade)'이라고 부르는 일련의 과정이 활성화된다. 연속반응은 전사인자라고 부르는 다른 단백질들을 활성화하고, 유전자 발현을 조절한다. 다시 말하면, 하나의 활성화된 전사인자는 염색체 상의 유전자들의 발현을 도와주거나 반대로 못하게 막을 수 있다. 약물은 신경전달물질의 작용을 현저하게 바꿀 수 있기 때문에, 이러한 메커니즘을 통해서 결국 약물은 유전자의 발현 또한 현저하게 바꿀 수 있다. 그리고 신호전달은 DNA를 복제하는 데 차이를 가져오는 후성학적 변화를 만들어낼 수도 있다. 유전자 발현의 변화는 세포의 생화학적 구성을 바꾸어 결국 세포의 기능을 변화시킨다.

별한 부위가 있는데, 전사인자는 바로 이 프로모터와 상호작용을 하여 단백질을 만들지 말지를 조절한다(그림 5-4 참조). 유전자의 프로모터를 문고리로 본다면, 전사인자는 문고리를 잡아 그것을 돌려주는 손에 비유될 수 있고, 문이 열리는 것은 유전자 발현의 증가로 이해할 수 있다. 한 가지 흥미로운 발견은 반복적인 코카인의 주입이 신경세포 내에 몇 가지 전사인자들을 양적으로 늘어나게 한다는 사실이다. 예를 들어, 에릭 네슬러Eric Nestler와 그의 동료들은 델타 포스-Bdelta Fos-B라는 전사인자가 코카인에 의해 세포 내에 현저한 양적인 증가를 보이며, 그 결과 이들 전사인자들이 유전자 발현을 변화시키는 데 더욱 큰 힘을 발휘한다는 것을 발견했다.

이처럼 약물이 어떻게 뇌를 변화시키는지에 대한 분자적 수준의 이해는 지난 수십 년 동안의 연구에서 주된 성과 중의 하나로 손꼽을 수 있으며, 이제 연구의 목표는 약물 중독을 일으키는 데 있어서 가장 중요한 역할을 하는 유전자와 또한 가장 중요한 뇌의 부위를 찾는 것이다.

한 가지 덧붙이자면, 약물은 뇌 안에서 다른 종류의 변화도 일으킬 수 있는데, 그중 하나가 인산화phosphorylation이다. 이것은 여러 가지 단백질들—예컨대 전사인자—에 인산기를 붙이는 것을 말하며, 그렇게 함으로써 단백질들의 활성을 변화시킬 수 있다. 이러한 변화들은 약물의 효과를 조절하는 데 있어서 중요하다. 하지만 장기적인 영향은 보통 유전자 발현의 변화와 연관이 있다.

후성유전학적인 변화

단백질 생산의 변화는 거의 항상 유전자 발현의 변화 때문이다.[4] 지금까지 우리는 유전자 발현을 바꾸어주는 전사인자들의 능력에 대하여 얘기했지만, 최근에는 이와는 다른 형태의 방법도 발견되었다. 이를 '후성유전학epigenetics'이라고 부르는데, 이와 같은 변화는 환경—예컨대 약물—이 지속적인 방식으로 유전자에 영향을 줄 때 나타나며, 그 결과 어떤 유전자를 비활성 혹은 더욱 활성화한다. 이 같은 변화는 DNA 자체를 화학적으로 바꾸어주거나, 유전자의 접근을 조절해주는 단백질로 알려진 히스톤histone을 바꾸어줌으로써 일어난다. 후성유전학의 발견은 예컨대 일란성 쌍둥이처럼 유전적으로 동일한 개체이지만 다른 경험을 갖고 있는 개체들이 어떻게 다른 종류의 단백질들을 만들어내고 그들이 서로 어떻게 다를 수 있는지를 설명해준다. 유전적으로 동일하다고 해서 모든 면에서 항상 동일하지는 않은 것이다. 더 나아가 후성유전학은 약물 섭취가 유전자 발현에 영향을 미칠 수 있는 또 다른 방법을 설명해준다.

후성유전학 – 뇌를 바꾸는 한 방법

후성유전학적 변화는 유전자 발현의 변화를 가져오긴 하지만, DNA 상의 염기서열의 변화를 일으키는 돌연변이를 포함하지는 않는다(그림 5–3 참조). 이러한 변화는 오히려 DNA 혹은 DNA를 둘러싸고 있는 단백질들에 화학적인 변형을 일으켜서 유전자 발현의 변화를 일으킨다. 약물이 뇌로 들어가면, 화학적 신경전달이 바뀌게 되고(그림 5–3), 유전자 발현에 영향을 주는 후성유전학적 변화가 일어나면서 뇌의 생화학적 구성이

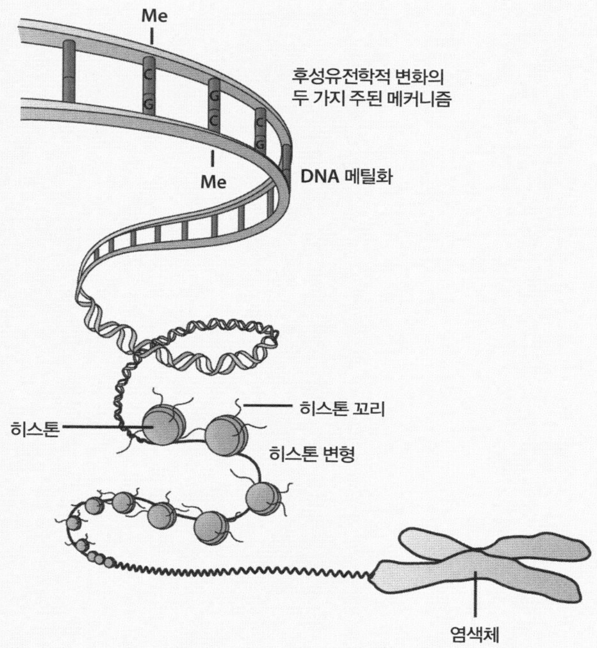

〈그림 5-5〉 이 그림은 염색체를 풀어 그 안에 있는 DNA를 보여준다. 유전자가 포함된 DNA는 세포 내의 작은 핵 속에 효율적으로 자리할 수 있도록 히스톤이라는 단백질을 중심으로 감겨 있다. 그림의 윗부분은 전형적인 이중나선 모양의 DNA를 보여준다. 후성유전학적 변형에는 두 가지 주된 메커니즘이 있다. 하나는 DNA에 메틸기(methyl group, $-CH_3$)를 붙여주어 DNA의 단백질 합성 능력을 바꾸어주는 것이고, 다른 하나는 히스톤 단백질을 변형하여 DNA에 전사인자와 같은 다른 단백질들의 접근을 조절함으로써 단백질 합성을 조절하는 것이다. 이 두 가지 방법은 모두 약물에 의해 영향을 받을 수 있다.

변형된다.

어느 경우든지 간에 그 메커니즘은 제쳐놓고서라도, 약물 섭취가 뇌의 생화학적 구성에 영향을 줄 수 있다는 것은 분명하다. 이것이 바로 중독에 대한 분자적 연구 결과의 핵심이다.

사후연구를 통한 발견

중독 환자들이 죽고 난 다음에 그들의 뇌를 분석해보면(이와 같은 연구를 사후연구postmortem study라고 부른다)[5], 그 수준이 바뀐 화학물질들이 많이 발견된다. 아직도 어느 화학물질이 그리고 뇌의 어느 부분이 약물 중독에 있어서 가장 중요한가에 대해서는 분명하지 않지만, 우리는 많은 힌트를 갖고 있다. 하나의 신경세포에서 하나의 화학물질이 관여할 것이라기보다는, 많은 신경세포에서 많은 화학물질의 변화가 중독이 일어나는 과정에 필요할 것이라는 생각이 옳을 가능성이 더 크다. 따라서 비록 우리가 아직은 전체적인 이야기를 모른다고 할지라도 적어도 하나의 이야기의 시작 부분은 갖고 있다.

사후연구는 사람을 포함한 몇몇 종에서 수행되었다. 일반적으로 그 결과들은 신경 기능에 심각한 결손을 초래하는 많은 신경가소성적 변화들이 나타났음을 알려준다. 약물 사용으로 인해 도파민 D2와 글루타메이트 수용체들, 신호전달과 에너지 대사작용에 관여하는 단백질들, 그리고 세포 구조에 관여하는 단백질들에 생겨난 변화가 관찰되었다.[6] 단백질들은 기다란 아미노산 사슬로 이루어진 무게가 많이 나가는 분자들이고, 세포 내에서 수용체로부터 수송체에 이르기까지 여러 가지 기능을 가지고 있다. 하지만 변화가 관찰된 단백질들은 어쩌면 연구된 약물과 관련이 있을 것이다. 이와 같이 생화학적 분석을 통해서 뇌의 여러 곳에서 나타난 변화를 관찰하는 접근 방식은 보통 한 번에 하나의 분자, 예컨대 도파민 수용체에 초점을 맞추는 영상imaging 연구를 통한 접근 방식보다는 상대적으로 쉽고 비용이 적게 든다.

사람의 뇌에 미치는 약물의 효과를 연구하는 것이 문제에 대한 직접적인 접근이 되겠지만, 사람을 연구하는 데는 제한이 따른다. 한 가지는 대부분의 약물 사용자들은 여러 가지 약물을 사용하기 때문에, 우리는 어떤 약물이 그 효과를 만들어냈는지를 알기 어렵다. 또한 약물 사용자들은 자신들의 건강을 잘 돌보지 않기 때문에 어쩌면 약물이 아니라 좋지 못한 건강 상태가 뇌의 변화를 만들었을 수도 있다. 또 한 가지 고려해야 할 다른 사안은 많은 약물 사용자들의 경우 정신질환의 진단을 동시에 갖고 있어, 어쩌면 그 정신질환이 뇌의 변화를 초래했을 수도 있다. 따라서 약물 사용자를 대상으로 한 연구라면 어떤 연구든지 간에 이러한 문제점들이 다루어져야 한다. 그러기 위해서는 우리가 할 수 있는 한 최선을 다해서 유사한 문제들을 가지고 있지만 약물은 사용하지 않은 대조군을 선택함으로써 이런 문제들을 최대한 피하도록 노력해야 한다. 결과적으로, 사람에서의 연구 결과를 해석할 때에는 조심스러운 접근이 필수적으로 요구된다. 바로 이런 이유 때문에, 동물을 통한 연구는 상당한 도움이 되는데, 우리가 사람을 대상으로 한 연구에서는 하기 어려운 많은 요인들—이를테면 생애 전 주기 동안의 영양과 약물 사용—을 통제할 수 있게 해주기 때문이다.

약물 사용은 뇌의 활동을 변화시킨다

약물이 뇌의 생화학적 구성을 변화시킨다는 사실을 고려해볼 때, 약물이 또한 뇌 안에서 일어나는 전기적, 대사적 활동을 변화시킨다

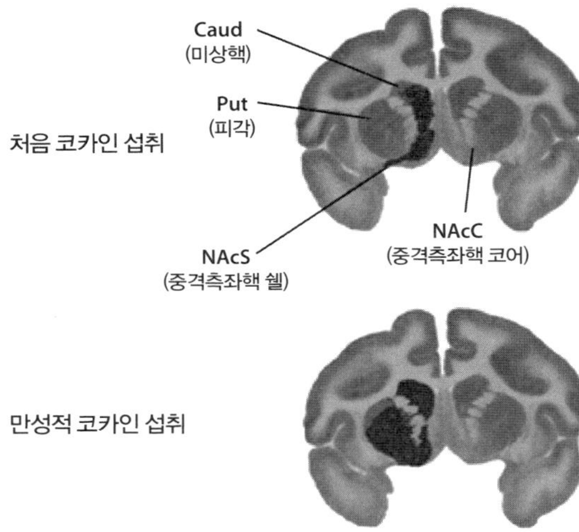

〈그림 5-6〉 점점 더 많은 양의 약물 섭취는 점점 더 많은 뇌의 영역을 변화시킨다. 여기에 그려진 뇌 절편에서 검은 색으로 표시된 부분이 포도당 활용도가 높은 뇌 영역을 나타낸다. 뇌에서의 포도당 활용, 즉 에너지 소비는 만성적 코카인 주입 후 식별되는 뇌의 특정 영역에서 증가된다. 더 자세한 내용은 본문에 나와 있다. 그림에서 Caud는 미상핵(caudate nulceus)을, Put는 피각(putamen)을, NAcS는 중격측좌핵 쉘(nucleus accumbens shell)을, NAcC는 중격측좌핵 코어(nucleus accumbens core)를 뜻한다. 이들 뇌 영역들은 약물 중독에서 중요한 역할을 한다.

는 것은 놀랄 일이 아니다. 이것은 린다 포리노Linda Porrino 박사와 그녀의 동료들의 연구에 의해 명확하게 밝혀졌다. 그들은 원숭이에게 약간의 코카인을 주기도 하고, 또 많은 양의 코카인을 반복적으로 주기도 한 다음, 뇌에서 일어나는 포도당 활용을 분석했다. 뇌에서 활동이 활발한 부위일수록 그 부위에 에너지가 더 많이 필요하게 될 것이고, 그렇게 되면 그 부위의 포도당 활용은 커지게 될 것이다. 그림 5-6의 뇌 절편에서 검게 보이는 부분은 포도당 활용도가 높은 곳을 나타낸다. 처음으로 코카인을 섭취한 동물의 뇌와 비교해보았을 때, 만성적으로 코카인을 섭취한 동물의 뇌에서 포도당 활용도가 높게 나타나는 영역이 더 넓다는 것을 확인할 수 있다. 마치 약물이 점점 더 많은 뇌 영역을 취하면서 그 영향력을 넓혀가는 것처럼 보인다. 그림 5-6은 단지 뇌로부터 얻은 하나의 절편만을 보여주지만, 실제 연구에서는 뇌의 많은 부분에서 약물에 반응하여 포도당 활용도가 높아진 부위가 넓게 나타났음을 밝혀냈다. 이것은 뇌에 그리고 궁극적으로는 행동에 작용하는 약물의 힘과 영향력을 잘 보여주는 좋은 예이다.

focus

중독은 반복적으로 약물을 섭취한 후에 일어난다. 만성적인 약물 섭취는 화학적 신경전달과 세포 내 신호전달을 바꾸고, 그것은 차례로 유전자 발현과 그것에 의해 만들어지는 단백질을 바꾸어줌으로써 결국 뇌를 변화시킨다. 약물 섭취가 계속됨에 따라, 약물은 뇌의 점점 더 많은 영역에 영향을 끼치기 시작한다. 약물이 더 이상 존재하지 않게 되면, 변화된 뇌는 균형을 잃게 되고, 금단 증상이 나타난다. 반복적인 약물 섭취는 또한 내성과 민감화와 같은 적응성 변화들을 만들어낸다.

6장

약물은 왜 그토록 강력한가?

아알라Arla는 그녀의 가족들이 그렇듯이 영리하고, 매력적이고, 성공적인 사람이다. 그녀는 인기가 많았고 많은 모임에서 리더의 역할을 해왔다. 그녀는 자신의 능력에 자신감을 느끼며, 자신이 하고자 하는 어떤 일도 성공적으로 해낼 수 있다고 생각한다. 하지만 그녀에게도 근심 어린 속사정이 한 가지 있다. 치아의 근관root canal으로부터 비롯된 통증을 없앨 목적으로 아편성 약물 섭취를 시작했는데, 어느덧 몇 개월째 계속해오면서 급기야 약물로 인한 만족점을 갈망하기에 이른 것이다. 이제 그녀는 약물을 끊으려고 해도 채 2주를 넘기지 못하고 다시 약물에 손대고 마는 자신의 모습을 발견했다. 그녀는 약물을 중단하기 위해서는 외부의 도움이 필요할지도 모른다는 생각이 들면서도 이러한 상황을 좀처럼 받아들이지 못하고 있다. 왜냐하면 그것은 그녀에게 마치 하나의 실패로 여겨지기 때문이다. 그녀는 약물을 향한 자신의 욕구가 이토록 강력하다는 것을 믿을 수가 없다.

• • •

왜 약물은 사람들이 자신의 행동에 대한 통제력을 잃어버리게 할 정도로 강력한 것일까? 강박적으로 약물을 찾아다니고 그것을 섭취하려는 과정에서 사람들은 거짓말을 일삼는다거나 사랑하는 사람에게 서슴지 않고 파괴적인 행위를 한다거나, 급기야 반사회적 인격장애자 sociopath가 될 수도 있다. 이와 같은 일들이 약물을 시도하는 모든 사람들에게서 반드시 일어나는 건 아니지만, 국가적 차원의 문제로 확대시키기에는 충분할 정도로 많은 사례가 있다. 여기서 주목해야 할 것은 왜 약물이 중독을 일으키는가가 아니라, 왜 중독 그 자체가 그토록 강력한가이다. 이것은 매우 중요한 질문이다. 이 질문에 대해 우리는 아직 완벽하게 답할 수는 없지만, 그 이유에 대해 몇 가지 의견은 갖고 있다.

약물이 강력한 이유 중 한 가지는 이미 4장에서 밝혀놓았다. 뇌로 들어간 약물은 뇌 안의 화학적 신경전달 과정을 지배하고, 우리의 뇌 자체는 그 지배에 맞서 싸울 어떤 방법도 갖고 있지 않다. 따라서 약물은 마치 '뇌를 못살게 굴어' 뇌의 본래의 작용을 눌러버리는 것처럼 기능한다고도 할 수 있다. 우리는 이 외에도 다른 이유가 있을 것으로 생각한다. 약물의 강력한 힘에 대한 추가적인 가설은 우리의 생존과 삶에 기여하는 뇌의 특정 영역에 기초한다. 도파민을 신경전달물질로 분비하는 신경세포들을 포함하는 신경회로망이 그 좋은 예이다.

뇌 안에서 약물이 작용하는 데 있어 중요한 기질substrate인 도파민성 중뇌변연계dopaminergic mesolimbic system라는 부위가 있다. 왜 도파민성 중뇌변연계가 거기에 위치해 있으며, 도파민은 정확히 무엇을 하는 것일까? 이 질문에 대한 답변은 지난 수년에 걸쳐 발전해오고 있으며, 아직 완성되지는 않았다. 초기의 견해는, 도파민의 분비는 어떤 것이 기분 좋게 느껴졌을 때 그것을 반복해야만 한다고 말해주는 일종의 스위치를 켜는 것과 같다는 것이었다. 다시 말하면, 도파민은 맛있는 음식을 먹거나 사랑을 나눌 때 우리로 하여금 기분 좋게 느끼게 해주는 보상적rewarding 역할을 한다. 또한 도파민은 강화적reinforcing인데, 그것은 도파민이 생존—단지 개인의 생존뿐만 아니라, 종의 생존까지도!—에 있어서 중요한, 이를테면 섭식이나 생식 같은 행위들을 반복해서 하도록 동기를 부여해주기 때문이다.

도파민과 음식

도파민이 음식 섭취와 짝짓기 같은 생존에 필수적으로 중요한 행동들과 연관이 있다는 풍부한 증거가 있다.[1] 그림 6-1은 사람의 뇌 가운데서 도파민성 신경세포들을 포함하는 신경경로들을 보여준다. 해부학적 위치들의 이름은 불행하게도 조금 신비스러운 감이 없지 않은데, 그것들은 역사적인 발견들을 따르거나 라틴어로부터 유래된 것이다. 이름이야 어떻든 간에, 수십 년에 걸친 과학적 연구는 도파민을 포함하는 신경세포들이 섭식과 생식 행동을 둘러싼 뇌의 수많은 기능을 수행

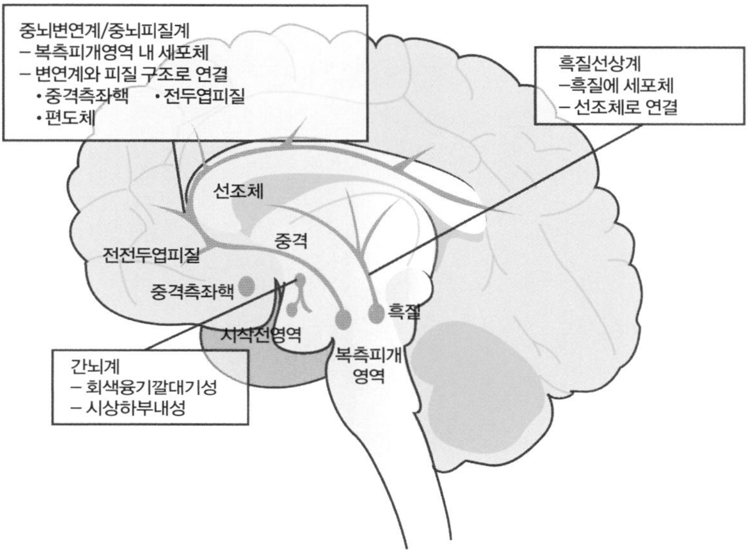

〈그림 6-1〉 뇌의 도파민 시스템. 중뇌변연계와 중뇌피질계(mesocortical system)를 포함하여 세 가지 주요한 시스템이 성적인 각성과 욕망에 기여한다. 중뇌변연계와 중뇌피질계는 도파민을 갖고 있는 세포체가 위치한 복측피개영역(VTA)과 그 신경세포의 말단이 각각 독립적으로 위치한 중격측좌핵(NAcc)과 내측 전전두엽 피질(mPFC, medial prefrontal cortex)로 이루어져 있다. 그림에 나타난 다른 도파민성 시스템은 간뇌계(diencephalic system)와 흑질선상계(nigrostriatal system)인데, 간뇌계의 일부인 회색융기깔대기성(tuberoinfundibular) 도파민 시스템은 뇌하수체 전엽으로부터의 호르몬 분비를 조절한다. 이들 도파민 시스템들이 성(sex) 그리고 음식 자극과 관련된 주의력과 동기를 조절하며, 또한 분위기와 정서, 보상과 강화, 그리고 코카인 작용의 조절에도 관여한다. 흑질(substantia nigra)과 시삭전영역(medial preoptic area)이 표시되어 있다.

하는 데 관련이 있음을 보여준다.

이러한 내용을 뒷받침하는 몇 가지 실험적 발견들을 살펴보자. 음식 섭취는 중독과 관련 있는 뇌의 한 장소, 즉 중격측좌핵 내에서 일어나는 도파민의 분비와 연관이 있다. 또한 폭식증 환자의 뇌액brain fluids 속에 존재하는 도파민 대사물질—시냅스에서 사용된 도파민의 양을 반영—을 조사해보면 이 같은 섭식장애 환자들에게서 도파민성 신경세포의 활동이 감소되어 있음을 보여준다. 또 다른 좀 더 복잡한 종류의 증거는 분자생물학과 유전학에서 찾아볼 수 있다. 앞 장에서 정상적인 도파민성 신경전달을 위해서 도파민 수송체가 얼마나 중요한지에 대해서는 이미 언급했다. 많은 단백질들이 그렇듯이, 자연에 존재하는 몇 가지 도파민 수송체 유전자의 변종들variants이 존재한다. 그들 가운데 한 가지는 폭식을 하는 사람들에게서 더 자주 발견되고, 이것은 도파민 시스템과 폭식 사이에 유전적인 연결 고리가 있음을 시사한다(이 부분은 이어지는 다음 절에서 다시 자세히 다룰 것이다). 동물을 사용한 다른 연구에서는 강박적인 섭식과 도파민이 관련이 있음이 보고되었고,[2] 비만인 사람과 동물 모두에게서 도파민 D2 수용체가 감소되어 있음이 또한 보고되었다.

도파민 수송체는 폭식과 연관이 있다

유전자는 우리 몸의 특징들을 결정해주는 유전정보의 단위이다. 또한 유전자는 돌연변이를 일으킬 수 있는데, 어떤 돌연변이는 질병을 일으킬 수도 있으며, 반면에 어떤 것은 단지 중립적이거나 딱히 드러나지 않는 효과를 나타내기도 한다. 유전자는 염색체 안에 모여 있는데, 우리 몸의 모든 유전자를 합친 전체를 가리켜 '게놈genome'이라고 부른다. 개개인은 부모로부터 유전자를 전달받는 방식을 따라 자신만의 독특한 게놈을 가지기 마련이고, 그렇기 때문에 가족 구성원 간에는 게놈이 만들어내는 여러 특징들을 공유한다.

유전자에 돌연변이가 일어나는 방식에는 게놈의 일부분이 재배열rearrangement, 결실deletion, 혹은 반복repetition되는 경우가 포함된다. 어떤 특정 유전자의 염기서열이 일렬로 수차례 계속 반복되어 나타나는 경우가 있는데, 이를 종열중복 가변수VNTR, variable number of tandem repeat라고 한다. 이 말은 각 개체마다 중복되는 어떤 유전자를 서로 다른 개수만큼 가질 수 있음을 말하는데, 예를 들어 어떤 사람은 나란히 일렬로 늘어선 도파민 수송체 유전자를 9개 가질 수 있고, 또 어떤 사람은 동일한 유전자를 10개 가질 수 있다. 아래 그림에서 기다란 사각형 모양으로 그려진 것이 반복되는 유전자를 나타낸다고 할 때, 위에서부터 각각 6개, 4개, 3개, 5개가 반복됨을 볼 수 있다. 우리 몸에 이와 같이 반복되는 유전자가 얼마만큼 있느냐 하는 것은 유전자가 발현되는 방식과 더 나아가서는 건강에도 영향을 끼칠 수 있는 중요한 문제이다.

예를 들어, 특정 유전자가 반복되는 종열중복tandem repeats 염기서열을 9개 가진 사람은 10개 가진 사람에 비해 건강과 관련된 특정 문제에 있어 더 취약할 수도 있다. 또한 종열중복 가변수는 유전이 어떤 패턴으로 전해져왔는지를 연구하기 위해 필요한 유전적 표시물genetic markers로도 사용될 수 있기 때문에 중요하다.

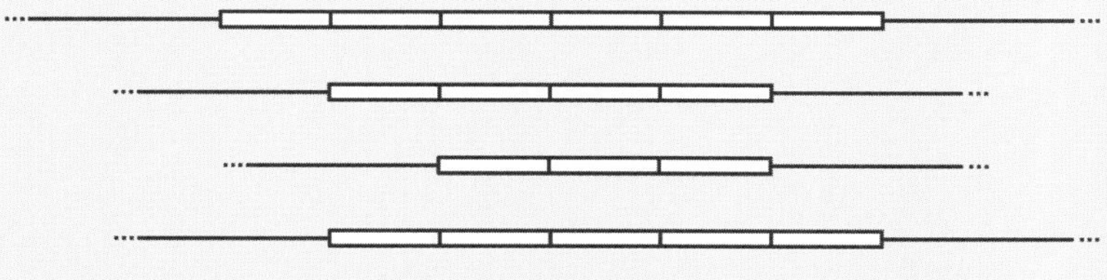

앞의 내용을 잘 보여주는 한 가지 연구를 예로 들면, 폭식증 환자의 경우 그런 증상이 없는 대조군에 비해 도파민 수송체 유전자의 종열중복 가변수가 적게 나오는 일이 더 자주 발견되었다(Shinhara et al., *J Psychiatr Neurosci* 29:134~137, 2004). 결국 도파민 수송체 유전자의 변형은 우리의 섭식 행동에 그리고 아마도 약물 섭취 행동에도 의미 있는 효과를 가지고 있을 것이다.

섭식과 약물 섭취 사이의 상호작용과 관련하여 켄 카Ken Carr, 메릴린 캐롤Marilyn Carroll, 데이비드 고어릭David Gorelick 박사를 비롯해 몇몇 연구자들은 사람과 동물연구를 통해 칼로리 감소—다시 말하면, 다이어트—가 더 많은 약물 섭취를 가져온다는 것을 보여주었다.[3] 예를 들어 다이어트를 하는 사람의 경우, 담배를 피울 때 전달되는 니코틴 양이 다이어트를 하지 않는 사람보다 작지만 의미 있는 수준으로 증가한다고 보고되었다.

도파민과 생식 행동

생식 행동과 도파민의 연관성에 대해서는, 예를 들어 도파민과 관련 있는 약물을 실험용 쥐의 시상하부hypothalamus에 주입하면 수컷 쥐와 암컷 쥐의 접촉 및 수컷 쥐의 사정 횟수에 영향을 미친다는 것이 알려져 있다. 또 다른 실험은 약물과 연결된 뇌의 한 부위인 중격측좌

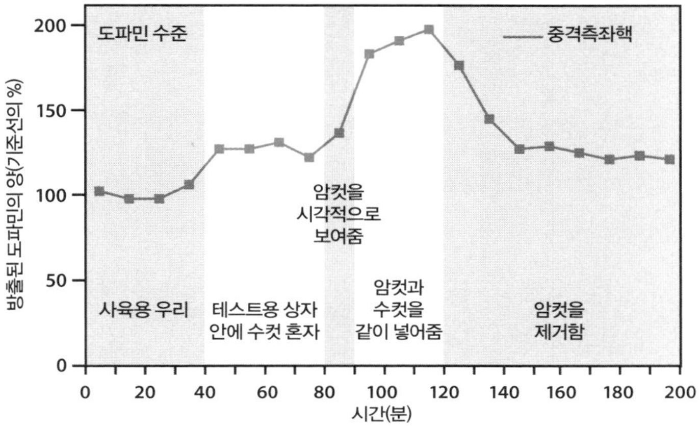

〈그림 6-2〉 짝짓기의 결과 도파민이 분비된다. y축은 미세투석법 출력(microdialysis output)으로 표시했는데, 이것은 신경세포가 분비하는 도파민의 양을 의미한다. 수컷 쥐를 새로운 환경에 옮겨 놓았을 때 그 양이 증가하고, 암컷 쥐를 만나게 했을 때 더욱 증가함을 볼 수 있다. 그리고 이어지는 교미에서 도파민 분비가 가파르게 증가하다가, 암컷 쥐를 제거하자 다시 정상 수준으로 돌아감을 알 수 있다. 한편, 뇌 안의 도파민 수준은 코카인을 주사한 후에도 똑같이 증가한다(그림 4-5 참조). 흥미롭게도 뇌의 관점에서 보면, 사실 뇌는 코카인이 주입되었는지 혹은 교미를 했는지를 알지 못한다.

핵 내의 도파민과 생식 행동이 관련 있음을 보여준다. 그림 6-2의 왼쪽 그래프는 실험이 시작되고 나서 처음 40분 동안 사육용 우리 안에서 어떤 것에도 방해받지 않은 상태에서 측정한 수컷 쥐의 중격측좌핵 내 도파민 양을 나타낸다. 이 수컷 쥐를 테스트용 상자 안으로 이동시키면 도파민 양이 약간 증가하는데, 여기에 암컷 쥐를 넣어주면 도파민 양이 다시 약간 더 증가한다. 하지만 90~120분 사이의 그래프를 보면 암컷 쥐와 교미를 하는 동안 수컷 쥐의 도파민 양은 크게 증가하다가, 암컷 쥐를 밖으로 빼내면 도파민 양이 다시 감소하는 것을 볼 수 있다. 여기서 도파민의 양적 증가가 일어나는 뇌 부위가 약물을 섭취할 때 활성화되는 뇌 부위와 동일하기 때문에(4장의 그림 4-5 참조), 어떤 의미에서 뇌는 약물과 섹스를 동일한 것으로 본다고 할 수 있다. 약물은 섹스를 하는 것만큼이나 강력한 힘이 있고, 실제로 어떤 약물 사용자는 약물을 섭취함으로써 다다르게 되는 만족점이 마치 몸 전체가 오르가슴을 느끼는 것과 같다고 보고하였다. 꽤 놀라운 일이다(다시 그림 4-5를 참조하라)!

최근에 사랑에 빠진 사람을 대상으로 한 연구에서, 도파민성 중뇌변연계의 한 부분인 복측피개영역VTA, ventral tegmental area의 활성이 보고되었다. 다른 연구에서는 남성이 오르가슴에 달할 때 활성화되는 부위 중 하나가 복측피개영역임이 밝혀졌다.[4] 미국 펜실베니아 대학의 안나 로즈 칠드레스Anna Rose Childress, 찰스 오브리엔Charles O'Brien 박사들과 다른 사람들이 같이 발표한 연구논문 「열정의 서곡: '눈에 보이지 않는' 약물과 성적인 단서자극에 의한 변연계의 활성화」에서, 피험자들이 스스로 인식하지 못하는 상태에서 약물과 성에 관련된 단서가 될 자극을 받았을 때 그들의 변연계가 활성화된다고 밝혔다.[5] 뇌는 우리가 의식하지 못하지만 어떤 반응을 야기할 수 있는 의미가 있는 짧은 신호를 받을 수 있는데, 이런 것을 '보이지 않는' 단서자극이라고 한다. 이 논문에서는 뇌의 보상회로가 이들 보이지 않는 단서자극들에 반응한다는 것을 보여주었다. 이 결과는 뇌가 약물이나 다른 자극에 대하여 추가적인 취약성을 가지고 있음을 입증해준다.

여기서 주된 요점은 도파민의 상승과 도파민성 영역의 활성이 종의 생존에 필수적인 짝짓기를 하고자 하는 성적욕구와 같은 강력한 충동과 연관이 있다는 것이다. 증가된 도파민은 기분 좋게 하는 어떤 것과 혹은 우리가 계속해서 하고 싶은 그 어떤 것과 밀접한 연관이 있다.

도파민과 생존

지금까지 이야기한 내용을 종합적으로 살펴볼 때, 도파민성 중뇌변연계는 생존 유지에 있어 중요하며, 개인뿐만 아니라 종을 위해 뇌 안에 존재하는 '생존회로survival pathway'의 한 부분이라고 여겨도 충분히 타당할 것이다. 이 회로가 없었다면 아마도 우리 인간은 지금까지 생존하지 못했을 것이다. 실제로 뇌 안에 도파민이 존재하지 않는 형질전환 생쥐가 만들어진 적이 있었는데, 태어나서 정상적으로 움직이거나 먹지를 못하고 4주 만에 죽고 말았다.[6] 만일 뇌 안의 생존회로가 다른 회로에 비해 행동에 미치는 힘이 더 크다면, 그리고 만일 약물들이 이 회로로 침투하여 효과를 발휘한다면, 약물들은 당연히 우리의 행동에 대하여 상대적으로 더 많은 힘을 갖게 될 것이다(4장의 주註 2를 보라). 따라서 약물들이 힘이 센 이유는 적어도 그것들이 뇌 안의 힘이 센 회로를 통해서 작용하기 때문이다. 물론 이것은 하나의 가설이고, 누군가는 '힘이 세다'는 말의 의미에 대하여 논쟁을 벌일 수도 있지만, 이러한 주장은 합리적인 위치에 있는 것처럼 여겨진다.

만일 앞에서 내가 제기한 가설이 맞는다면, 이 가설을 통해서 이해가 안 되던 다른 주제들에 대한 설명을 얻을 수 있을지도 모른다. 한 가지는, 만일 약물 중독이 그렇게 나쁜 것이라면(사실 명백히 그렇긴 하다), 왜 그것들이 생물의 역사에서 없어지지 않고 남아 있는 것일까? 생존가설의 입장에서 볼 때, 그것은 없어지지 않고 남아 있을 수밖에 없는데, 왜냐하면 그것은 섭식이나 짝짓기와 같은 생존에 필수적인 기능과 본질적으로 연결되어 있기 때문이다. 중독은 자연적으로 존재하는 보상 안으로 파고들었고, 만일 중독을 무디게 만드는 어떤 유전적 돌연변이가 발생했다면 그것은 생존에 부정적인 영향을 미쳤을 것이 틀림없다.

어떤 이는 우리 뇌의 모든 부분이 그리고 그것들이 수행하는 기능이 중뇌변연계처럼 개인과 종의 생존에 동일하게 중요하다고 말할지도 모른다. 하지만 그것은 사실과는 거리가 먼 것처럼 여겨진다. 종의 생존을 생각한다면, 생식이 가장 주된 요인이 될 것이다. 개인의 생존에 대해 생각한다면, 거기에는 여러 가지가 있는 것처럼 여겨지지만, 음식이야말로 당연히 빠질 수 없는 주요한 한 가지이다. 몸을 움직이는 것과 감각적 탐지, 그리고 효과적으로 초점을 맞추는 일 등도 모두 생존에 필수적인 것들이긴 하다. 하지만 그런 것들은 음식의 위치를 찾아내고 얻는 데 도움이 되는 하나의 수단임을 알 수 있다. 또한 이들 기능이 없더라도 여전히 사람들은 생존한다. 어느 경우이든지 간에, 비록 뇌 안에는 여러 가지 중요한 부분들이 있지만, 도파민성 중뇌변연계는 그 회로 안에 연결되어 있는 추가적인 신경세포들과 함께 기본적으로 생존을 위한 뇌의 기능적인 측면에서 다른 무엇보다도 중요한 것처럼 여겨진다.

도파민만 있는 것은 아니다

하지만 모든 약물들을 매개하는 데 있어 뇌 안에 도파민과 그와 관련된 신경세포들만이 유일하게 존재하는 강력한 힘을 가진 선수player

같은 인상을 준다면 그것은 실제 사실을 정확하게 설명하는 것이 아닐 것이다. 도파민은 아편류, 코카인이나 암페타민 같은 정신자극제의 작용에 관여하는 주요 선수이다. 하지만 그림 6-1에서 볼 수 있듯이 우리가 아직 언급하지 않고 탐구하지 않은 다른 종류의 신경세포, 회로, 그리고 신경전달물질들이 또한 존재한다.[7] 예를 들어, 피터 칼리바스 Peter Kalivas 박사와 그의 동료들, 그리고 다른 연구자들은 전전두엽피질prefrontal cortex로부터 중격측좌핵 코어NAcC로 연결되는 신경회로에서 나타나는 분자적 변화가 코카인 탐색에 영향을 준다는 것을 보여주었는데, 이 회로는 글루타메이트를 신경전달물질로 사용한다.[8] 여기서 중요한 점은 단지 하나의 신경전달물질에 나타나는 약물의 효과가 아니라, 특정 회로와 뇌 부위, 그리고 그곳을 통해 나타나는 기능들에 미치는 약물의 영향력까지 우리가 잊지 않고 고려해야 한다는 것이다. 이제까지 도파민에 대해 집중적으로 말해온 것은, 약물이 보여주는 강력한 힘은 적어도 약물에 의해 공격을 당하는 뇌 안의 특별한 기능적 신경경로 때문이라는 견해를 끄집어내기 위한 예로 사용하기 위함이었다.

그러나 다른 종류의 약물을 고려해보는 것도 흥미가 있다. 왜냐하면 때때로 다른 약물의 작용을 중격측좌핵 내의 도파민 작용과 그리고 도파민을 함유하고 있는 신경회로와 관련짓는 일이 가능하기 때문이다. 니코틴은 체내에서 신경전달물질의 하나인 아세틸콜린과 유사하게 그 수용체에 가서 작용하는데, 이것을 자가투여하게 하면, 약물 보상 영역의 하나인 중격측좌핵 내에서 도파민의 분비가 증가하게 된다. 따라서 니코틴 — 그리고 흡연 — 으로 인해 직접적으로 영향을 받는 신경전달물질이 도파민이 아니고 아세틸콜린이라고 할지라도, 여전히 도파민성 중뇌변연계가 관여하고 있음을 알 수 있다. 하지만 니코틴은 뇌 안에서 아마도 도파민과는 구별되는 추가적인 메커니즘과 회로를 이용할지도 모른다.[9] 비록 도파민이 많은 약물의 중독 작용에 관여하고 있을 것이라고 추측하고 있지만, 현재로서는 모든 약물들이 다 도파민과 반드시 연결되어 있다고 결론을 내릴 수는 없다.

도파민이 하는 일은 무엇일까?

이것은 과학자들이 계속 고민하고 있는 질문이다. 도파민은 보통 쾌락과 보상에 관련이 있다고들 말해왔다. 사실, 그렇게 말하는 것이 틀린 말은 아닌 것처럼 보인다. 예를 들어, 사람의 뇌영상 연구는 약물이 만들어내는 만족점과 황홀감이 도파민의 활성과 연관이 있음을 보여준다.[10] 하지만 도파민은 단지 쾌감만을 위해 존재하는 것은 아니다! 중독 환자들은 항상 일정 수준의 쾌감 상태에 있지는 않다. 그리고 동물연구는 도파민의 양이 두려움 앞에서도 올라가는 것을 보여준다.[11] 따라서 '도파민이 정말 무엇을 하는지'에 대한 개념은 앞으로 좀 더 발전시켜야 할 필요가 있다.

보다 최근의 견해에 따르면, 도파민은 현재 우리에게 무엇이 가장 중요한지를 말해주거나 혹은 신호를 전해준다고 할 수 있으며, 이것은 동기motivation와 연관이 있다.[12] 도파민은 우리에게 단지 음식이나 성적 파트너가 있다는 사실뿐만 아니라, 임박한 위험이나 고통에 대해서도 주의를 주거나 각성을 일깨워주는 일을 한다. 이와 같은 아이디어에 따르면, 도파민에 의해 생겨난 현저성salience은 맛보기나 듣기와 같은 일종의 알림 기능을 하는 감각 작용으로 여겨질 수도 있다. 이런 관점에서 볼 때, 약물 사용자들은 단순히 쾌감만을 탐색하지는 않는다고 말할 수 있으며, 중독 환자들이 중독되어 있으면서도 쾌감의 결핍 상태를 보고한 것들이 이해될 수 있다.

focus

약물 중독은 개인적으로 겪는 고통과 부정적인 결과에도 불구하고 우리의 행동을 끌고 갈 수 있는 강력한 힘을 가진 뇌장애이다. 약물이 강력한 것은 부분적으로 우리의 뇌가 약물을 조절할 메커니즘을 가지고 있지 않기 때문이고, 그렇기 때문에 약물이 뇌를 사로잡을 수 있게 된다. 약물이 그토록 강력한 또 다른 이유는 바로 약물이 작용하는 뇌 안의 영역 때문이라는 가설도 있다. 예를 들어, 코카인은 도파민 수송체를 막음으로써 시냅스에서 도파민이 제거되는 것을 방해하고, 그 결과 도파민의 신경전달을 증가시킨다. 이러한 일은 도파민성 중뇌변연계의 신경세포들에서 일어나는데, 이 부위는 섭식, 생식 그리고 그 외의 중요한 생명 유지 과정과 연관이 있는 신경회로의 부분이다. 그렇기 때문에 반복적인 코카인 사용으로 뇌 안의 도파민 시스템을 지속적으로 공격하게 되면, 시간이 지남에 따라 생존에 필수적인 행동들이 잘 작동되도록 움직여주는 뇌의 시스템에 새로운 조정과 적응이 일어나게 된다. 이들 시스템들은 비록 약물에 의해 바뀌었을지라도, 그렇게 바뀐 비정상 상태에서 아직도 우리의 행동에 현저한 영향을 끼친다. 도파민은 단지 쾌감의 전달뿐만 아니라, 중요한 것이 무엇인지를 알리는 것과 동기에도 관여한다. 약물 중독이 일어나면 뇌가 본래부터 찾도록 되어 있는 보상 대신에 코카인이나 다른 종류의 약물로 욕망의 대상이 바뀌게 된다. 이런 관점에서 볼 때, 약물 중독은 하나의 동기장애 혹은 동기질환이다. 글루타메이트 혹은 아세틸콜린 같은 다른 종류의 신경전달물질들이 또한 약물 중독에 관여한다.

7장

뇌는 바뀐다, 아주 오래도록!

"약물을 시작하기 전에는, 난 꽤 괜찮았다. 지금껏 이토록 심한 정신적 부담을 느껴본 적이 한 번도 없었다. 이젠 내가 아무리 발버둥 쳐봤자 나 스스로가 원하는 이 약물로부터 벗어날 수 있을 것 같지 않다. 몇 주간 약물에 손을 안 대고는 있지만, 이런다고 뭐가 달라질까 싶다. 난 늘 약물로 다시 돌아가고 만다."

약물 중독은 왜 이렇게 오래 지속되는 것일까? 약물이 뇌에 강력한 힘을 발휘한다고 해서 그 효과 또한 오래 지속되어야 한다는 것을 의미하지는 않는다. 그러나 그것들은 오래 지속되고 있다! 우리는 이것을 어떻게 연구할 수 있을까?

• • •

약물 사용자의 뇌를 들여다보다

뇌영상 기법brain imaging은 두개골과 뇌 안쪽을 들여다볼 수 있게 하는 매우 강력한 도구로써(그림 7-1 참조), 신경전달 및 약물들과 관련된 여러 가지 수량들을 측정할 수 있도록 해준다. 우리에게 서로 다른 정보를 제공해주는 다양한 형태의 영상 기법들이 있다. 양전자방출단층촬영술PET은[1] 뇌의 특정 부위에서의 포도당 대사량뿐만 아니라, 이를테면 수용체와 같은 특정 단백질의 양과 그 활동 수준을 측정할 수 있다.

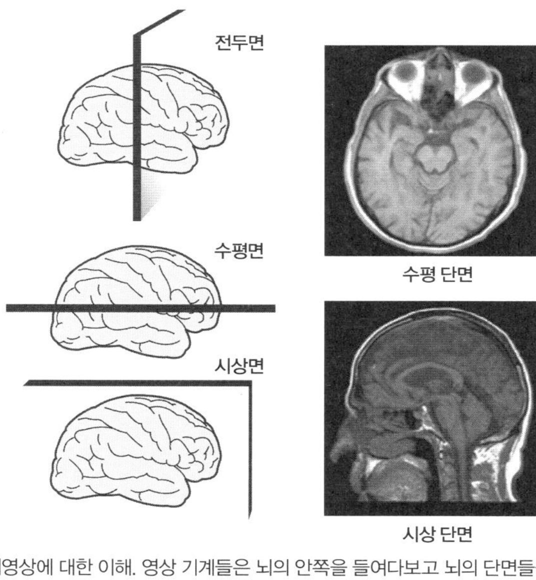

〈그림 7-1〉 뇌영상에 대한 이해. 영상 기계들은 뇌의 안쪽을 들여다보고 뇌의 단면들을 드러낸다. 왼쪽의 그림은 사람의 뇌의 단면을 자르는 세 가지 서로 다른 방법을 보여준다. 경우에 따라 관심 있는 구조들이 한쪽 면에서 혹은 다른 쪽 면에서 더 잘 보일 수가 있다. 뇌영상 도구들은 뇌의 단면을 들여다보고 그것들을 3차원적으로 재구성함으로써 오른쪽 그림에서 볼 수 있는 것처럼 자세한 구조나 기능들을 볼 수 있게 해준다. 오른쪽의 영상은 자기공명영상(MRI)으로 얻은 사진이다. 그림 7-3과 7-4에 나타난 PET 사진들은 뇌의 수평 단면으로 얻은 것이며, 단면 위에 나타난 방사능 분포를 밝혀준다.

양전자방출단층촬영술PET

PET는 몸 안에 있는 어떤 한 가지 방사성 물질의 분포를 3차원 그림으로 보여주는 영상 기법이다. 만일 그 방사성 물질이 선택적으로 어떤 수용체와 결합을 한다면, 방사능의 분포는 그 수용체의 분포와 양을 보여주는 결과가 된다. 만일 방사능이 대사량을 반영한다면, 그 방사능의 분포는 대사가 높거나 활동 중인 영역을 보여주게 된다. PET는 오늘날 사용 가능한 가장 중요한 연구 도구 가운데 하나이다. 이것은 우리 몸의 조직에 상처를 내지 않고도, 중요한 분자들과 그것들의 활동 과정을 위해

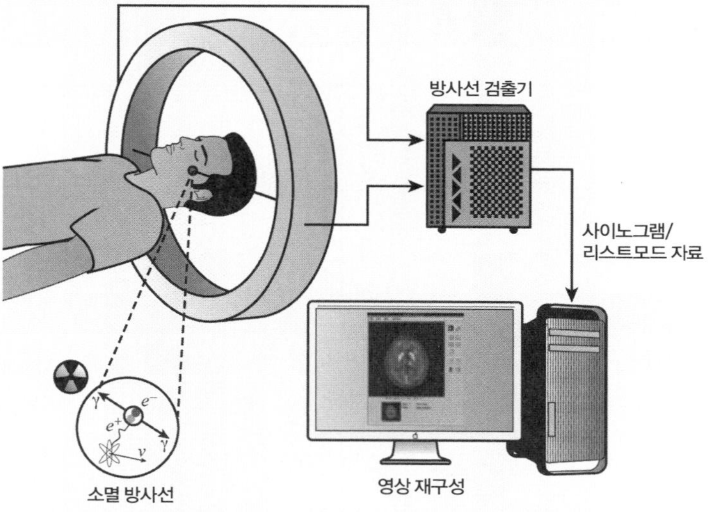

〈그림 7-2〉 PET 스캐닝이 어떻게 작동하는가를 보여주는 그림. 만일 양전자를 방출하며 선택적으로 도파민 D2 수용체와 결합을 할 수 있는 어떤 방사성 물질을 피험자에게 주입한다면, 그 물질은 뇌 안의 D2 수용체 위에 가서 자리를 잡게 될 것이다. 방사성 붕괴에 의해 양전자가 방출되면, 이것들은 전자를 만나면서 서로 소멸된다. 이때 감마선이 발생하게 되는데 피험자의 머리를 둘러싼 고리 모양의 PET 검출기가 이것을 탐지한다. 그리고 이 정보는 컴퓨터로 보내져 방사능 분포-그리고 결국 수용체의 분포-의 위치에 대한 3차원적 영상을 만들게 된다.

몸 안을 들여다볼 수 있게 해준다. PET는 또한 더 많은 정보를 제공하기 위해 CT나 MRI 같은 다른 종류의 강력한 영상 기술들과도 결합될 수 있다.

뇌영상 기술을 이용한 연구를 통해서, 장기간 약물을 사용하면 뇌 화학과 뇌 기능에 오랫동안 지속되는 변화가 일어난다는 것을 알게 되었다. 예를 들어, 약물 사용자의 뇌에는 도파민 D2 수용체의 양이 감소된 것으로 나타났는데, 이러한 결과는 코카인, 메스암페타민, 알코올, 헤로인의 경우에 모두 동일하게 나타났다. 중독 환자가 코카인 혹은 다른 종류의 약물을 중단하더라도, 줄어들었던 D2 수용체의 수준이 금방 정상인의 수준으로 올라가지는 않는다(그림 7-3 참조). 사실 몇몇 연구에서 사실로 증명이 된 것처럼 D2 수용체의 수준은 약물을 중단하더라도 수개월 동안 그대로 줄어든 채로 남아 있다. 이처럼 수용체의 수준이 낮게 유지된다는 것은 이 환자들의 경우 도파민 시스템이 작동하지 않거나 정상 이하로 작동하고 있음을 의미한다.

또 다른 연구에서는 낮은 수준의 D2 수용체가 비만인 사람들에게서도 발견되었는데, 이러한 결과는 다시 한 번 약물뿐만 아니라 섭식과 같은 자연보상natural rewards에서의 도파민의 중요성을 말해주며, 약물이 자연보상의 회로에 끼어들었음을 말해준다. 이와 같은 결과들은 낮은 수준의 도파민 D2 수용체가 약물 사용에 대한 취약성이 증가된 것을 보여주는 하나의 지표로 사용될 수 있음을 제시해주며, 아마도 이것은 비단 약물뿐만 아니라 다른 종류의 중독 행동에 대해서도 마찬가

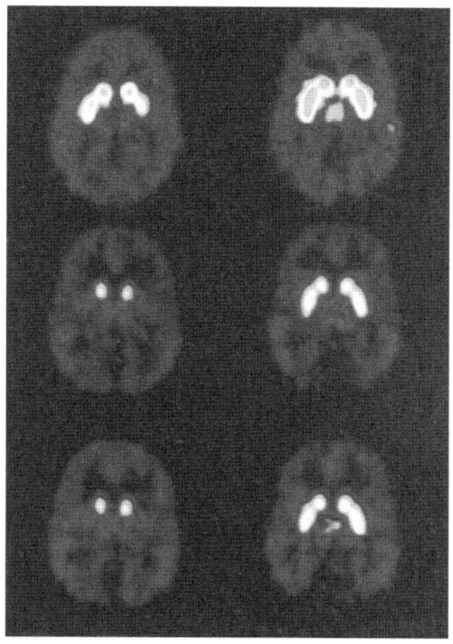

〈그림 7–3〉 정상인(위), 한 달 동안 코카인을 하지 않은 코카인 사용자(가운데), 넉 달 동안 코카인을 하지 않은 코카인 사용자(아래)의 뇌에서 관찰한 도파민 D2 수용체의 수준 변화. 가로로 동일선상에 있는 두 개의 뇌 단면은 동일한 사람으로부터 얻은 것이다. 사진에서 하얗게 보이는 부분은 D2 수용체의 분포를 나타낸다. 따라서 하얀 표시 영역이 넓을수록 그 부위에 수용체가 많이 있음을 의미한다. 예를 들어 오른쪽에 위치한 3개의 뇌 단면을 비교해보자. 맨 위의 정상인의 뇌 단면 사진에서 가장 많은 수용체를 볼 수 있다. 가운데 사진은 그 위의 사진에 비해 수용체의 양이 매우 줄어 있다. 아래 사진은 가운데 사진보다는 수용체의 양이 증가되어 보이지만, 코카인 사용을 중단한 지 4개월이나 지났음에도 불구하고 여전히 정상 수준으로 회복되지 않았음을 알 수 있다. 여기에 나와 있는 사진들은 D2 도파민 수용체의 PET 스캔으로부터 얻은 것이며, 저자가 속해 있는 연구팀에 의해 처음으로 수행되었다.

지일 것이다.

수용체의 변화가 이처럼 오래 지속된다는 사실—아마도 많은 다른 종류의 단백질도 마찬가지일 것이다—은 중독 환자들의 뇌 또한 오랫동안 다르게 기능한다는 것을 의미한다.[2] 실제로 뇌영상 연구는 단백질 수준의 변화뿐만 아니라, 뇌 기능의 변화도 오랫동안 지속된다는 것을 보여준다. 그림 7–4는 오랜 기간 코카인을 섭취할 경우 뇌 기능의 한 측정 방법이기도 한 에너지 신진대사에서 상당히 의미 있는 수

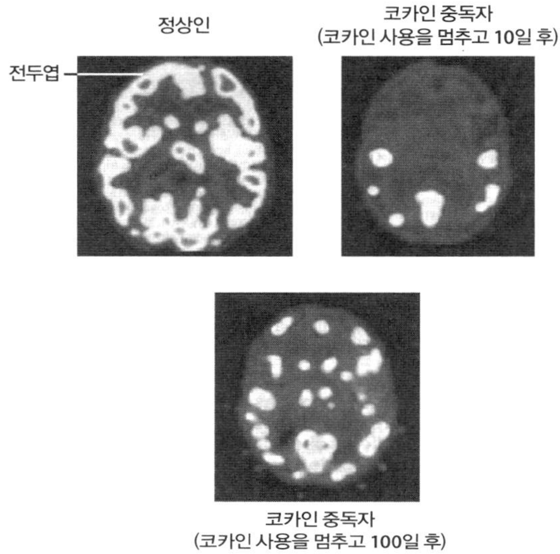

〈그림 7-4〉 몇 달간 코카인 사용을 중단한 코카인 남용자의 경우 에너지 신진대사가 바뀐다. 하얗게 보이는 부분이 신진대사가 더 활발히 일어나는 부분이다. 전두엽에서의 변화가 특히 눈에 띄는데, 이 부분은 충동(impulse)을 조절한다. 이 연구는 방사성 물질이 붙어 있는 포도당을 주사하고 난 후에 PET 스캔을 사용하여 수행했다. 방사능이 높은 부위가 신진대사와 신경 활동이 활발한 부위이다.

준으로 변화가 일어남을 보여준다. 그림에서 밝게 표시된 부분이 에너지 신진대사의 수준을 나타내는데, 코카인을 각각 10일째, 100일째 섭취하지 않은 코카인 사용자와 정상인을 비교해봤을 때, 100일이나 지났음에도 불구하고 코카인 사용자의 뇌가 정상인 수준으로 돌아오지 않는 것이 분명하게 관찰되었다.

많은 연구자들이 동물에게 약물을 투여하고 난 후에 도파민 수용체와 수송체의 변화를 찾아냈다. 이러한 연구들은 1970년대 말 당시 존스홉킨스 의과대학에 있던 나의 연구실에서 개발한 '수용체의 생체 외 표식 자기방사법in vitro labelling autoradiography of receptors'이라는 또 다른 발전적인 기술을 종종 사용했다.[3] 서로 다른 기술을 사용하거나, 서로 다른 종species에게서, 서로 다른 접근 방법으로도 동일한 결과가 나오게 될 때, 그 결과에 대한 신뢰도는 훨씬 더 높아진다.

왜 그렇게 회복이 느린 것인가?

이것은 흥미로운 질문이지만, 그에 대한 대답은 아직 없다. 보통 단백질이 많으면 그만큼 기능이 많고, 단백질이 적으면 그만큼 기능이 적다. 어느 부위에서 단백질의 변화가 나타났다는 것은 그곳에서 약물의 효과가 발생했음을 의미한다. 이렇듯 단백질의 수준과 양을 안다는 것은 그 자체만으로 흥미로울 뿐 아니라 다른 정보도 얻을 수 있게 해준다. 단백질의 변화는 어떻게 일어나는가? 뇌 혹은 신체의 어느 기관이나 주어진 단백질의 수준과 양은 명백히 그 단백질의 합성 속도와 분해 속도의 균형에 의해 결정된다. 합성이 증가하거나 분해가 감소하면, 혹은 이 두 개가 동시에 일어날 때 단백질 양은 증가한다. 모든 단백질은 몸 안에서 사용되고 닳아서, 나중에는 새로이 합성된 단백질로 바뀌게 되는 '교체turn over'가 이루어진다.[4] 이것을 보다 더 시각적인 방법으로 생각해보자. 만일 우리가 어떤 주어진 순간에 뇌 안의 모든 단백질 분자들에 하나의 자그마한 깃발을 꽂아서 표식을 한다고 하면, 우리는 이 교체를 쉽게 눈으로 관찰할 수 있을 것이다. 왜냐하면 새로이 합성되어 교체가 이루어진 단백질들만 깃발이 없을 것이기 때문이다. 이런 식으로 할 때, 깃발을 꽂아둔 전체 단백질 가운데 절반이 새로운 단백질들로 교체되는 데 걸리는 시간을 반감기half-life라고 부른다. 모든 단백질들은 일정한 합성 속도와 분해 속도를 갖고 있고, 약물은 이것들을 변화시킬 수 있다.

하나의 단백질이 합성과 분해에 변화를 겪고 난 후, 새로운 수준에 도달하는 데 걸리는 시간은 합성과 분해에서 나타나는 변화의 속도에 달려 있다. 예를 들어, 자신의 수준을 더 빨리 증가시키는 단백질들은 더 빨리 합성이 이루어지거나 아니면 더 천천히 분해가 이루어지거나, 혹은 둘 다일 수도 있다. 이것은 흥미로운 이야기인데, 왜냐하면 과학자들은 단백질 합성과 분해에 대하여 무언가를 알고 있다고 생각하고 있고, 그렇기 때문에 뇌 안에서 어떤 종류의 단백질들의 변화가 왜 그렇게 오랫동안 지속될 수 있는지에 대하여 어떤 아이디어를 가지고 있다고 생각하기 때문이다. 더 나아가, 그리고 중요하게도, 과학자들이 중독 환자들의 뇌 안에서 단백질 수준의 변화가 빠르게 일어날 수 있도록 조건을 만들어줌으로써, 환자들이 회복되는 데 걸리는 시간을 단축시켜 줄 수 있는 그런 가치 있는 실험이 가능한지의 여부를 조사해 볼 수가 있다. 예를 들어, 실험 결과가 보여주듯이, 만일 중독 환자들에게 도파민 D2 수용체 수준의 변화가 느리게 일어난다면, 그것들의 합성 속도는 아마도 분해되는 속도에 비하여 상대적으로 느릴 것이다. 그렇다면 이제 우리는 가령 새롭게 개발된 치료용 약물에 의해 이런 단백질의 합성 혹은 분해의 속도를 조절할 수 있는지에 대한 생각을 해 볼 수 있다. 만일 우리가 D2 수용체의 수준을 더 빨리 정상화시킬 수 있다면, 이것이 중독 환자들이 더 빨리 회복되도록 돕는 결과가 될까? 이 말은 매우 솔깃하게 들리긴 하지만, 현재 우리가 가지고 있는 단백질 생화학 기술들은 아직까지 D2 수용체와 같이 하나의 단백질을 선택적으로 골라서 그것의 합성 혹은 분해 속도에 변화를 줄 수 있는 치료용 약물을 만들어낼 정도로 충분히 발전되지는 않았다. 그러나 뇌에서 무엇이 D2 수용체의 수준을 조절하는지에 대한 일반적인 아이디어를 갖고 있는 것은 매우 유용하며, 언젠가는 이런 아이디어가 미래의 연구에 도움을 줄 수도 있을 것이다. 하지만 이러한 합성과 분해에 대한 일반적인 답변만으로는 충분하지 않다. 우리는 왜 뇌의 특정 변화들이 그렇게 오래 지속되는지에 대하여 더 많은 답변을 찾아야 할 필요가 있다.

이 질문에는 다른 종류의 가능한 답변들이 있다. 단백질 합성의 속도에 궁극적으로 영향을 미치며, 약물에 의해 바뀔 수 있는, 유전자 발현이 약물에 의해 오랫동안 바뀌었을 수 있다. 이와 같은 유전자 발현의 변화는, 후성유전학적 변화 때문이거나 혹은 전사인자의 수준에서 오랜 기간에 걸쳐 일어난 지속적인 변화 때문일 수도 있다(5장 참조).

그래서 우리는 무엇을 할 수 있으며, 어떻게 이것이 약물 사용자를 도와주는가?

약물이 뇌를 오랫동안 변화시킨다는 발견은 이 분야에서 가장 중요한 발견 중의 하나이다. 비록 우리가 아직은 어떻게 뇌를 처치하여 정상 상태로 보다 빨리 돌아갈 수 있게 해주거나 혹은 그러한 변화를 어떻게 예방할 수 있을지에 대한 방법조차 모르고 있긴 하지만, 이런 발견은 여러 가지 측면에서 커다란 영향력을 가지고 있다. 첫째, 이것은 우리에게 기초적이고 원리적인 측면에서 약물 중독의 문제를 이해하도록 도움을 준다. 변화의 기간은 왜 약물 중독이 만성적으로 보이는지를 설명해주며, 이러한 사실에 대한 이해의 부족이 재발relapse에 기여하는 것으로 여겨진다. 둘째, 이것은 연구 실험실에서 다뤄야 할 중요한 문제가 무엇인지를 드러내준다. 즉, 정확히 어떤 변화가 어떻게 일어나는지, 그리고 어떻게 그것들을 막거나 되돌릴 수 있는지 하는 질문들이다. 만일 우리가 중독의 기저를 이루고 있는 뇌의 과정을 막거나 되돌릴 수 있다면, 우리는 중독 환자를 보다 더 잘 치료할 수 있을 것이다. 셋째, 단지 뇌가 상당히 오랫동안 변화되었다는 것을 아는 것만으로도 중독 환자들은 회복이 수개월이 지나야 하는 느린 과정임을 받아들이고, 그에 맞는 노력과 협조를 할 수 있다. 만일 그들이 약을 중단하고 나서도 상당히 오랫동안 약물 혹은 그와 연관된 자극들에 취약할 수 있음을 안다면, 이 위험한 기간 동안에 그들은 좀 더 주의를 하게 되고 약물로부터 멀리 떨어져 있게 될 것이다. 넷째, 중독 환자를 돕는 주변의 가족, 친구, 그리고 치료 제공자들도 이제 재발에 대한 취약함이 수개월가량 지속됨을 알게 될 것이고, 중독 환자들은 또한 자연스럽게 보다 오랜 기간 동안 그들의 도움을 필요로 하게 될 것이다. 장기간의 도움을 제공하는 새로운 치료 프로그램이 필요하게 될지도 모른다. 다섯째, 치료와 치료에 드는 비용 관계를 조절하는 법률 및 정책 입안자들도 이제 이러한 뇌장애(혹은 뇌질환)가 오랜 기간 지속된다는 것을 알게 될 것이다. 만일 어떤 감염으로 몸속에 생겨난 병균을 박멸하는 데 7일이 걸린다면, 여러분은 보험회사에 단지 하루 동안의 항생제 사용을 위한 요금 상환을 요청하겠는가? 물론 아닐 것이다. 그리고 효과적인 모든 장기 치료가 비쌀 필요는 없기를 바랄 것이다. 여러분이 이해할 수 있는 것처럼, 중독의 장기적인 효과를 이해하고 다루는 것은 여러 방면의 사람들에게 도전이 되고 있다!

뇌는 과연 정상으로 되돌아갈 수 있는 것일까?

중독 환자의 뇌는 다시 정상으로 돌아갈 수 있을까? 이것은 이 분야에서 가장 중요한 질문 중의 하나이다. 어떤 이는 약물에 의해 바뀌게 된 것 중에 적어도 몇 가지는 영구히 지속될 거라고 믿는다. 이것이 사실이라면 치료에도 영향을 미칠 것이다. 비록 여전히 증거를 축적하고 있는 중이지만, 우리가 조사해볼 수 있는 몇 가지 발견들이 있다. 미국의 알코올중독자협회Alcohol Anonymous와 마약중독자협회Narcotics Anonymous에서 사용하는 '12단계 프로그램Twelve-step program'은 중독 환자들이 만성 질환 및 만성적 취약성을 갖고 있다고 가정하고 있다. 이러한 가정을 통해서, 이들 프로그램에서는 중독은 결코 고쳐지지는 않지만, 약물을 피함으로써 치료될 수는 있다고 제안한다. 이것은 아마도 치료에 대한 가장 안전한 접근 방법일 것이다. 이들 프로그램들은 실제적인 절차들을 담고 있는 하나의 효과적인 실적을 갖고 있다. 아마도 어떤 뇌는 완전히 되돌릴 수는 없는 만성적 취약성을 가지고 있을 것이며, 다른 어떤 뇌는 치료에 의해 바뀔 수 있을지도 모른다. 좀 더 정보를 갖춘 상태에서 이 질문을 토의하기 위해서는 더 많은 연구가 필요하다.

웨이크포레스트 대학의 마이클 네이더Michael Nader 박사와 그의 동료들이 행한 한 가지 흥미로운 연구는 다섯 마리의 원숭이 뇌에서 도파민 D2 수용체의 회복을 관찰하는 것이었다.[5] 동물들이 어느 정도의 기간 동안 코카인을 자가투여하면, D2 수용체의 수준이 예상할 수 있는 것처럼 떨어지게 된다(D2 수준의 감소는 약물을 섭취하는 경향을 반영한다). 이런 상태에서 이제 코카인 투여를 중단하고 12개월 동안 수용체의 수준을 조사해보았다. 세 마리는 3개월이 되었을 때 수용체의 수준이 정상으로 돌아갔다(이것은 사람의 경우에서 나타나는 것보다 더 빠른 것처럼 보인다). 그러나 다른 두 마리에서는 12개월이 지났음에도 회복이 되지 않았다! 즉, 원숭이의 경우 개인차가 존재하고, 그 결과 어떤 원숭이는 정상으로 돌아갔지만 또 어떤 원숭이는 그렇지 못했다. 사람도 이와 동일하다. 약물 사용자 간에 개인차가 있다는 사실이 중요하다는 것은 오랫동안 주목받아왔다. 이러한 연구 결과들을 토대로, 모든 약물 사용자가 동일하지 않으며, 따라서 치료 또한 개인차를 고려하여 유연하게 진행되어야만 한다는 것을 알 수 있을 것이다.

여기에 나 자신의 경험담 하나를 소개하겠다. 젊은 시절 나는 수년간 담배를 피웠다. 그러던 어느 날 친척 중의 한 분이 폐암으로 세상을 떠나자, 나는 담배를 끊기로 결심했다. 그런데 나 자신이 스스로도 많이 놀랐을 정도로(지금 생각해보면 그리 놀랄 일이 아니지만) 난 오랫동안 담배를 갈망했었다! 담배를 끊고 난 후 처음 6개월보다 그 다음 6개월 동안 담배를 더 간절히 원했다(적어도 그때는 그렇게 느꼈다). 특히 다른 사람이 식사 후에 담배를 피울 때 나도 따라서 담배를 피우고 싶은 마음이 굴뚝같았는데, 그때가 흡연에 빠져 있던 시기의 내가 담배를 가장 즐기던 시간이었기 때문이다. 때때로 나는 다른 사람이 담뱃불을 켜는 사소한 행동에도 영향을 받지 않고자 자리에서 일어나 식사 테이블을 벗어나기도 했다. 일 년 정도의 시간이 흐른 후, 담배에 대한 갈망이 줄어들기 시작했고, 약 일 년 반 뒤에는 나는 담배에 대한 갈망을 전혀 느끼지 않게 되었다. 수년이 지난 지금 담배는 나의 목과 가슴을 귀찮게 하고 기침을 하게 만든다. 나는 이제 담배 중독으로부터 완전히 벗어났다고 생각한다. 이런 나의 경험 때문에, 나는 중독은 고쳐질 수 있다고 생각한다(적어도 나의 경우에는 그랬다). 물론 언제든지 나의 담배 중독을 재발하도록 만들 수 있는 어떤 변화의 찌꺼기들이 나의 뇌 안에 전혀 남아 있지 않다고 장담할 수는 없다. 하지만 설령 어떤 영속적인 변화가 나의 뇌 안에 남아 있다 하더라도, 그것은 이제 더 이상 영향력이 없어 보인다. 여기서 한 가지 짚고 넘어가야 할 것은, 나의 개인적인 일화가 결코 많은 약물 사용자들이 더 오랜 기간 동안 갈망 증세를 보일 수 있다는 사실과 혹은 끝내 약물 섭취를 중단하지 못할 수도 있다는 사실에 대한 중요성을 축소시키지는 않는다는 것이다.

focus

약물은 뇌의 생화학적 구성을 오랫동안 변화시키고, 그 변화는 약물 섭취를 중단한 뒤에도 오래 지속된다. 이것은 왜 약물 중독이 만성적이고 재발성이 높은 질환인지를 설명해줄 것이다. 실험실의 연구를 통해서 알게 된 내용—약물이 우리 뇌 안에서 기능적으로 중요한 단백질들의 수준을 변화시킨다는 사실—은 오랫동안 지속되는 중독 현상을 이해하는 데 도움을 줄 수 있다. 약물들이 사용하는 메커니즘에는 후성유전학적인 변화와 다른 종류의 유전자 발현의 변화가 포함될 수 있다. 하지만 이러한 제한적 이해는 앞으로 이 분야에의 눈에 띄는 성과를 필요로 한다. 뇌가 오랫동안 변화의 상태를 유지한다는 깨달음은 치료의 방법을 개발하고 전달하려는 우리의 목표와 방법들에 큰 영향력으로 작용할 수 있다. 변화가 지속되는 기간은 약물 사용자 간에 서로 다를 수 있기 때문에, 약물 사용자가 중독으로부터 벗어나 회복되게 하는 데 개인별 맞춤형 치료 프로그램이 도움이 될 수 있다.

3부

우리는 무엇에 중독되는가?

8장

누구나 중독자가 될 수 있다

"의사 선생님, 왜 저여야 했을까요? 왜 수많은 사람들 가운데 하필 제가 약물의 갈고리에 걸려든 것일까요? 어쩌다가 저에게 이런 문제들이 생겨난 것일까요? 아마도 저는 나쁜 씨앗으로부터……."

이러한 대화는 약물 사용자들과 그들의 담당 의사들 사이에 흔한 것일 수 있다. 왜 누군가가 약물 사용자가 되는지에 대하여 이해를 하는 것은 복잡하면서도 중요한 문제이다.

• • •

"취약성" – 누가 약물을 섭취하게 될 것인가?

약물 사용자들은 다양한 개인들로 구성된 집단이며, 약물 남용은 일반적으로 복잡한 과정이다. 여기서 던질 수 있는 핵심 질문들은 다음과 같다: 약물 사용자 개개인들에게서 나타나는 특징들 가운데 어떤 공통분모를 찾을 수 있을까? 가까운 미래에 중독자가 되거나 그렇게 될 위험에 놓여 있는 개인이나 집단을 식별해낼 수 있을까? 만약 그렇게 할 수 있다면, 그런 사람들만을 대상으로 예방법과 치료법을 개발하면 될 것이기 때문에, 그것은 꽤 근사한 일이다. 그러면 이들 집단만 겨냥하면 되므로 많은 비용을 절약할 수 있을 것이고, 연구자들의 노력이 포괄적으로 넓게 퍼지기보다 구체적인 연구 대상에게로 초점이 모아질 수 있으므로 보다 효과적인 연구가 이루어질 수 있게 될 것이다.

실제로 약물 비사용자 집단에 비해 약물 사용자 집단에서 흔하게 발견되는 요인들이 일부 밝혀졌다. 즉, 이들 요인들이 약물 사용자로 발전하게 하는 취약성vulnerability의 원인이 된다. 하지만 아직 우리는 취약성에 근거하여 누가 중독자가 될지 정확하게 예측하지는 못한다. 즉, 우리가 사용할 수 있는 어떤 수학 공식 같은 것은 없다! 취약성의 연구는 어떤 사람이 약물 사용자가 될지에 대한 일종의 확률을 제공할 뿐이다. 일반적으로 어떤 사람이 취약성으로 분류되는 요인들을 더 많이 갖고 있을수록, 그 사람이 중독자가 될 가능성이 높아진다고 말할 수 있다. 여기서 다시 한 번 말하건대, 이것은 어디까지나 확률의 문제일 뿐 반드시 그렇다는 것은 아니다. 그렇다고 해도 취약성 요인을 가지고 있는 사람들은 자신이 언젠가 약물에 묶이는 것을 피하려면 앞으로 무엇을 해야 할지 파악해둘 필요는 있고, 따라서 이번 장의 주제가 흥미롭게 느껴질 것이다. 많은 사람들에게 있어서 이런 사실에 직면한다는 것은 두려운 일일 수 있다. 하지만 취약성을 이해하는 것은 약물 사용을 예방하고 보통의 건강한 사람이 되고자 하는 최선의 방법 가운데 하나이다.

취약성을 만드는 요인들

취약성에 기여하는 많은 요인들이 있지만(표 8-1 참조), 몇 가지 결정적인 것만 이야기하겠다. 첫 번째는 다음과 같은 중요한 쟁점들을 다루는 생물학적 요인들이다: 예를 들어, 그것이 나의 유전자 안에 있는 것일까? 그렇다면 내가 무엇을 하든 상관없이 나는 약물 사용자가 되고 마는 것일까?

〈표 8-1〉 약물 사용에 대한 취약성을 결정하는 몇 가지 요인들의 상호작용

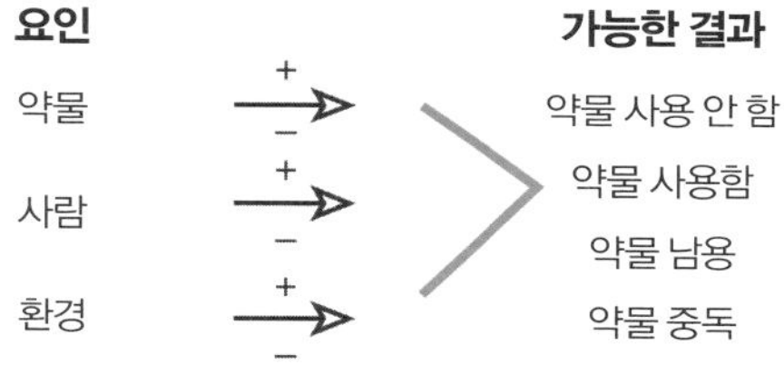

약물 사용자가 되는 데 있어 중요한 세 가지 요인에 대해서 생각해보자. 첫째, 약물이 있다. 그것은 중독성이 있을 수도 없을 수도 있지만(표 8-1에서 + 혹은 −로 표시), 이 책에서는 중독성 물질을 지칭하기로 1장에서 밝혔다. 둘째, 약물 섭취를 지지하거나 지지하지 않는 성향을 나타내는(마찬가지로 + 혹은 −로 표시) 유전적 토대이다. 셋째, 환경의 복잡성이 있는데, 그 안에는 약물 섭취를 지지하거나 혹은 지지하지 않는 여러 요인들이 포함되어 있다. 따라서 약물 사용에 대한 취약성은 각각의 요인에 따라서, 그리고 그 요인들이 어떻게 합쳐지거나 상

호작용을 하는가에 따라서 높거나 낮게 된다. 표의 오른쪽은 나올 수 있는 가능한 결과들의 범위를 보여준다. 치료는 이들 모든 요인들을 함께 고려해야만 한다.

우리의 유전자와 단백질들

어떤 사람이 처음으로 약물을 접하고 난 후, 앞으로 그 사람이 약물 중독자가 될지의 여부를 결정하는 데 있어서 그 사람이 가지고 있는 생물학적 구성makeup이 중요한 역할을 한다. 한 사람의 생물학적 구성은 유전자에 의해 결정되기 때문에, 연구의 초점이 약물 중독에 관여하는 유전자에 맞춰져왔다. 유전자에 대한 연구는 지난 20여 년간 기하급수적으로 발전했다. 이런 연구의 상당 부분은 우리가 가진 돌연변이를 찾는 데 주력하고 있는데, 이것들은 감탄스러울 만큼 놀라운 기술인 고속대량스크리닝high-throughput에 의해 식별될 수 있다.

유전자 추적

유전자와 돌연변이에 대한 이해는 중독과 다른 질환까지 유전학적 연구가 어떻게 수행되어졌는가에 대한 평가를 달리하게 한다.

과거 우리의 조상들을 상상해보자. 시간을 거슬러 올라갈수록 많은 조상들이 존재했음을 알게 될 것이다. 시간이 지나면서 여러 유전자에 돌연변이들이 나타나게 되고, 만일 그것들이 생명에 치명적인 것이 아니라면, 세대를 거치면서 후손들에게 전해지게 된다. 어떤 돌연변이들은 그저

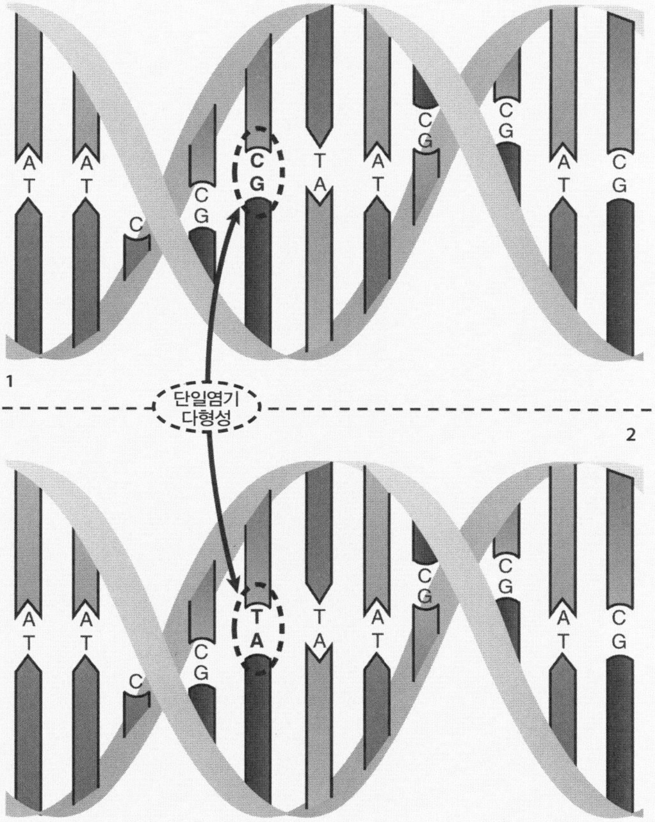

〈그림 8-1〉 유전 연구에서 널리 사용되는 대표적인 유전자 표식은 단일염기다형성(SNP, single nucleotide polymorphism)이다. 유전자는 뉴클레오타이드(nucleotide)라고 부르는 분자 단위가 길게 연결된 사슬(string)로 구성되어 있다. 뉴클레오타이드는 네 가지 모습으로 존재하는데, 그것들은 하부 단위인 염기만 다를 뿐이다. 각각의 뉴클레오타이드는 자신이 지닌 염기에 따라서 이름이 붙여진다: 아데닌(A, adenine), 티민(T, thymine), 사이토신(C, cytosine), 구아닌(G, guanine). 사람의 게놈을 들여다보면, 특정 유전자를 구성하는 뉴클레오타이드 사슬은 많은 경우에 있어서 모든 사람에게 동일하게 나타난다. 만일 DNA 가닥의 어느 한 부분을 뚝 떼서 한쪽 끝에서부터 순서대로 뉴클레오타이드 사슬을 읽으면, 예컨대 AAGGGATCCAC 같은 식으로 모든 사람에게서 해당 부위의 염기서열이 동일하게 읽힌다. 하지만 사람에 따라 어떤 유전자는 뉴클레오타이드 사슬 가운데 일부가 다른 사람들과 똑같지 않은 경우가 발견되기도 한다. 앞서 예를 든 염기서열에서 왼쪽에서 다섯 번째 염기가 G에서 A로 바뀌어 AAGGAATCCAC를 가진 사람도 있다는 얘기다. 이와 같은 변이를 단일염기다형성이라고 한다.

미미해서 어떤 기능적 효과도 나타나지 않을 수 있고, 어떤 돌연변이들은 기능을 감소시킬 정도는 되나 치명적이지는 않을 수도 있다. 바로 이 치명적이지 않은 돌연변이들이 아래 세대로 이어져 내려오게 되고—여기가 결정적인 부분이다—그것들은 유전의 표식으로서 발견될 수 있다. 바꾸어 말하면, 만일 한 그룹의 사람들이 다른 집단에서는 발견되지 않는 동일한 형태의 돌연변이 유전자를 가지고 있다면, 그 그룹의 구성원들은 하나의 공통 조상을 공유했을 확률이 높다. 그들은 동일한 돌연변이 유전자를 공유하므로 그 돌연변이 유전자가 나타내는 효과도 공유하게 된다. 예를 들어 어떤 종류의 약물을 다른 사람들보다 약간 더 좋아하게 된다든지(혹은 취약성이 증가한다든지) 하는 것이다. 그림 8-1은 잘 알려진 이중나선 모양의 DNA를 보여준다.

미국 국립약물남용연구소NIDA, National Institute on Drug Abuse의 조지 얼George Uhl 박사와 그의 동료들은 강력한 영향력을 행사할 수 있는 연구를 수행했다. 그들은 '전장유전체연관분석GWAS, Genome-Wide Association Studies'이라는 방법을 사용하여, 약물 사용자 그룹의 유전자들을 약물 비사용자(혹은 소량의 약물 사용자) 그룹과 비교했다. 이들 집단에서의 유전자들을 비교 조사한 후, 89개의 유전자가 약물 사용과 연관이 있음을 발견했다. 이 연구를 주도한 얼 박사는, "하나의 결손된 유전자가 원인이 되는 낭포성 섬유증cystic fibrosis과는 달리 중독이나 몇 가지 복잡한 질환의 경우에는, 그 질환을 만들어내기 위해서 서로 다른 많은 유전자들이 환경적 요인과 함께 활동해야만 한다.

어떤 한 개의 유전자도 그 자체만으로 커다란 효과를 낼 가능성이 적다: 문제를 만들어내는 것은 여러 유전자들로부터 오는 효과들의 조합이다"라고 설명했다.[1] 89개의 유전자 가운데 상당수는 기억 형성, 수용체, 그리고 신경세포 간의 접착과 연관된 것으로 알려졌다. 그런 종류의 유전자들이 약물 의존성과 관련이 있을 것이라는 생각은 일리가 있다. 왜냐하면 그것들은 뇌 안에서 생화학적 그리고 기능적인 변화들을 만들어내기 때문이다.

전장유전체연관분석GWAS[2]

전장유전체연관분석은 어떤 특성이나 질환과 연관된 유전자를 식별하는 데 사용하는 매우 강력한 연구 방법이다. 보통 관심의 대상이 되는 특성(예를 들면, 약물 섭취 같은)을 가지고 있는 실험 집단과 그러한 특성을 가지고 있지 않은 대조 집단이 사용된다. 그리고 집단 내의 모든 개체가 가지고 있는 모든 유전자들이 분석되고, 집단 내의 유전자 표식이 나타나는 빈도를 비교하게 된다. 이때 사용되는 유전자 표식을 단일염기다형성SNP이라고 부르며, 상대적으로 빠르고 컴퓨터와 접목된 기술을 통해 대략 3만 개에 달하는 사람의 유전자 가운데 나타나는 수십만 개 가량의 많은 SNP를 들여다볼 수 있다.

SNP와 같은 변이는 유전자가 기능하는 데 있어서 차이를 만들 수도 만들지 않을 수도 있다. 예를 들어, 동일한 모델의 두 대의 자동차가 있다고 가정하자. 이들이 서로 색깔이 다르다면, 이들 간의 기능의 차이는 없다.

하지만 크기가 서로 매우 다른 엔진을 가지고 있다면, 이들 간의 기능은 다를 것이다. 마찬가지로 SNP도 반드시 기능적으로 영향을 미치지 않을 수도 있다(자동차의 예에서 단지 색깔이 다른 것처럼). 하지만 그것들은 특정한 유전자의 유전성을 연구하는 데 있어서 좋은 표식이 된다. 과학자들은 유전자와 약물 중독의 취약성과 같은 중요한 특성 사이의 연관성을 발견하기 위해 SNP 변이를 이용할 수 있다. 예를 들어, 특정 SNP가 중독자가 아닌 사람들에 비해 약물 중독자들에게서 더 많이 나타난다면, 그 SNP를 갖고 있는 유전자는 약물 중독과 연관이 있다고, 그리고 아마도 부분적으로 원인을 제공한다고 말할 수 있다.

니코틴 중독의 취약성과 연관 있는 유전자에 대한 흥미로운 새로운 발견이 있다. 잘 알려진 것처럼, 니코틴은 뇌에서 아세틸콜린 수용체를 자극함으로써 작용을 하는데, 이와 같이 니코틴에 반응하는 아세틸콜린 수용체를 니코틴성 아세틸콜린 수용체라고 부른다.(아세틸콜린 수용체는 크게 두 가지 형태로 나뉘는데, 그중 하나는 니코틴에 반응하는 니코틴성이고, 다른 하나는 무스카린muscarine에 반응하여 무스카린성이라고 부른다. —옮긴이) 니코틴성 수용체는 하나의 하부 단위를 이루는 다섯 개의 분리된 단백질들이 다발을 이루듯이 모여서 전체적으로 하나의 기능을 하는 수용체를 형성한다(그림 8-2 참조). 이들 하부 단위의 단백질들이 어떤 조합을 이루는가에 따라서 다양한 형태의 니코틴성 수용체의 아형들이 만들어진다. 연구를 통해서 밝혀진 바에 의하면, 놀랍게도 실제로는 다섯 개 이상의 하부 단위 단백질들이 있지만, 하나의 수용체를 이

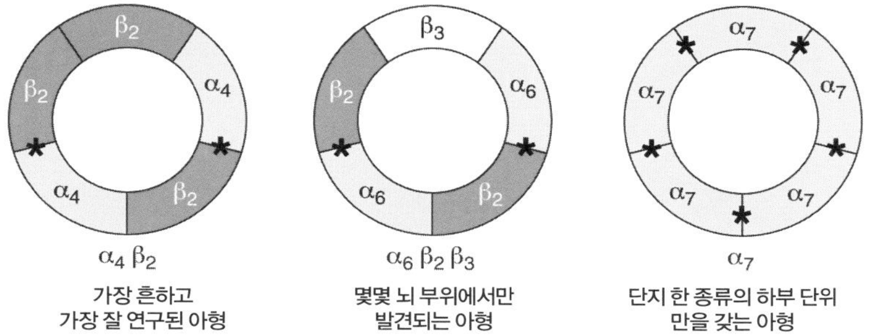

〈그림 8–2〉 니코틴은 신경전달물질의 하나인 아세틸콜린 수용체에 가서 작용한다. 이들 니코틴성 아세틸콜린 수용체는 이온통로의 역할을 하는 수용체인데, 여기 나와 있는 그림은 위에서 본 그림이다(이와 비슷한 수용체를 옆에서 본 그림은 4–2를 참조). 이들 니코틴성 수용체는 하나의 하부 단위를 이루는 다섯 개의 서로 분리된 단백질들이 다발을 이루듯이 모여서, 가운데 구멍을 중심으로 원을 이룬다. 아세틸콜린이나 니코틴이 수용체와 결합하게 되면(그림에서 별 표시를 한 부분), 수용체 가운데의 구멍을 통해서 이온들이 시냅스후 신경세포 속으로 들어가게 된다. 수용체들은 다양한 하부 단위의 단백질들로 조합을 이룬 구성을 통해 다양한 아형을 만들어낸다. 그림에 보이는 것은 그중 몇 가지 아형이다. 서로 다른 아형의 수용체는 기능 또한 다르고 담배 피우기 행동에 대한 서로 다른 수준의 취약성을 제공한다.

루기 위해 그중 다섯 개만이 사용되고 있었다. 서로 다른 니코틴성 수용체가 서로 다른 하부 단위의 구성을 가지고 있으면, 그 수용체의 기능도 다르게 되는데, 사람들은 자신의 부모로부터 각각 다른 하부 단위 구성으로 이루어진 수용체를 유전으로 물려받게 된다.

자, 흥미로운 부분은 이제부터다. 여러 가지 니코틴성 수용체의 다양한 하부 단위 단백질들이 흡연의 어떤 측면들과 관련 있는지에 대한 연구 결과가 있다(표 8–2 참조). 이런 연구야말로 중독에 관여하는 분자들에 대한 실질적인 이해를 가능하게 해주며, 궁극적으로 중독 환자들을 위한 치료제의 개선을 가능하게 해준다. 다시 말하지만, 뇌는 복잡한 기관이므로 단지 누군가가 하나의 '나쁜' 아형을 가지고 있다고 해서 그 사람이 반드시 중독될 것을 의미하지는 않는다. 그러나 그 사

〈표 8-2〉 니코틴 중독과 연관된 유전자 집단

흡연의 다양한 측면	하부 단위
가장 초기의 흡연으로 인한 어지럼증	β3
초기의 흡연에서 얻는 쾌감	α5
초기 흡연자 가운데 증가된 담배 의존성의 위험성	α5
폐암과 말초동맥질환	α3

유전학적 연구는 오늘날 놀랍도록 세련되게 발전했고, 서로 다른 많은 수용체의 하부 단위들을 흡연의 여러 측면과 연관시키는 데 성공했다. 여기에 나와 있는 것과 같은 발견은 신약을 개발하려는 연구자들의 노력에 길잡이 역할을 해줄 수 있고, 언젠가는 약물 중독에 대하여 충분한 이해를 갖게 되어 약물 사용자들을 위한 더 좋은 치료용 약들을 만들어낼 수 있으리라는 희망을 갖게 한다.

람은 전반적으로 중독에 대한 취약성이 증가할 것이다.

이러한 정보는 약물 섭취에 미치는 유전자의 영향이 사람마다 다르게 나타나며, 각 사람은 서로 다른 수준의 생물학적 취약성을 가지고 있음을 말해준다. 약물에 노출된 모든 사람들이 중독 환자가 되는 것은 아니다. 연구 자료는 중독으로 발전할 가능성이 부분적으로 유전적 요인, 즉 우리의 유전자에 기인함을 보여준다. 물론 환경 요인들(예컨대, 약물의 입수 가능성, 높은 스트레스, 정서적 문제, 약물 사용에 대한 동료들의 압박) 또한 중요하다. 비록 유전적 요인이 우리의 취약성에 대하여 20~40% 정도의 책임이 있다고 할지라도,[3] 우리의 약물 사용 수준에 대한 책임을 유전적 요인 탓으로만 돌리는 것은 옳지 않다.

심리적인 문제들

사람들이 약물을 사용하는 것은 때론 정서적 문제와 관련 있는데,

거기에는 우울증, 불안, 정신분열증, 외상후스트레스장애PTSD, 그리고 다양하고 복잡한 문제들, 이를테면 반사회적 인격장애, 품행장애 conduct disorder 등이 포함된다. 한 연구에서 니코틴 의존성 피험자의 21~32%는 추가적인 정신건강 진단을 받았던 것으로 나왔다. 비록 이 숫자는 전체 인구의 단지 7.1%밖에 안 되지만, 그들이 소비하는 양은 미국 내 전체 담배의 34%에 이른다.[4]

몇 가지 이러한 정신건강장애는 물질 남용 때문에 생긴 것일 수도 있고, 혹은 독립적으로 존재하는 것일 수도 있다. 어떤 경우이든 이러한 장애로 인하여 약물 사용이 더 증진될 수 있기 때문에, 어떤 이가 약물 사용과 정신건강장애를 동시에 갖고 있다면 두 가지 문제를 함께 치료하는 것이 바람직하다. 때때로 약물 사용을 중단하는 것은 불안과 같은 문제를 촉발할 수 있는데, 이 경우에도 정신적인 문제를 함께 치료해주는 것이 약물 중독 치료를 보다 성공적으로 이끈다. 이것과 관련해서 적어도 어떤 중독 환자들은 불안과 같은 증세를 치료할 목적으로(자신이 스스로 처방한 일종의 치료용 약물과도 같이) 약물을 처음으로 사용하기 시작한다는 제안도 있었다. 이 말은 만일 약물을 사용한다면, 우리는 약물 사용 이외에 어떤 정신건강 문제를 가지고 있을지도 모르는 일임을 의미한다. 그렇다면 정신건강 문제를 다뤄주는 것이 약물 섭취에 대한 취약성을 감소시킬 수 있을 것이다. 정신건강 문제들은 우리의 삶 가운데 몇 가지 주제들, 이를테면 약물을 참아보려는 결심을 약하게 만들 수 있다. 그것들은 우리의 관심을 바꾸고, 우리를 지치게 만들며, 또한 스스로 약물로 치료를 시작하게 할 수도 있다. 정신적인 아픔을 치료하려는 의도는 중요하지만, 약물이 사용될 때는 의사의 간섭이 종종 필요하다.

기질과 개인적 특성들

많은 연구들은 개인적 기질과 약물 사용과의 상관관계를 보여준다. 예를 들어, 충동성, 육체적 활동 수준, 가만히 앉아 있는 데 어려움을 보이는 것, 그리고 감정의 기복이 심한 경향, 이런 기질들은 높은 빈도의 약물 사용과 상관이 있는 것으로 나왔다. 반면에 보다 긍정적인 분위기를 가지려는 것이나 사람 곁에 가까이 있길 좋아하는 기질은 약물 사용과는 부정적인 상관관계가 있는 것으로 나왔다. 종종 청소년기에 드러나는 기질의 특성들이 어른이 되어서 높은 빈도로 약물을 사용하는 것과 상관 있다고 나온다. 이것은 분명히 중요한 주제이며, 연구가 활발하게 이루어지는 분야이기도 하다.

약물의 가용성

약물의 가용성availability은 약물 사용자가 되는 데 있어서 명백히 주된 요인 중 하나다. 만일 약물을 입수할 가능성이 없다면, 당연히 사용자도 없을 것이다. 그러나 약물은 여러 군데에서 입수가 가능하다. 중독 환자의 회복을 위해서는(그리고 물론 우리 모두를) 약물로부터 멀리 떨어지게 하는 것이 필수적이다. 예를 들어, 미국의 알코올중독자협회는 회원들을 알코올로부터 멀리 떨어지게 하는 데 초점을 맞추고 있고, 그렇게 할 수 있는 지원 시스템을 제공하고 있다. 약물의 입수 가능성 여부에 따라 한 지역사회 전체에 대하여 뚜렷하면서도 파괴적인 효과를 가져올 수도 있다.

어린아이, 십대, 어른

청소년기는 특별한 시기다. 이 시기에 약물에 노출되거나 약물을 사용하는 것은 나중에 성인이 되었을 때의 약물 사용에 영향을 미친다. 그림 8-3은 처음 약물을 사용한 나이와 그 사람이 나중에 약물 의존적인 사람이 되는 것의 상관성을 보여준다.

연구 자료는 17세 이전에 약물 사용을 시작하면, 나중에 성인이 되었을 때의 인생에서 약물에 대한 의존성이 생길 가능성이 현저하게 높아짐을 보여준다.

청소년의 뇌는 성인의 뇌에 비해 약물에 더 크게 반응할 수 있다는 생리학적 증거가 많이 있다. 예를 들어, 많은 종류의 약물이 영향을 주는 도파민성 신경세포들은 청소년기에 해당하는 쥐의 경우 성인기의 쥐에 비해 자극에 더 민감하다(그림 8-4 참조). 나이가 어린 신경세포

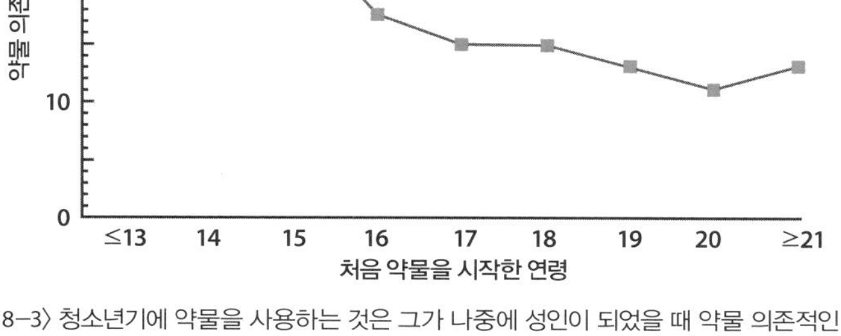

〈그림 8-3〉 청소년기에 약물을 사용하는 것은 그가 나중에 성인이 되었을 때 약물 의존적인 사람으로 될 가능성을 높인다.

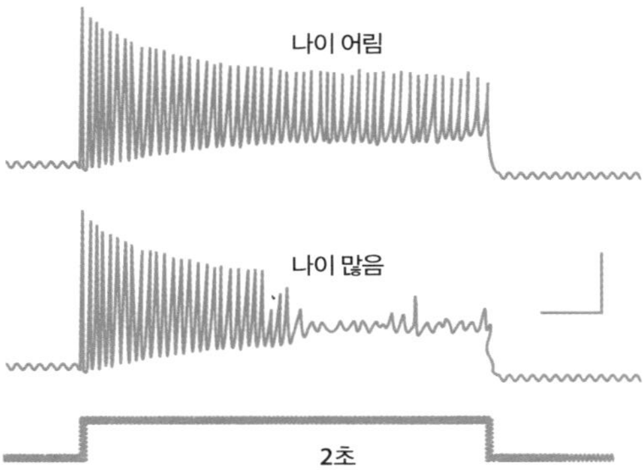

〈그림 8-4〉 나이 어린 생쥐의 복측피개영역(VTA)에서의 도파민성 신경세포는 나이 많은 생쥐에서보다 더 민감한 반응을 보인다. 생쥐의 뇌 절편에서, VTA의 도파민성 신경세포를 2초간 자극하고(아래에 높게 그려진 선으로 표시), 발생한 활동전위를 측정했다. 각각의 개별적 활동전위는 그림에서 위 방향으로 날카롭게 올라가는 선으로 표시했다. 나이 많은 신경세포에서보다 나이 어린 신경세포에서 더 많은 활동전위가 나타남을 알 수 있다. 나이 어린 도파민성 신경세포는 나이 많은 도파민성 신경세포보다 동일한 자극에 대해 더 많은 반응을 만들어낼 수 있다. VTA는 도파민 세포체를 가지고 있는 부위이며, 중독의 발달과 관련이 있다.

들은 다르다: 어떤 특정 자극에 대한 그들의 반응은 더 나이가 든 신경세포의 반응에 비해 더 크게 나타난다.

메시지는 나이가 어린 사람들이야말로 우리가 중독 예방을 위해 노력을 기울여야 하는 중요한 목표 대상임을 부모들과 지역사회에 일깨워준다.

약물은 판단 기능을 손상시키고, 약물 사용을 영구화한다

여러 가지 측면에서 약물 중독자들은 약물 사용을 멈출 능력이 최소화된 사람들이다. 약물에 취하게 되면서, 그들의 정상적인 인지 능력과 자기조절하는 능력은 타협하기 시작한다. 예를 들어, 알코올에 취하면 몇 가지 이유 때문에 술 마시는 것을 도중에 멈추기가 더 어렵게 된다. 한 가지 이유는 술을 마심으로써 자기가 무엇을 하고 있는지에 대한 자각이 약해지게 되고, 상황을 평가해서 도움을 줘야 할 인지기능에 손상이 온다. 약물 사용은 안와전두피질OFC, orbitofrontal cortex과 전방대상회anterior cingulate gyrus 같은 뇌 부위의 기능에 손상을 가져올 수 있는데, 이 부위는 판단, 의사결정, 그리고 약물 섭취와 같은 원하지 않는 활동을 억제하는 데 관여한다고 알려졌다. 이러한 손상은 자기조절 능력의 결핍, 강박적 약물 섭취, 일반적인 판단 능력의 손상에 기여하여 약물 사용의 재발을 용이하게 해준다. 이 같은 결과를 잘 보여주는 연구가 에디스 런던Edythe London 박사와 동료들, 그리고 또 다른 연구자들에 의해 수행되었는데, 도박 상황을 과제로 받은 실험에서 약물 중독자들은 장기적으로 손실을 가져오는 나쁜 결정을 훨씬 더 많이 했다.[5] 약물을 섭취하는 것은 일들을 악화시키며 형편없이 아래로 추락하는 결과를 만든다.

그럼 나는 어떨까?

"이런, 나는 취약성 요인들을 너무 많이 갖고 있잖아!"

만일 우리 자신이 지금 당장 이렇게 말해야 한다면, 어찌되는 걸까? 또는 여러분의 소중한 누군가가 취약성으로 가득 차 있는 것처럼 여겨진다면, 어찌되는 걸까? 만일 어떤 친구가 술을 끊으려고 하는데 취약성의 요인들에 대한 정보가 전혀 없다면, 그에게 이런 것들을 알려주는 것은 그에게 어떤 의미가 되는 걸까? 자, 이제 주의를 기울여서 잘 들어야 할 때다.

이런 것들은 말 그대로 '위험 요인'들이며, 위험은 확실한 것이 아니다. 위험은 하나의 증가된 가능성을 말한다. 그럼에도 불구하고, 위험 요인들에 대하여 생각해보는 것은 도움이 될 수 있다. 만일 어떤 요인이 어떤 사람에게 해당된다면, 그 사람은 이것과 다른 요인들을 조절하기 위하여 더 많은 힘을 기울여야만 한다. 예를 들어, 어떤 사람의 가족들 사이에 약물 의존성이 빈번하게 나타난다면, 그 사람은 유전적 취약성을 가지고 있을 가능성이 높다고 말할 수 있다. 그렇다고 해도 물론 유전적 취약성은 우리의 의지로 피할 수 있는 성질의 것은 아니다. 대신에 이 말은 그 사람이 다른 요인들에 좀 더 신경을 써야 함을 뜻한다. 예를 들어, 약물의 공급이 가능한 장소를 피한다든지, 그것들을 사용하는 친구들을 멀리한다든지, 그리고 상담자, 성직자, 친구들, 가족들에게 긍정적인 도움을 요청하는 것들이다. 위험 요인을 더 많이 갖고 있을수록, 그 사람은 더욱 취약해진다.

따라서 위험 요인들을 조절하려고 노력하는 일은 중요하다. 인생은 짧고, 긍정적이고 건강한 습관에 힘을 실어주는 것은 많은 것을 의미한다. 위험한 상황에 놓여 있을 때, 약물의 위험을 인식하고 약물에 대하여 아니라고 말할 준비가 되어 있어야 하는 것은 위험 요인과의 싸움에 있어서 결정적으로 중요하다.

코끼리와 조련사

여기 한 가지 흥미로운 이야기가 있다. 조너선 하이트Jonathan Haidt는 그의 책[6]에서 우리의 정서적 충동과 행위를 기술하기 위해 은유적 개념으로 '코끼리와 조련사'를 들고 있다. 코끼리와 조련사는 각각 정신psyche의 서로 다른 면을 나타낸다. 조련사는 생애를 통해서 코끼리를 인도하여 과제를 잘 수행하게 하는 지배적 위치에 있다. 조련사는 전체의 과제를 볼 수 있으며, 그것에 대하여 책임이 있고, 그것들을 다루는 기술과 판단력을 가지고 있다. 조련사는 말하자면 우리의 의식, 조절된 사고, 그리고 미래를 향한 계획 등과 연관이 있다. 아마도 조련사는 프로이트Freud가 말한 초자아super ego, 자아ego와 같을 것이다.

코끼리는 반면에, 정신의 나머지 다른 한 부분이다. 거기에는 공포, 정서, 직관, 감정적 반응 등이 포함된다. 그것은 또한 우리 뇌 안의 보상센터와 강화센터를 갖고 있으며, 뇌의 깊은 곳에 숨어서 종의 생존을 돕는 강력한 충동을 형상화한다. 조련사처럼 코끼리도 지식을 가지고 있지만, 종류가 다르다. 그것은 마치 프로이트가 말한 이드id 혹은 원시적 충동과도 같은 것이다. 우리의 정신 안에서, 코끼리는 의식적이라기보다는 잠재의식적인 충동과 욕구를 나타낸다.

숙련된 조련사가 강한 코끼리와 팀을 이룰 때, 둘은 더 잘할 수 있고 더 크게 성취할 수가 있다. 하지만 코끼리는 조련사와 비교하여 너무도 크고 힘이 세서 무엇이든지 자기가 원하는 대로 느끼는 대로 하려고 할 것이다. 여기에 말하고자 하는 요점이 있다. 만일 코끼리가 배고픈 호랑이에게 갑작스럽게 공격을 당한다면, 코끼리는 힘 있게 반응할 것이고 조련사가 호랑이와 싸우는 것에 대하여 얼마나 잘 알고 있는가와 상관없이, 조련사에게 어떤 관심도 기울이지 않을 것이다. 압도적으로 위험한 어떤 자극이 코끼리를 치게 되면, 반사적인 충동이 주도권을 잡음과 동시에 합리적인 사색가는 조절을 잃어버리고 그 자리를 떠나게 된다. 조련사는 코끼리에 대한 통제를 잃어버리는 데 있어서 취약하다.

이것이 우리가 약물 중독과 남용에 대하여 생각해볼 수 있는 한 가지 방법이다. 약물이 들어오면 우리 안에 있는 조련사와 코끼리 둘 다 이를 보게 되겠지만, 질문은 누가 우리의 행동을 통제할 것인가 하는 것이다. 만일 약물에 대한 우리의 욕구가 지배적이라면, 코끼리가 지배권을 잡게 될 것이다. 종의 생존을 보장해주었던 원시적 충동과 욕구는 힘이 매우 세다. 만일 분별력이 있는 조련사가 코끼리에 대하여 영향력을 갖고 있고 코끼리의 행동을 인도할 수 있다면, 우리는 아마도 약물을 피하게 될 것이다. 우리가 약물을 섭취할지 안 할지는 우리의 전체적인 취약성—얼마만큼 코끼리가 약물을 원하고 있는가와 얼마나 숙달되고 단호한 조련사가 그것을 피하려고 하는가의 대결에서 나온 결과—에 달려 있다. 결국 여기서 주된 한 가지 요소는 얼마나 조련사가 잘 훈련이 되어 있는가와 그 조련사가 코끼리를 얼마나 잘 훈련을 하였는가이다. 위기에 대한 반응은 미리 준비될 수 있다. 적어도 어느 정도까지는.

코끼리에 대한 조련사의 책임에 대하여 생각해볼 수 있을까? 우리는 모두 우리 안의 코끼리를 통제할 책임을 완전히 포기할 수 없다는 것을 알고 있다. 만일 우리가 약물을 섭취하고 사고를 당한다면, 우리는 그에 대한 책임이 있다. 만일 불법인 약물을 섭취하고 법의 심판 앞에

나서야 한다면, 그것은 우리의 잘못이다. 우리가 법과 사회를 유지하기 위하여 책임을 져야만 한다는 것은 분명하다. 그러나 거기에는 아마도 조련사에 의한 절대적 통제가 축소되고 그의 책임이 줄어들게 된 어떤 상황—우리의 비유에서 배고픈 호랑이의 출현과 같은—이 있을 수가 있다. 이처럼 어려운 상황을 다루는 데는 지혜를 그리고 종종 도움을 필요로 한다.

focus

이번 장의 주된 메시지는 우리 자신이 스스로를 돌보기 위해 열심히 노력을 해야만 할지도 모른다는 것이다. 만일 우리가 약물 사용자가 될 위험 요인을 가지고 있다면, 우리는 그것들에 대하여 관심을 가져야 할 필요가 있다. 만일 그것들이 우리가 피할 수 없는 요인들—이를테면 유전적 요인이나 주변 환경에서 손이 닿을 위치에 놓여 있는 약물들—이라면, 우리가 통제할 수 있는 위험 요인들에 대하여 그것들을 통제하는 데 두 배 이상의 노력을 기울여야만 한다. 약물을 살 수 있고 손에 넣을 수 있는 장소를 알고 있다면, 그런 장소와 사람을 피하고 약물이 필요한가에 대해 "아니요"라고 말할 수 있는 능력을 연습하는 것이 중요하다. 의사나 다른 전문가들이 모이는 학회나 강연 모임 같은 곳을 찾아가는 것도 도움이 될 것이다.

9장

스트레스를 받는 게 왜 문제인가?

“전쟁이 끝나고 나는 희망이 없는 알코올 중독자가 돼버렸어요. 그러나 도움을 받아, 지난 5년간 술이라곤 한 모금도 입에 안 대고 깨끗해졌습니다. 난 꽤 잘나갔지요. 그런데 불경기가 닥쳤어요. 전쟁의 끔찍한 기억이 되살아났고, 직장을 잃게 되었어요. 그리고 지금은 담보대출금을 갚을 수가 없기 때문에, 곧 집도 잃게 될 거예요. 없는 예산으로 살림을 꾸려가는 스트레스가 너무 심해서 난 결국 음주를 다시 시작하고야 말았습니다.”

• • •

더 많은 스트레스를 받을수록, 우리는 더 많은 약물을 하는 경향이 있다. 앞 장에서 다뤘던 취약성에 스트레스를 포함시킬 수도 있지만,

스트레스와 약물 사용의 상관관계에 대한 흥미로운 사실들이 많이 있으므로 별도의 장으로 다룰 만한 가치가 있다. 스트레스인자stressor에 대한 사전적 정의는, 공포나 고통처럼 정상적인 몸의 반응을 방해하는 어떤 자극을 말한다. 우리가 스트레스를 받게 되면, 우리는 종종 긴장하고, 경계를 취하며, 그리고 “싸울지 혹은 달아날지”를 판단할 준비를 한다. 스트레스는 경계 상태와 준비 태세를 만들어주고 또 그것을 강화시켜주는 몸의 중요한 변화를 생산한다. 이러한 반응은 하나의 복잡한 반응이며, 종의 생존에 중요하다. 하지만 이것은 하나의 부담이 되는 반응이며, 우리가 잘 아는 것처럼, 만성적인 스트레스는 정신적으로 육체적으로 해롭다.

스트레스에 대한 몸의 반응

어떻게 우리 몸이 스트레스에 반응하는가에 대하여 수십 년 동안 연구가 진행되어왔다. 스트레스는 주변 환경에 있는 하나의 자극을 우리가 위협적이라고 해석하는 데서부터 시작한다. 그것은 듣기, 보기, 만지기, 혹은 이 모든 감각 전부가 관여할 수 있다. 뇌는 이들 감각들을 통합시키며, 그 결과로 편도체amygdala, 시상하부 그리고 뇌하수체 pituitary gland가 활성화된다. 편도체와 시상하부는 공포, 스트레스, 그리고 몸의 기능들을 통합하는 데 관여하는 뇌의 부분들이다. 시상하부에 의하여 조절되는 뇌하수체는 뇌 바로 아래에 위치해 있으며, 몸에 필요한 호르몬들을 분비한다. 스트레스에 대한 반응의 하나로 뇌하

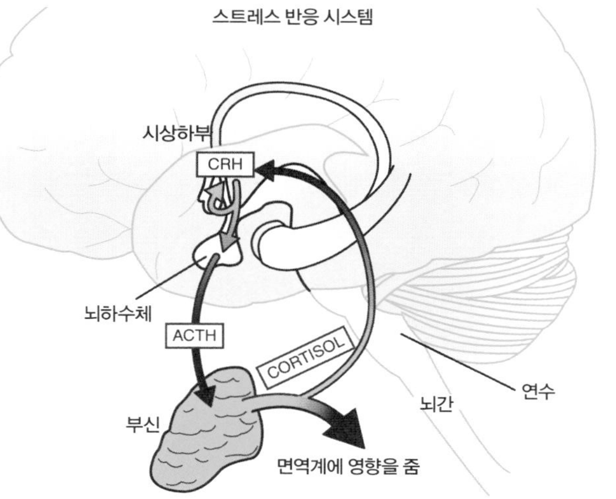

〈그림 9-1〉 우리 몸의 스트레스 반응. 누군가가 스트레스를 받게 되면, 뇌의 스트레스 경로가 활성화되면서, 먼저 뇌의 기저 부분에 있는 시상하부가 부신피질자극호르몬분비호르몬(CRH, corticotropin-releasing hormone)이라는 화학신호를 뇌하수체로 보내고, 뇌하수체는 다시 부신피질자극호르몬(ACTH)이라는 다른 종류의 화학신호를 콩팥 위에 위치한 부신으로 보낸다. 부신은 코르티솔을 분비하는데, 이것이 잘 알려진 소위 혈액 내의 "스트레스 호르몬"이다. 코르티솔은 신체 내의 신진대사 반응을 촉진하고, 뇌로 들어가 시상하부와 뇌하수체로부터 나오는 화학물질의 분비를 멈추거나 조절하게 한다. 이러한 조절 메커니즘은 스트레스 반응이 고삐 풀린 일방적 과정이 아니라는 점에서 중요하다. 많은 중독 환자들은 스트레스에 과민한 반응을 보인다.

수체에서 분비된 부신피질자극호르몬ACTH, adrenocorticotrophic hormone은 부신adrenal gland(콩팥 위에 위치한 내분비 기관—옮긴이)을 자극하여, 통상 스트레스 호르몬이라고 알려진 에피네프린epinephrine(아드레날린 adrenaline)과 코르티솔cortisol을 차례로 분비시킨다(그림 9-1 참조). 이렇게 분비된 호르몬들은 이제 몸 안을 돌면서 우리 몸이 적당한 반응을 할 수 있도록 준비시킨다. 에피네프린은 심장의 박동수와 혈압을 증가시켜 우리 몸이 새로운 필요에 잘 대처할 수 있도록 도와준다. 코르티솔은 스트레스인자에 맞서는 데 필요한 에너지의 연료가 되는 혈당을 증가시키는 일을 하는데, 포도당의 합성을 촉진시키고, 몸 안의 지방, 단백질, 그리고 탄수화물의 신진대사를 도와줌으로써 여분의 포도당을 만들어낼 수 있도록 한다. 만성 스트레스는 우리 몸의 여러 기관에 영향을 줌으로써 우리를 우울하게 만들고, 통증과 구토, 어지럼증, 빠른 심장 박동, 피곤을 일으킨다. 스트레스는 또한 면역 시스템을 억압하여 감염의 위험성을 증가시킨다.

그뿐만 아니라 스트레스는 정서적이고 정신적인 반응을 불러일으킨다. 정상적인 상황에서 전두엽피질frontal cortex은 실재와 비실재를 구분하고, 생각과 집중을 유지시키고, 적합하지 않은 생각을 제어하고, 정서를 조절하는 일들을 한다. 그러나 스트레스를 받는 상황에서는, 다른 뇌 부위의 역할이 강해진다. 편도체는 시상하부와 뇌간brainstem(뇌의 중심에 위치하며 대뇌반구와 소뇌를 연결해줌—옮긴이)에 있는 스트레스 경로를 활성화시킴으로써 그 결과 전두엽피질의 조절 작용을 멈추게 하고, 우리로 하여금 인지적으로 조절되는 행동 대신에 습관적 반응을 더 잘 일으키도록 변화시킨다. 따라서 스트레스는 우리의 반응을 사색적이고 조절된 것에서 정서적으로 움직여진 반사적인 것으로 바꾸어준다.

스트레스인자는 개인적이어서, 어떤 사람에게는 스트레스가 되는 것이 다른 사람에게는 아닐 수가 있다. 스트레스인자의 종류는 다양하다. 환경적 스트레스인자는 지진 같은 자연재해, 테러, 혹은 조절할 수 없는 큰 소리나 밝은 빛 같은 것도 포함한다. 이혼, 실직, 혹은 가족의 죽음 같은 삶의 변화들도 심각한 스트레스인자가 될 수 있다. 직장의 일터도 스트레스를 줄 수 있다. 이것은 종종 고용인이 자신의 일과 그 조건에 대해서 얼마만큼의 통제력을 행할 수 있는가와 관계가 있다. 또한 가벼운 자동차 사고를 비롯하여, 집 열쇠의 분실, 혹은 지갑을 도난당하는 것과 같은 일상의 사건들도 매우 골치를 아프게 할 수 있다. 그것이 일회성이든 혹은 겹겹이 쌓이는 만성적인 것이든, 스트레스가 갖고 있는 위험스러움 때문에, 우리는 스트레스를 잘 다룰 수 있는 어떤 방식을 개발하고, 그것을 도와줄 수 있는 시스템을 지원해야만 한다. 스트레스를 다스리는 데 도움이 되는 것들에는 놀이와 운동, 명상, 개선된 식사, 그리고 의학적 돌봄 등이 있다.

스트레스와 약물 사용

스트레스는 약물을 시작하게 만들거나 약물 사용으로 다시 돌아가게 하는 원인을 제공할 수도 있다. 뉴욕시에 있는 록펠러 대학의 메리 진 크릭Mary Jeanne Kreek 박사는 뉴욕시의 중독 환자들을 대상으로 스트레스와 재발과의 관계를 연구했다. 그녀는 다음과 같이 말했다.

"약물 중독자들이 이전에 약물을 구입하던 거리의 골목을 지나갈 때, 6개월 정도는 성공적으로 충동을 억제하며 그냥 지나칠 수 있었습니다. 그러던 어느 날 갑자기 그들에게 재발이 일어났는데, 왜 그랬는지 그 이유를 물어보았더니 거의 항상 이런 식으로 대답을 했습니다. '글쎄요, 직장에서 일이 잘 안 풀리고 있거든요.', '아내가 저를 떠나버렸어요.' 때로는 다음과 같이 아주 사소한 문제일 경우도 있었습니다. '내 정부 보조금이 지연됐어요.' 혹은 '차가 너무 막히더군요.'"[1]

약물 사용이 장시간 중단된 뒤라도 스트레스가 약물 사용의 재발을 촉진할 수 있다는 사실이 여러 연구를 통해 밝혀졌다. 스트레스는 또한 현재 약물을 활발하게 사용하는 이들을 더욱 악화시킬 수 있으며, 불안과 우울증 같은 정신장애를 유발하거나 기존의 증세를 악화시킬 수가 있다. 중독 환자들은 스트레스에 더욱 취약하고, 종종 이미 스트레스 상태일 때가 많다. 예를 들어, 약물을 피하려고 노력하는 금단 행위는 스트레스를 만드는데, 여기에 또 다른 스트레스가 쌓이면 스트레스의 과부하가 걸리게 되어, 결과적으로 약물 섭취가 재발된다. 또한 단순히 약물을 섭취하는 행위만으로도 스트레스가 될 수 있다.

외상후스트레스장애PTSD를 겪는 사람들은 특히 염려의 대상이 된다. 예를 들어, 전쟁에 참여한 경험이 있는 사람들의 경우 끔찍했던 전투 상황을 마치 실제인 양 너무도 생생하게 다시 경험해내곤 하는데, 그것이 어떤 본래의 충격적인 사건이 실제로 일어나고 난 후에 나타나는 스트레스임에도 불구하고, 그것이 너무나도 강렬하여 어떤 치료를 필요로 하는 경우다. 물론 스트레스는 주관적인 경험이고, 외상후스트레스장애가 전쟁의 경험에서만 비롯될 필요는 없다. 그것은 어떤 사고나 범죄, 혹은 다른 종류의 매우 안 좋은 경험에서도 비롯될 수 있다. 외상후스트레스장애를 겪고 있는 사람들은 약물 사용에 있어서도 매우 큰 위험에 놓여 있다.

스트레스를 치료하는 것이 중요하지만, 재발의 위험 때문에 약물 사용자에게 있어서는 아마도 더욱 중요할 것이다.[2] 몇몇 스트레스 및 불안 치료용 약물들은 그 자체로 중독성이 있기 때문에 의학적 감시와 많은 주의를 필요로 한다. 비록 스트레스가 약물 사용에 대한 하나의 위험 요인이긴 하지만, 다행스럽게도 스트레스는 잘 다루어질 수 있고, 치료될 수 있으며, 적어도 부분적으로 통제가 가능하다.

생애 초기의 스트레스

한 가지 굉장히 놀라운 발견은 생애 초기의 스트레스가 나머지 삶에 미치는 영향력이 지배적일 수 있다는 것이다! 이 이야기는 과학자들이 생애 초기의 부정적인 경험과 성인이 되고 나서 니코틴에 대한 의존 사이에 연관이 있으며, 성장기에 경험한 가정의 어려움과 성인이 되고 나서 약물 사용 간에 강한 관련성이 있다는 것을 발견하고 나서 시작되었다. 마이클 미니Michael Meaney, 달린 프랜시스Darlene Francis, 폴 프로츠키Paul Plotsky 그리고 다른 연구자들이 수행한 다양한 동물연구는 이러한 발견을 뒷받침해준다.

나와 나의 연구실 동료들은 새로 태어난 쥐의 새끼들을 몇 개의 그룹으로 나누어 흥미로운 실험을 수행했는데, 여기서는 이야기의 요점만을 전달하기 위해 단지 두 개의 그룹만 자세히 소개하겠다. 한 그룹의 새로 태어난 쥐들은 생후 처음 2주 동안 매일 15분씩 어미와 분리시켰다(이 그룹을 MS15라고 부르자). 다른 한 그룹은 같은 기간 동안 매일 3시간씩 어미와 분리시켰다(이 그룹을 MS180이라고 부르자). 어미와 15분 정도 떨어져 있는 것은 새끼에게 스트레스를 준다고 여겨지지 않는다. 짐작하건대 자연 상태에서도 어미가 먹이를 얻기 위하여 짧은 시간 동안 둥지를 떠나야만 할 때가 있기 때문이고, 아마도 새끼들 또한 어미와의 짧은 분리를 참아내도록 프로그램이 되었을 것이기 때문이다. 그러나 3시간의 분리는 새끼에게 스트레스를 줄 수 있다고 여겨진

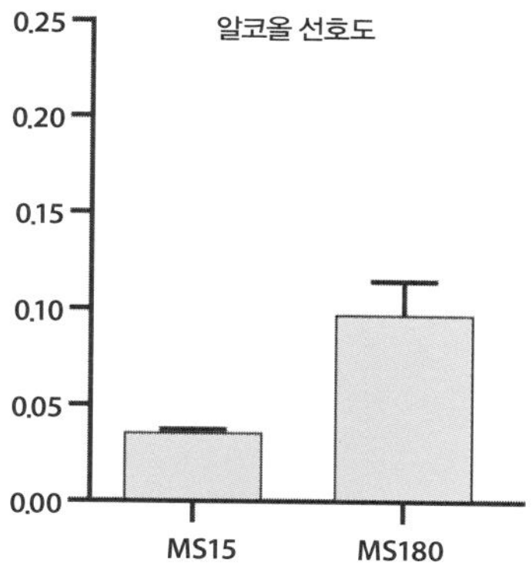

〈그림 9–2〉 생애 초기의 스트레스는 우리가 성인이 되었을 때의 알코올 섭취에 영향을 끼친다. 갓 태어난 새끼 쥐들을 2주 동안 매일 하루에 15분씩 혹은 180분씩 어미와 분리시켰다. 2주가 지나고 나서 줄곧 새끼 쥐들을 어미와 같은 공간에서 사육했다. 그리고 그 새끼 쥐들이 성체가 되었을 때, 알코올 섭취에 얼마나 끌리는지 테스트했다. 어미와 15분간의 분리는 새끼 쥐에게 스트레스를 준다고 여겨지지 않지만, 180분간의 분리는 스트레스를 줄 수 있는 것으로 고려되었다. 성체가 되었을 때, 더 많은 스트레스를 받았던 MS180 그룹은 MS15 그룹에 비해 알코올에 대하여 선호도가 더 높게 나타났고, 실제로도 더 많은 양의 알코올을 섭취했다. 이것은 생애 초기의 스트레스인자들이 약물에 대한 민감도를 변화시킬 수 있으며, 남은 생애 동안 나타날 행동에 영향을 줄 수 있다는 가능성을 제시한다.

다. 이렇게 2주를 매일같이 분리 실험을 수행한 후, 모든 그룹의 새끼들을 성체가 될 때까지 어미와 같은 공간에서 사육했다. 새끼들이 일상적으로 어미의 젖을 뗄 때까지 더 이상 어미와 떨어뜨려놓지 않았다. 그리고 새끼들이 성체로 성장했을 때, 그들이 알코올을 자가투여하는지 그리고 한다면 어떻게 하는지 알아보기 위해 테스트를 시행했다. 그 결과는, 더 많은 스트레스를 받은 그룹(MS180)에서 그렇지 않은 그룹(MS15)보다 알코올에 대한 선호도와 그 섭취량이 더 높게 나타났다(그림 9–2 참조). 이러한 결과는 코카인을 가지고 테스트를 해도 동일했다. 이와 유사한 실험을 T. A. 코스텐T. A. Kosten 박사와 그의 동료들도

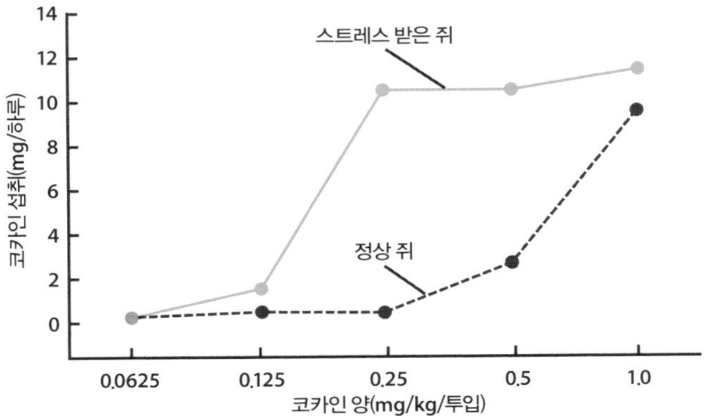

〈그림 9-3〉 스트레스를 받은 쥐들은 정상 쥐들보다 더 많은 코카인을 섭취한다. 갓 태어난 한 그룹의 쥐들을 매일 1시간씩 어미와 분리시켰다. 이렇게 짧은 스트레스를 8일 동안 받은 새끼 쥐들을 스트레스를 받지 않은 정상 새끼 쥐들과 함께 자라도록 했다. 성체가 되었을 때, 스트레스를 받은 쥐들은 작은 농도의 코카인에도 민감하게 반응했고, 더 쉽게 코카인을 자가투여했다! 이것은 출생 시기 근방에 받았던 스트레스가 성체의 시기로 연장되어 효과를 발휘할 수 있음을 보여주며, 출생 시기 근방의 스트레스인자들이 성체가 되었을 때 더 많은 약물을 섭취하도록 만들 수 있음을 보여준다.

수행했는데, 그들은 매일 1시간씩 8일 동안 새끼들을 어미와 분리했고, 그 결과는 그들이 성체가 되었을 때 코카인에 대하여 더 민감한 반응—보다 적은 농도의 코카인을 인지하고 그것들을 자가투여한다는 점에서—을 보이는 것으로 나타났다(그림 9-3 참조). 이처럼 출생 시기 근방의 스트레스 경험이 한참 시간이 지난 후 동물들이 성장하여 성체가 되고 난 뒤의 약물 섭취에도 영향을 줄 수 있다는 사실은 무척 놀랍다.

여기서는 생애 초기 스트레스에 대해서 단지 일부분만 이야기했는데, 다른 많은 연구 결과들이 이러한 발견을 뒷받침해준다. 놀랍게도, 이러한 발견들이 항상 잘 평가되는 것은 아니다. 약리학 교과서에서조차도 어떻게 생애 초기 인자들이 성인이 되었을 때 약물의 반응을 바꿀 수 있는지에 대하여 기술하지 않고 있다. 어릴 적 경험이 어떻게 해서 우리가 성인이 되었을 때 나타나는 다양한 행동들에 영향을 줄 수 있는지 그 방법에 대하여 생각해보면 놀랍다. 현재로서 우리는 아마도 생애 초기의 스트레스인자들이 유전자 발현을 바꾸어주었고, 그것이 후성유전학적 메커니즘—이에 대해서는 앞서 5장에서 기술한 바 있음—에 의해 전 생애에 걸쳐 유지된 것이라고 추측할 수 있다.

사회적 계급이 코카인 섭취에 영향을 미친다!

낮은 사회적 지위는 종종 폭력, 재정적 문제, 나쁜 건강, 불명예, 패배감과 열등감, 그리고 불안과 우울증 등으로 특징지어진다. 이 모든 것들이 스트레스인자들이고 약물 사용은 이 집단에서 더 높게 나타날 수 있다. 사회적 지위의 중요성은 잘 설계된 동물연구에서 깔끔하게 입증되었다. 예를 들어, 네이더, D. 모르간D. Morgan, K. 그랜트K. Grant와 다른 이들은 한 원숭이 그룹에서의 사회적 지위가 뇌의 도파민 시스템과 그리고 그것의 결과로 자가투여되는 코카인의 양에 영향을 줄 수 있음을 보여주는 실험을 수행했다. 한 연구에서, 20마리의 사이노몰거스 원숭이cynomolgus macaques(주로 동남아시아에 분포하며 꼬리가 매우 긴 특징이 있음—옮긴이)를 1년 반 동안 개별 사육을 한 뒤, PET 스캔으로 도파민 D2 수용체의 수준을 측정했다. 도파민 시스템의 중요한 부분인 D2 수용체를 측정한 이유는 그것들이 앞서 4장과 7장에서 기술한 것처럼 중독 행동과 연관이 있기 때문이다. 이렇게 홀로 지낼 때의 도파민 수용체의 양을 측정하고 난 후, 이들 원숭이들을 한 그룹당 4

마리씩 총 다섯 그룹으로 나누고선 몇 달을 같이 살게 했다. 그러는 동안 각 그룹의 동물들은 그 안에서 사회적 지위를 형성하여, 기대한 바와 같이 지배적 위치와 종속적 위치의 원숭이들로 각각 나뉘어졌다. 지배적 위치의 원숭이들은 종종 다른 원숭이들로부터 더 많은 털 손질을 받았고, 보다 공격적이었으며, 다른 원숭이들을 자기에게 복종하도록 만들었다. 이제 그들의 D2 수용체 수준을 다시 PET 스캔으로 측정하고, 코카인 자가투여 행동도 같이 측정해보았다.

그 결과는 실로 놀라웠다! 지배적 위치에 서게 된 동물들의 뇌 안에서는 D2 수용체의 수준이 전보다 증가되었지만, 종속적 위치의 동물들에서는 변화가 나타나지 않았다! 사회적 지위와 도파민 D2 수용체 수준 사이에는 상관관계가 있었으며, 그 수용체의 수준이 높게 발견될 때 그 동물의 사회적 지위가 높았다(표 9-1 참조). 앞서 7장에서 다뤘던 것과 같이 낮은 수준의 D2 수용체는 더 많은 약물 섭취와 관련이 있기 때문에, 지배적 위치에 있는 동물들의 약물 섭취를 종속적 위치의 동물들과 비교해보았다. 결과는 지배적 위치의 동물들, 즉 더 높은 수준의 D2 수용체를 가지고 있는 동물들이 종속적 위치의 동물들보다 코카인을 더 적게 섭취한 것으로 나타났다!

이전에는 격리되어 혼자 지내던 동물들을 사회성이 드러나는 상황에 처하게 하면, 그들 가운데 일부는 단 몇 달 만에 지배적 위치를 얻게 된다. 이러한 사회적 지위의 변화는 뇌의 생화학적 변화를 수반하며, 코카인에 대한 취약성을 작아지게 한다. 인간의 경우도 사회적 지위를 포함하여 다양한 사회적 상황들이 뇌에 영향을 미치며, 약물 섭취를 비롯한 다양한 문제들에 대하여 취약성을 갖도록 영향을 미친다

〈표 9-1〉 개별 사육에서 집단 사육으로의 변화가 주는 효과와 사회적 지위 형성이 주는 효과

동물들의 사회적 위치	도파민 D2 수용체의 변화	약물 섭취에 미치는 영향
대부분 지배적	22% 증가	적은 양의 코카인 섭취
대부분 종속적	의미 있는 변화 없음	많은 양의 코카인 섭취

처음에 동물들을 개별 사육했고, 도파민 D2 수용체의 양을 PET 스캔으로 측정했다. 그런 다음 그들을 집단 사육으로 바꾸어 그들 사이에 사회적 지위가 생기게 하고선 뇌 안의 D2 수용체 수준을 다시 조사했다. 가장 지배적인 위치에 서게 된 동물들은 D2 수용체 수준이 올라간 반면에, 종속적 위치의 동물들은 그렇지 않았다. 또한 가장 지배적인 위치에 서게 된 동물들은 종속적 위치의 동물들에 비해 코카인 자가투여량이 더 적었다.

고 할 수 있다. 이는 우리의 삶에 많은 함축적 의미를 전달하고, 질문을 던진다. 뇌, 성격, 환경 가운데 무엇이 우리를 지배적이거나 종속적이 되도록 결정하는 것일까? 그리고 그것은 어떻게 뇌에 영향을 미쳐 뇌 안에서 결정적인 변화가 일어나도록 만드는 것일까? 우리는 적어도 두 번째 질문에 대해 합리적인 대답을 시도해볼 수 있다. 스트레스 같은 감각자극의 입력은 뇌 안의 신경전달물질 시스템을 활성화한다. 그리고 앞서 4장에서 기술한 것처럼 신경전달물질 경로의 활성화는 경로의 변경(즉, 가소성)을 만들어낼 수도 있다. 예를 들어, 수용체 수준이나 신경전달 과정의 다른 구성 요소의 변화 같은 일이 일어날 수 있다.

사회적 실패

누구나 인생을 살면서 소위 "사회적 실패"라고 부를 만한 일들을 경험한다. 그 가운데는 누군가에게 함께 춤을 추자고 요청했다가 거절당한다거나, 공공장소에서 조롱을 당한다거나, 중요한 모임에 초대를 받지 못한다거나 하는 일들도 포함될 수 있다. 이런 일들은 누구에게나

민감한 일이고 동일한 실패의 상황을 반복적으로 맞닥뜨릴 경우, 우리는 더 쉽게 패배감에 빠져들게 된다. 그 실패가 정확하게 무엇이냐에 따라, 그리고 사회적 상황, 필요, 성숙도, 정신적 회복 능력 등에 따라, 그 실패로 인해 심각한 영향을 받을 수도 있다. 대부분의 사람들은 살면서 치명적일 수 있는 사회적 실패를 한두 번쯤 경험하며, 따라서 그 가운데 누군가가 그 실패로 인한 정신적 고통을 누르기 위해 약물에 손대는 것을 이해할 수 있다. 이와 관련된 동물연구가 있다. 두 마리의 수컷 쥐를 일정한 조건 하에 함께 두면, 그중 한 마리는 상대 쥐에 대해 복종하거나 패배를 인정하는 듯한 태도를 취한다. 그 쥐는 드러누워서 지배적 위치에 서게 된 쥐의 뜻에 그저 따르려고 하기도 한다. 일반적으로 사회적 실패를 경험한 동물들은 그렇지 않은 동물들과는 달리 행동한다. 그들은 덜 탐구하고, 덜 활동적이고, 먹이를 찾는 일과 먹는 일 자체를 적게 하고, 생식 행동도 덜 한다. 흥미로운 부분은 사회적 실패를 경험한 동물들은 코카인 같은 약물들을 보다 쉽게 섭취한다는 것이다. 어떤 실험에서는 사회적 실패를 경험한 동물들이 그렇지 않은 동물들에 비해 코카인 섭취를 더 빨리 학습한다는 것을 보여준다.[3] 이것에 대한 한 가지 가능한 해석은 사회적 실패를 경험한 동물들—그리고 사람도 마찬가지로—은 고통 가운데 있어서 약물을 더 간절히 원한다는 것이다. 사회적 실패는 그것이 우리 각자에게 무엇을 의미하든지 간에, 약물 사용을 부추길 수 있다.

자극이 풍부한 환경들 – 동전의 다른 한 면

스트레스를 주는 환경은 약물 사용의 취약성을 증가시킨다. 그렇다면 기분을 좋게 하거나 자극이 풍부한 환경은 어떨까? 이런 환경에서는 반대의 결과가 나타날까? 실제로 그러하다는 강력한 증거가 있다.

보통 쥐 같은 실험용 설치류들은 적당한 크기의 사육 상자와 깔짚, 먹이 그리고 물 등을 갖춘 표준 조건에서 사육된다. 여건이 좀 더 나은 환경에서는 보다 큰 사육 상자를 사용하며, 그 안에 달리기용 구르는 바퀴, 자그마한 집 모형, 그리고 네다섯 가지의 색깔로 화려하게 칠한 여러 가지 모양의 장난감들이 들어 있다(장난감들은 일주일마다 바꿔준다). 이처럼 좋은 환경의 사육 공간에서 적어도 30일을 지내게 한 쥐들을 표준 조건에서 키운 쥐들의 행동과 비교해보았다.

많은 연구실에서 자극이 풍부한 환경이 코카인을 탐색하는 횟수와 스트레스로 유도된 약물 섭취를 감소시켜준다고 보고했다. 코카인을 이미 경험한 동물들의 경우 자극이 풍부한 환경은 중독과 관련된 몇 가지 행동들을 줄이거나 아예 없애버렸다. 유사한 결과가 헤로인 같은 다른 약물에서도 얻어졌다. 약물에 노출한 적 없이 그저 자극이 풍부한 환경에서만 사육한 동물들의 유전자 발현을 조사해보니, 많은 변화를 발견할 수 있었다. 시냅스전달, 단백질 생산, 세포의 구조, 신진대사 등에 관여하는 단백질의 유전자들이 영향을 받았다. 뇌에서의 이러한 변화들은 의심할 여지없이 풍부한 환경에 의해 야기된 행동 변화를 설명할 토대를 제공해준다. 이러한 연구 결과는 긍정적인 삶의 조건이 뇌의 화학을 바꿀 수 있고, 중독 환자들이 약물에서 멀어지는 것을 도와

줄 수 있음을 제안한다. 이것은 또한 긍정적인 환경은 우리의 삶을 다방면에서 그리고 전혀 생각지도 못한 방법으로 개선해줄 수도 있다는 가능성을 제시한다. 여기서 우리에게 던져지는 메시지는, 약물처럼 환경과 행동 또한 뇌를 변화시킨다는 것이다. 그렇기 때문에 그것들은 약물 중독의 치료제로 이용될 수 있는 잠재적 가능성을 가지고 있다.

focus

일상에서 스트레스를 피할 수는 없으며, 많은 사람들에게 어떻게 스트레스를 잘 다루어야 하는가는 풀어야 할 숙제로 남아 있다. 우리는 스트레스 치료를 위해 책을 읽고, 명상을 하고, 여러 종류의 실천적인 스트레스 예방 그룹에 참여도 해보지만, 대개 그 효과는 미미할 뿐이어서 사람들은 여전히 불평하고 스트레스에 괴로워한다. 스트레스를 받으면 우리는 마음의 평안을 되찾기 위해 더 많은 음식을 먹기도 하고, 혹은 스트레스를 유발하는 사회 활동을 중단하거나 상담자의 도움을 받으라는 권유를 받기도 한다. 상대적으로 흔한 스트레스인자들, 이를테면 참기 힘든 직장상사나 교통 체증 같은 일상적인 요소들조차도 약물 섭취를 촉진시킬 수 있다. 그리고 생애 초기의 스트레스가 있는데, 이것은 원래의 스트레스인자들이 있고 나서 수개월과 수년이 지난 후 성인이 되었을 때, 우리로 하여금 약물 섭취를 쉽게 하도록 만들어주는 것처럼 여겨진다. 사회적 지위와 사회적 실패도 약물 사용을 재촉할 수 있다. 결국 스트레스인자들의 효과는 상당하고 오래간다. 그리고 스트레스는 분명히 약물 사용과 그것에 대한 재발의 위험 요인이다. 다행스럽게도 이러한 위험인자는 적어도 어느 정도까지는 조절될 수 있다.

개선되고 긍정적인 환경은 약물 탐색과 재발에 대한 취약성을 감소시켜주는 것처럼 여겨진다. 스트레스로 초래되는 파괴적인 결과들을 줄이기 위해서 우리는 스트레스를 잘 다스리는 법을 배울 필요가 있다.

10장

도박, 섹스, 음식의 유혹

그는 자동차를 몰고 카지노 근처를 지나가고 있다. 건물 앞의 대형 간판이 눈에 들어왔고, 이내 주차장 입구를 만났다. (…) 그리고 그 느낌이 다시 고개를 쳐들기 시작했다. 그의 마음속에선 이미 내기를 걸고, 한 판 멋진 승리를 올리는 흥분을 느끼고 있었다. 그는 에너지를 느꼈고, 그의 마음은 더 빨리 달려갔다. 그는 건물 안에 들어가 있기를 원했고, 그의 손에는 카드가 들려 있는 것처럼 느껴졌다. (…) 하지만 차를 멈추지 않고 더 멀리 달려가면서, 카지노 건물은 점점 뒤편으로 멀어져갔다. 그는 작은 소리로 중얼거렸다.

"거리를 두는 것이 조금씩 쉬워지고는 있지만, 편안해지려면 아직도 멀었군!"

• • •

우리가 약물 말고 또 다른 것들에 중독될 수 있을까? 아마도 그럴 것이다. 넓은 의미에서 중독은, 결국에는 우리에게 괴로움을 안겨주거나 파괴적으로 끝나게 될 그 어떤 것을 찾거나 그 생각에 사로잡혀 있으면서, 또한 그것을 쉽게 멈출 수가 없는 상태라는 것을 고려해보라.[1] 최근 들어서 과도한 도박, 음식 섭취, 성적性的 활동 등과 같은 여러 가지 형태의 행위 중독behavioral addiction에 대한 연구가 점점 많아지고 있다. 여러 다른 종류의 중독들이 있지만 그것들에는 많은 공통점이 있다. 무엇보다도 이러한 행위들은 많은 시간과 노력을 잡아먹으며, 점차 통제를 잃게 만들어 그것을 멈추거나 조절하려는 시도들을 실패하게 만든다. 이러한 활동들은 교사와 친구 그리고 가족의 구성원들과 갈등을 일으킬 수도 있으며, 그 사람의 기분과 건강에도 영향을 끼치고, 재정, 교육, 혹은 일자리에도 큰 영향을 끼칠 수 있다. 무언가와 비슷하게 들리지 않는가?

과도하고 병적인 도박은 몇 가지 면에서 "중독성이 있다고" 여겨질 수 있다. 거기에는 강력한 보상—돈 그리고 승리가 안겨다주는 흥분—이 존재한다. 문제는 도박을 하기 위해서는 시간과 돈이 필요하며, 예컨대 도박꾼이 도가 지나쳐 수중의 돈을 다 잃게 되면 이건 분명 문제가 더 커질 수 있다. 이런 것은 때때로 충동 조절에 문제가 있는 것으로 여겨진다. 많은 사람들은 도박으로부터 멀리 있으려 하며, 자기 자신을 믿기 어렵다고 말한다. 약물 사용처럼, 병적인 도박은 역사를 통해 늘 우리 곁에 있어 왔으며, 지나가는 하나의 일시적 유행이 아니다. 어떤 하나의 행동이 수많은 세대를 거쳐, 그리고 여러 서로 다른 문화를 통해 나타난다면, 그것은 우리 인간의 자연스러운 성향의 일부분일지도 모른다.

도박 중독은 역사적으로 뿌리가 깊고, 지속적이다[2]

도박을 할 때 사람들이 경험하는 통제력의 상실에 대해 수천 년 전 인도의 범어Sanskrit로 기록해놓은 문서에 잘 나타나 있다. 다음의 이야기에서, 유디쉬트라Yudhishtra는 자신이 소유한 모든 것을 잃게 됨에도 불구하고 도박을 멈추지를 못하고, 마침내는 자신의 아내마저 내기에 걸게 된다. 듀리오다나Duryodhana가 유디쉬트라를 도박하도록 유혹한다.

"주사위 놀이하러 오신 건가요?"

"왕이라면 다른 왕의 도전을 합법적으로 거절할 수는 없을 것이오."

"제가 당신에게 도전하겠어요."

"그렇다면 나는 게임을 하겠오."

"당신이 이기신다면, 저의 이 아름다운 황금 목걸이를 내놓겠습니다."

물론 유디쉬트라는 게임을 지고 말았다. 그들이 했던 주사위 게임은 오늘날 우리가 하는 것과 같은 순수한 확률 게임이 아니라 숫자에 대한 기술과 빠른 손동작을 요구하는 게임이었다. 듀리오다나의 동료였던 사쿠니Sakuni는 그 게임의 전문가였다. 게다가 사쿠니는 아마도 속임수까지 썼던 것 같다. 그가 정말로 속임수를 썼는지에 대해서는 확실하게 알 길은 없지만, 여기서 그것은 논점을 벗어나는 문제다. 유디쉬트라는 그야말로 모든 것을 다 잃었다. 그의 왕궁과 땅과 가축들, 그의 마차와 하인들, 그의 등에 걸친 옷까지도. 사쿠니가 유디쉬트라에게 묻는다.

"한 번 더 게임을 하시겠습니까?"

"내게 남은 것이 무엇이 더 있느냐?"

"당신의 아내입니다."

"시작하자."

도박에 관한 많은 연구가 이루어져왔다.[3] 쌍둥이 연구는 도박꾼이 되는 데 유전적 요인이 있음을 제안한다. 만일 쌍둥이 중에 한 사람이 도박꾼이 되면, 나머지 다른 한 사람도 도박꾼이 될 가능성이 이들과 전혀 관계없는 다른 사람들에 비해 더 높다. 또한 도파민 시스템이 도박과 연관이 있다. 앞의 장에서 우리가 약물 사용자들에게서 나타나는 전두엽의 기능 이상에 대하여 기술한 것처럼, 유사한 문제점이 카드 게임을 사용하여 연구한 도박꾼들에서도 나타났다. 도박이 약물 사용과 상관이 있다는 말은 그 둘 사이에 하나의 공통된 연결점 혹은 공통된 취약성이 있음을 시사한다. 몇 가지 뇌영상 연구들은 병적인 도박이 약물 중독을 매개하는 뇌 부위와 동일한 곳을 통해 매개됨을 보여주었다(그림 10-1 참조). 이 같은 결과는 도박과 약물 중독 둘 다 동일한 신경회로망—예를 들면, 약물 중독에 있어 매우 중요한 도파민성 중뇌변연회로—을 사용한다는 것을 더욱 함축적으로 의미한다.

병적인 도박에 대한 치료는 주로 행동치료를 해왔는데, 상담, 가족치료, 도박중독자협회Gamblers Anonymous의 12단계 프로그램(7장 참조) 등이 그 예이다. 약물 치료는 아직 연구가 잘 되어 있지 않지만, 차츰

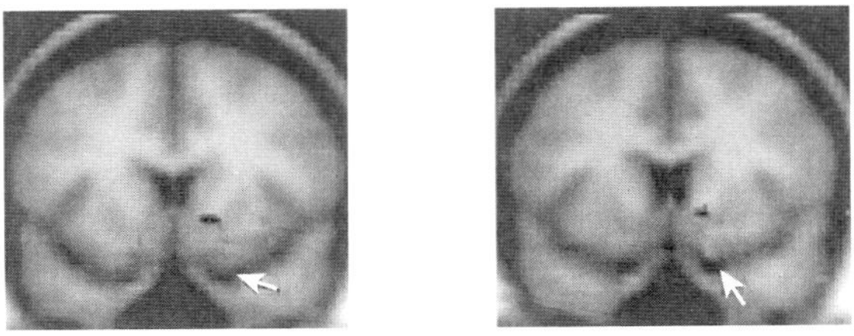

〈그림 10-1〉 도박은 약물과 동일한 뇌 부위를 활성화한다. 연구에 참여한 피험자들은 경기를 바라보면서 돈을 따거나 잃을 수 있다. 사진에서 작고 검게 보이는 영역이 활성화된 부위를 나타내는데, 화살표 끝이 가리키는 부위가 약물 중독에 관여하는 중격측좌핵이다. 오른쪽 사진은 동일한 피험자로부터 좀 더 이마 쪽으로 움직여서 찍은 사진이다.

관심을 끌고 있는 중이다. 또한 약물 남용 치료센터에 비하면 그 숫자가 비록 매우 적지만, 도박 중독자들을 위한 치료센터도 있다. 전체적으로 볼 때, 병적인 도박은 약물 중독과 유사한 점이 있어 보이며, 의심할 여지없이 약물 중독을 위하여 행해진 많은 연구들로부터 혜택을 보게 될 것이다. 그러나 도박 그 자체에 대한 구체적인 연구들이 좀 더 이뤄질 필요가 있다.

섹스 중독

섹스 중독이 정말로 존재하는가에 대해서는 약간의 논란이 있다.[4] 하지만 여기서 우리는 다시, 중독에 대한 주요한 판단 기준을 가지고 판단해볼 수 있고, 어떤 극단적인 성적 행동은 다른 중독의 모습과 많이 닮아 있음을 발견할 수 있다. 작가이자, 강연자이고, 버몬트 미술대학의 강사이기도 한, 수 윌리엄스 실버만Sue Williams Silverman은 자신의 책 『상사병: 한 여자의 섹스 중독으로의 여행*Love Sick: One Woman's Journey Through Sexual Addiciton*』에서 그녀가 경험했던 문제점과 치료에 대하여 서술하고 있다. 그녀는 자신은 섹스뿐만 아니라 위험 danger에도 중독되어 있다고 말하는데, 그녀의 이러한 서술은 약물 중독과 매우 유사해 보인다. 그녀는 자신의 집착과 성적 공상 그리고 낯선 사람, 친구들, 자신의 아버지 등과의 경험에 대하여 말했다. 이 책은 그녀가 겪었던 힘겨운 정서적 갈등이 매력적일 만큼 명료하게 쓰여 있어서, 독자들은 그녀를 따라가며 때로는 같이 얼굴을 움찔거리기도 하면서, 그녀의 정서적인 갈등을 마치 자신이 직접 경험하는 듯한 느낌을 받을 것이다. 전문가들이 모두 '중독'이라는 용어 사용에 동의하지 않을 수도 있지만, 섹스는 하나의 행동으로서 경우에 따라서는 극단으로 치달을 수 있으며 우리의 삶에 문제를 야기할 수도 있다.

미국정신의학회에서 발간한 '정신질환의 진단 및 통계 편람'의 가장 최신판인 『*DSM IV TR*』을 보면 여러 가지 성적장애sexual disorder에 대한 언급이 나오지만, '섹스 중독' 장애 그 자체는 항목에서 빠져 있다. 그 책에서는 도박도 중독의 한 종류로 분류하지 않았다. 하지만 병적인 도박에 대한 서술은 하고 있다. 『*DSM IV TR*』은 사려 깊고 경험이 많은 전문가팀에 의해 편집되었다. 병적인 도박 같은 행동들은 결국 언젠가는 중독의 하나로 인식될 가능성이 높다. 여기서의 핵심적인 질문은 다음과 같은 것이다: 중독 모델이 과도하게 도박에 빠진 행동을 치료하는 데 유용한 도움을 줄 수 있을까? 이것이 우리가 추구해야 할 가치가 있는 하나의 중요하고도 실제적인 목표이다.

섭식장애

많은 사람들이 스스로 음식량을 잘 조절하지 못하며, 심지어 어떤 사람들은 자신들이 음식에 중독되었다고 생각한다. 성공회 주교인 마가렛 불릿-조나스Margaret Bullitt-Jonas는 스스로를 음식 중독자라고 생각하고, 그것을 주제로 하여 글을 쓰고 강의를 했던 사람이다. 그녀는 자신의 글에서, 앞으로 건강을 잃게 될 위험과 어떻게 이런 일이 생기게 되었는지 그리고 어떻게 하면 이런 상태를 벗어날 수 있는지 전혀 모르는 데서 오는 절망감과 고통스러운 상실감에 대해 서술했다. 그녀는 음식이 전혀 맛있지도 않고 음식을 먹는 행위가 전혀 즐겁지 않으며, 그것은 그저 강박적으로 행해질 뿐이라고 말했다. 그녀의 아버지는 알코올 중독자였는데, 그것이 가족들에게 스트레스를 주었고, 자신의 취약성이 발달하게 되는 데 기여했다. 결과적으로 그녀의 정서는 바닥에 닿았고, 건강을 위한 여러 가지 시도를 하는 중에 명상에도 참여하게 되면서 더 높은 영적 실체의 존재를 받아들이게 되었으며, 과식자 모임Overeaters Anonymous에도 참석했다. 그녀의 회복은 그야말로 육체적, 정서적, 영적인 것이 합쳐진 전체적인holistic 양상으로 나타났다. 그녀의 이야기는 상당한 용기와 결단을 보여주는 하나의 좋은 예가 될 것이다.

각종 미디어는 우리에게 초콜릿, 탄수화물, 지방이 기분을 바꿔주며, 갈망을 야기하고, 폭식을 일으킬 수 있는 대상이라고 경고한다. 탄수화물은 코카인이 작용하는 것과 동일한 뇌 부위에서 신호를 일으키기 때문에 '새로운 코카인'이라고까지 불리기도 한다. 흥미롭게도, 코카인이 음식과 같은 자연보상과 연관된 뇌신경 경로를 통해서 작용한다는 것이 잘 알려져 있다. 탄수화물 식품이 코카인과 유사한 점을 갖고 있다는 주장이 마치 이전에는 전혀 몰랐던 것처럼 새롭지만은 않을 수 있다. 탄수화물 식품, 특히 빵이나 국수류같이 밀가루로 만든 것들은 때때로 중독성이 있다고 말해왔다. 이러한 중독성의 징후로 아침에 나타나는 갈망, 먹는 것을 멈추기 어려움, 혹은 먹는 것을 멈추었을 때 기분이 바뀌거나 조바심이 나는 것 같은 금단 증상을 보이는 것 등이 제시되었다. 물론 탄수화물 식품의 과잉 섭취는 당뇨와 비만을 불러일으킬 잠재성 또한 갖고 있다. 이런 모든 것들이 중독과 유사한 것처럼 들리긴 하지만, 이런 행동에 그런 식의 표지를 붙이는 것에는 아직은 좀 더 주의를 기울여야만 한다.

어떤 음식에 대해 병적으로 과식을 하는 것은 약물 탐색 및 섭취와 유사할 수 있으며, 실험실의 여러 가지 결과들이 이것을 지지한다. 진 왕Gene Wang, 노라 볼코우Nora Volkow, 조안나 파울러Joanna Fowler 등의 연구자들은 뇌영상 연구를 통해서 비만인 사람들이 그렇지 않은 사람들에 비해 더 적은 양의 도파민 수용체를 가지고 있음을 보여주었다(그림 10-2 참조). 이것은 앞서 7장에서 설명했듯이(그림 7-2 참조), 약물 중독자들에게서 발견된 내용과 정확하게 일치하며, 결국 과도한 음식은 약물과 유사한 작용을 할 수 있음을 함축적으로 의미한다. 또한 폭식은 뇌 안의 도파민 수송체의 유전학과 연결되어 있음이 밝혀졌다. 당분을 과도하게 섭취하는 것 또한 중격측좌핵에서 도파민 양의 증가를 불러온다. 비만인 사람들이나 당뇨병을 앓고 있는 사람들이 단 것에 대한 갈증을 느끼는 경우를 주변에서 심심찮게 볼 수 있다. 또한 단

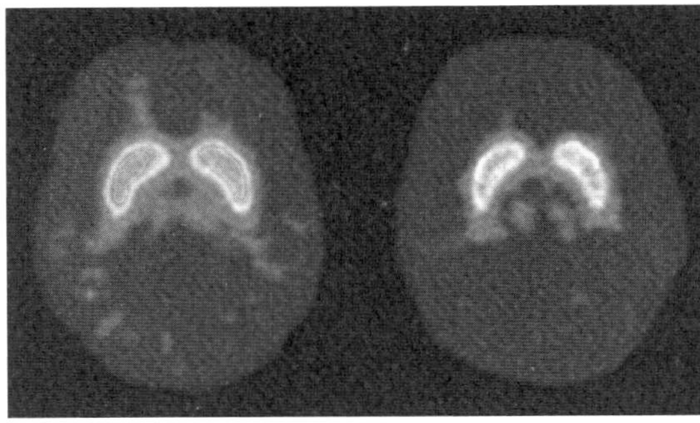

〈그림 10-2〉 비만인 사람들에게서 도파민 D2 수용체는 감소되어 있다. 도파민 D2 수용체에 대한 PET 스캔은 정상인(왼쪽)에 비해 비만인 사람들(오른쪽)에게서 이 수용체가 더 적게 나타남을 보여준다. 밝은 영역의 상대적인 크기와 수준이 수용체의 양적 수준을 나타낸다. 영역이 더 크고 밝을수록, 더 많은 수용체가 있다. 이 같은 결과는 중독자들에게서 나타나는 결과와 유사하다. 앞에서 소개한 7장(그림 7-1과 7-2)의 내용을 복습하는 것이 이해하는 데 도움이 될 것이다.

것을 끊으려고 부단히 노력했으나 재발하게 된 사람들, 자신의 음식 선택이 건강에 영향을 미친다고 느끼는 사람들도 볼 수 있다. 종합해보면, 폭식과 도파민, 갈망, 재발 그리고 건강에 대한 부정적인 영향들이 하나로 연결된 이러한 연구 결과들은 어떤 형태와 조건 하에서 비만이 약물 중독과 상당히 유사한 면이 있음을 알려준다.

이처럼 중독의 상당한 특징들이 과식과 비만에서도 나타나지만, 과식과 비만을 중독이라고 부르는 것이 과연 적합한지에 대해서는 더 논의해봐야 한다. 프린스턴 대학의 바틀리 호벨Bartly Hoebel 박사와 연구자들이 이 문제에 대하여 심도 깊은 논의를 했다.[5] 어떤 의미에서는 이것은 그리 중요하지 않을 수도 있으며, 오히려 중요한 질문은 “이런 문제를 가지고 있는 사람들을 어떻게 도울 수 있을까?” 하는 것일 것이다. 약물 중독 분야에서 그들을 위하여 사용되는 방법들과 유사한 방법을 사용하는 것이 섭식장애를 치료하는 데도 도움이 되는지의 여부를 알아보는 것은 흥미로울 것이다. 비만과 섭식장애를 중독의 일종으로 봐도 될지 말지와 상관없이, 이것들은 심각할 수 있으며 전문의사와의 상담을 필요로 한다.

경각심 주기와 변명들

비만의 문제를 지닌 사람에게 경각심을 불러일으키기 위한 전략으로 그 사람을 "중독자"라고 부르는 방법이 과연 효과가 있을까? 누군가를 중독자라고 부르는 것은 분명 주의를 끌 수 있을 것이다. 그러나 이들의 문제를 치료할 자격을 갖춘 전문가들이 이런 전략을 행하는 것은 부적합해 보인다. 선의의 뜻으로 가까운 친구나 가족들이 이렇게 말하는 것은 가능성이 있을지도 모른다. 그들이 이렇게 말하는 것이 비록 정당화될 수 있을지라도, 그 말은 더 큰 두려움을 만들어 그 결과 치료를 방해하는 역효과를 가져올 수도 있다.

반대 입장의 질문도 중요하다. 즉 "중독"이라는 표지를 누군가는 멈추기 어려운 자기 파괴적인self-destructive 행동을 계속하기 위한 하나의 변명으로 사용할 수도 있지 않을까? "나는 중독자입니다"라는 선언은 반복적이고 파괴적인 행동을 하는 사람에 대한 날 선 냉정한 판단들을 누그러뜨릴지도 모른다. 이것은 특히 어떤 사람이 이런 행동들의 원인이 유전적이라고 말할 때 나타날 수 있다. 예를 들어, "우리 부모님도 저와 똑같으셨어요"라고 말하는 것은 아주 큰 변명이 되는 것처럼 보인다. 하지만 오로지 유전 탓으로만 원인을 돌리는 것은 좋은 변명이라고 보기 힘들다. 유전은 단지 여러 가지 위험인자들 가운데 하나일 뿐만 아니라, 유전적 성향이 있다고 해서 반드시 중독이 일어난다는 것을 보장하지도 않기 때문이다.

focus

우리 주변에서 발견되는 몇 가지 극단적인 행동들, 예컨대 병적인 도박, 과도한 성적 활동, 폭식, 과도한 인터넷 사용, 쇼핑 중독 등은 많은 시간과 에너지 그리고 자원을 잡아먹는다. 상당히 소모적인 이러한 행동들은 심각한 개인적 고통과 부정적인 결과들을 초래하며, 특히 약물 중독자들에게서 발견되는 여러 가지 중요한 징후들을 보인다는 점이 주목할 만하다. 하지만 엄밀한 과학적 잣대를 가지고 살피는 일각에선 이러한 행동들을 아직은 중독의 한 종류로 받아들이지 않을 수 있다. 그럼에도 불구하고, 이들 행동들을 약물 중독과 비교하여 검토하는 것은 유익하다. 약물 사용자들에게 성공적인 치료 방법이 이런 극단적인 행동들을 하는 사람들에게도 유용할 수 있지만, 치료 과정에서 전문가에게 결정을 내리도록 맡겨 놓는 것이 최선일 것이다.

11장

술, 담배, 커피, 그 밖의 약물

"저는 지난 몇 년간 만성 알코올 중독에 대한 모든 경고를 무시한 채, 심하게 마셔댔습니다. 이제 의사가 말하기를, 고칠 수 있는 가능성이 거의 없는 말기 간질환이라고 합니다. 이제야 정말 제가 후회스럽습니다. 왜 제가 애초에 술을 마시기 시작했는지……."

• • •

각 약물은 저마다 특별하며 유혹이 될 만한 매력들을 가지고 있다. 하지만 동시에 부작용도 가지고 있다. 이번 장에서는 주로 이들 약물이 지니고 있는 보상이나 강화적인 측면에서의 효과가 아니라, 부작용에 대하여 다룰 것이다. 어떤 약물의 중독성과 그것이 일으키는 다른 측면에서의 해로운 부작용은 서로 관련이 있을 수 있다(그림 11-1 참조).

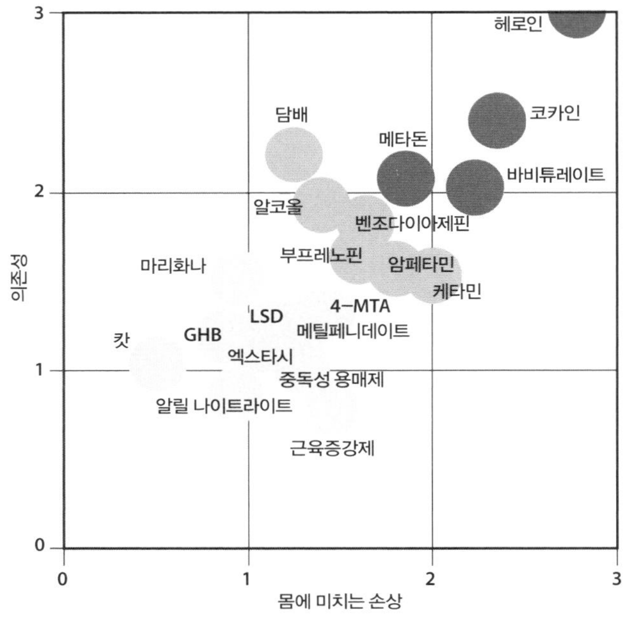

〈그림 11–1〉 각 물질의 중독성과 그 물질이 우리의 몸에 미치는 손상과의 관계. 중독과 육체적 손상과의 관련성을 찾기 위한 많은 노력들을 기울인 끝에 새로이 고안된 한 방법에 따라 관계를 찾아냈다. 일반적으로 어떤 물질의 중독성이 높을수록 더 많은 손상을 일으킨다. 하지만 그 관계가 완벽하게 일치하는 것은 아니다. 담배는 손상을 일으키는 것보다는 보다 더 쉽게 중독을 일으키는 반면, 근육증강제(anabolic steroid)는 중독성에 비해 몸의 손상을 더 많이 만들어낸다. 이 그림에 나타난 모든 약물들이 이 책에서 다뤄지지는 않았다. 이 분류 방법에 따르면, 헤로인과 코카인이 중독성과 손상 정도 모두에 있어서 각각 1순위와 2순위에 위치하고 있음을 주목해보라.

1장에서 여러 종류의 남용되고 있는 약물들을 열거했고, 각 약물들에 대하여 보다 자세한 정보를 얻을 수 있는 인터넷 사이트를 참고로 제시했다. 약물의 효과는 농도와 시간에 따라 다르게 나타남을 기억해둘 필요가 있다. 즉, 약물 사용자가 경험하게 되는 약물의 효과는 그 사용자가 얼마만큼의 약물을 섭취했는가에 따라, 마지막 약물로부터 다음 번 약물을 하기 전까지 얼마만큼의 시간이 흘렀는가에 따라, 그리고 지금까지 얼마나 오랫동안 약물을 섭취해왔는가에 따라서 다르게 나타난다. 또한 약물에 대한 반응에 있어서 사람마다 효과가 다르게 나타나는 개인차가 존재한다. 많은 경우에 약물 사용자는 여러 가지의 약물을 동시에 사용하는데, 물론 이것은 상황을 더욱 악화시킨다. 부디 이 책을 계속 읽어주기 바라고, 당신의 가슴 속에 있는 두려움이 주는 경고에 귀 기울이기 바란다.

알코올

알코올은 우리 주변 어디에나 존재한다. 손쉽게 접할 수 있는 알코올은 알코올 남용자들을 자극하여 심각한 어려움을 초래한다. 확실히 알코올은 여러 약물들 가운데 가장 위험한 것 중 하나이다. 알코올은 상황 판단 능력과 작업 수행 능력을 떨어뜨리고, 공격적인 행동을 조장하며, 사고 및 그에 따른 치사율과 연관이 있으며, 뇌의 구조와 기능 그리고 화학적 구성들에 변화를 일으킨다(그림 11–2 참조). 병원의 응급실 환자들 가운데 약 50%에서 다양한 혈중알코올농도가 검출된다. 치명적인 자동차 사고의 44%가, 집에서 낙상으로 생명을 위협하는 손상을 입는 경우의 약 30%가 알코올과 관련이 있다. 살인이나 난폭한 집안 분쟁과 같은 폭력 범죄의 경우에도 가해자가 알코올과 연관이 있는 경우가 종종 있다. 알코올을 섭취하는 임신한 여성은 자신의 태중의 아이를 태아알코올증후군Fetal Alcohol Syndrome이라는 위험에 놓이게 하여, 잘못하면 태아에게 뇌 손상과 그 외의 다른 이상을 불러오게

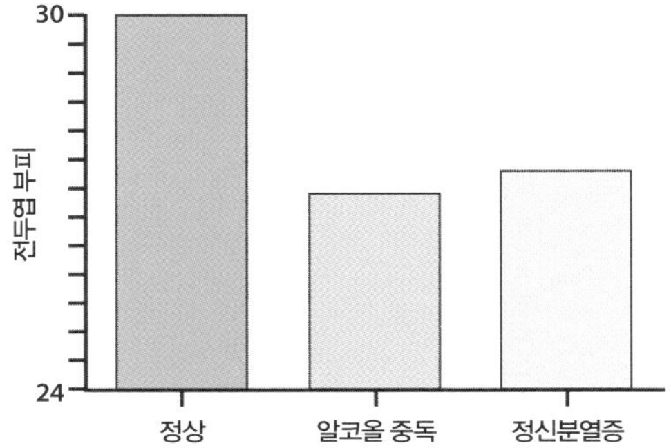

〈그림 11-2〉 알코올 중독자의 전두엽 부피는 현저하게 줄어들어 있으며, 심각하고 만성적인 정신질환자인 정신분열증 환자의 뇌와 비교가 될 정도이다. 이러한 뇌 영역의 감소는 정서 조절의 상실, 판단 능력의 와해, 자제력 상실 등과 연관성이 매우 높다.

할 수도 있다.

혈중알코올농도에 따른 행동 변화 및 생리적 효과에 대한 의미 있는 몇몇 연구들이 있다. 상대적으로 아주 적은 양의 알코올일지라도 체내에 들어가면 기분을 좋아지게 하고, 걱정을 줄여주며, 몸을 피곤하게 만들 수도 있다. 아주 많은 양의 알코올은 호흡 억제를 불러와 혼수상태에 빠지게 하거나 심지어는 죽음에까지도 이르게 할 수 있다. 신입생 파티와 같은 장소에서 많은 양의 알코올을 강제로 마시게 되는 경우, 이런 일이 실제로 일어나기도 한다. 드물지만 알코올 섭취로 인한 합병증에는 환각과 피해망상을 동반하는 알코올 유도성 정신장애alcohol-induced psychotic disorder, 생명을 위협하는 질환인 베르니케뇌병변Wernicke's encephalopathy이 있는데, 베르니케뇌병변은 정신적 혼동과 근육 조절의 상실이 특징으로 나타난다. 이것들은 즉각적인 치료를 필요로 한다.

장기간 알코올 사용으로 발생하는 대표적인 합병증으로 간질환을 들 수 있다. 간질환에는 지방간과 간경화가 있다. 이것들은 간부전liver failure으로 발전할 수 있으며, 비용이 많이 드는 의료 관리와 죽음까지도 초래한다. 만성 음주는 비타민 B, 그중에서도 티아민thiamin(비타민 B_1)의 결핍과도 연관이 있는데, 비타민 B의 결핍은 팔과 다리 같은 곳에 있는 말초신경에 손상을 입히는 말초신경장애peripheral neuropathy로 나타날 수 있으며, 티아민 결핍은 코르사코프증후군Korsakoff's syndrome이라고 불리는 단기기억 상실의 원인이 될 수 있다. 다시 말하지만, 이러한 심각한 문제들은 치료를 해야만 한다.

심하게 술을 마시던 사람이 술을 끊게 되면, 진전섬망delirium tremens이라고 부르는 심각한 금단 증상을 경험할 수 있다. 보통 알코올을 중단하고 오랜 시간이 흐르면, 몸을 떨면서 땀을 흘리고 심장의 박동수가 증가하는데, 이 상태에서 하루 이틀이 더 지나면, 진전섬망이 나타나서 환각과 발작을 경험하거나 때때로 곤충이 피부 위를 지나가는 것 같은 느낌을 받을 수도 있다. 진전섬망 상태에서 약 5~15%는 생명을 잃기도 한다. 알코올로 인한 금단 증상은 분명히 매우 심각하고, 특별히 많은 양의 술을 마시는 사람에게는 더욱 그렇다.

알코올 섭취로 더욱 악화될 수 있는 다른 증상으로는 피부 상태의 변화, 수전증, 고혈압, 식도역류, 위궤양, 위염, 일부 내분비 기능의 축소, 자가면역질환, 통풍, 혈액질환 등이 있다. 결국 이 모든 것을 종합해볼 때, 알코올은 확실히 가장 위험한 약물 가운데 하나이며, 만성 알코올 중독은 꽤 유독한 삶의 한 방식이다. 가볍고 적당한 음주는 유익한 면도 있음이 사실이다. 이것은 심장질환, 심장마비로 인한 사망, 뇌졸중, 담석 그리고 어쩌면 당뇨까지도 그 위험성의 감소와 연관이 있다고 알려져 있다. 그러나 만일 누군가가 음주를 조절할 수가 없는 나머지 점점 더 많이 마시는 경향을 갖게 된다면, 아마도 그로 인해 손상을 입을 위험은 잠재적 유익을 훨씬 넘어서게 될 것이다. 이때에는 의사와의 상담이 도움이 될 것이다.

이 책의 앞에서 논한 것처럼, 약물은 정상적인 신경전달을 방해하는데, 알코올도 마찬가지다. 알코올은 몇 가지 신경전달물질 시스템에 영향을 주는데, 특히 억제성 신경전달물질의 하나인 GABA에 영향을 준다. GABA 수용체에는 몇 가지 아형이 존재하는데, 알코올은 그중 GABA–A 수용체의 기능을 증진시킨다. 알코올은 또한 흥분성 신경전달물질인 글루타메이트 수용체의 일부를 방해한다. 억제성 수용체의 기능을 향상시키고 흥분성 수용체의 기능은 방해를 함으로써, 알코올의 전반적인 신체 기능 저하 작용은 이 두 가지 효과의 합으로 설명된다. 이 외에도 다른 신경전달물질인 아세틸콜린과 세로토닌과의 상호작용 또한 주목을 받아왔다.

니코틴

니코틴을 이야기할 때 일단 흡연부터 언급하게 되는데, 그것은 니코틴이 흡연을 계속하게끔 촉진하는 담배 속의 중독성 성분이기 때문이다. 실험을 통해 밝혀진 바에 의하면, 흡연의 속도와 빈도수는 보상 효과가 발휘되기 위해 필요한 일정 범위 내의 니코틴 혈중농도를 유지하도록 조정된다. 처음 담배를 피울 때는 대개 숨이 막히거나 구토가 날 것 같은 부정적인 반응을 만들어내지만, 담배를 지속적으로 피우다 보면, 이러한 부정적인 느낌들은 차차 가라앉고 니코틴의 중독성이 자리를 차지하기 시작한다. 니코틴은 신경전달물질 아세틸콜린의 수용체, 그중에서도 니코틴성 수용체를 자극하며, 이때 중격측좌핵 내로 도파민이 분비되는데, 이것은 다른 많은 약물들의 공통된 신경 현상이다.

니코틴이 행동에 미치는 영향은 미묘한 부분이 있으며, 다른 약물들과 비교해볼 때 상대적으로 염려는 덜해도 된다. 니코틴은 걱정과 스트레스를 완화해주고, 공격성과 분노를 줄여주며, 편안함과 행복감이라는 기분 좋은 상태를 만든다. 이러한 효과들은 긍정적일 수 있지만, 흡연이 의존성을 만들어내는 것은 분명하다. 실제로 사람은 물론이고 동물도 니코틴을 자가투여하며, 내성이 생겨난다. 흡연을 중단하려고 하면 금단 증상이 나타나며, 자주 재발된다. 흡연자의 약 3분의 1에서 2분의 1은 니코틴에 의존적이 된다.

금단 증상에는 갈망, 우울증이 포함되고, 어떤 흡연자는 자신의 우울증을 없애기 위해 흡연을 하기도 한다. 추가적인 금단 증상에는 체중의 증가, 불면증, 염려, 조바심, 피로, 집중의 어려움 등이 있다. 흡연은 너무도 광범위하게 퍼져 있어서 아마도 대부분의 사람들은 이러한 금단 증상을 경험하는 가족의 구성원이나 친구를 알고 있을 것이다. 담배를 피우는 것은 순수한 니코틴을 섭취하는 것보다 더 문제가 있다. 우리의 폐는 담배의 성분들과 일산화탄소로부터 심각한 공격을 받게 되고, 몸의 다른 기관들 또한 영향을 받는다. 도로시 핫수카미 Dorothy Hatsukami 박사와 동료들은 흡연으로 인해 폐가 독성물질들에

〈표 11-1〉 1997~2001년 사이 흡연과 관련지어 사망한 남녀의 수(단위: 명)

사망 원인	남자	여자
암	104219	54310
심장질환	84367	53612
폐질환	54319	47135
출생 문제	523	387
2차 흡연	15536	22576

여기서 암은 구강, 식도, 위, 이자, 기관지, 자궁경부, 요도 그리고 백혈병을 포함한다. 심장질환은 허혈(ischemia), 동맥경화, 동맥류 등이 포함된다. 폐질환은 폐렴, 독감, 기관지염, 폐기종, 만성 기도폐색이 포함된다. 출생 문제에는 조산, 저체중, 호흡곤란증후군, 영아돌연사증후군이 포함된다. 그리고 2차 흡연으로 인한 사망에는 폐암과 허혈성 심장질환으로 인한 사망이 포함된다. 전체 사망자 수는 435000명을 넘는다. 여기에 적힌 사망자 수 이외에도 흡연으로 인한 만성 질환 역시 환자의 생명을 위태롭게 하고 많은 비용이 든다.

노출되는 정도가 사람마다 다르다는 것을 밝혔다.[1] 과도한 흡연자에게는 그것이 웬만한 정도에 그칠 수 있지만, 다른 사람에게는 괜찮지 않을 수 있다. 동일한 정도의 흡연으로 과도한 흡연자보다도 더 많은 독성물질에 폐가 노출되는 결과를 낳을 수 있다. 흡연으로 인한 사망률이 표 11-1에 나타나 있다. 다행히도, 담뱃값을 인상하는 법률이 제정되어 그만큼 담배에 손이 덜 닿도록 만들었다. 제조사는 담뱃갑에 암의 위험을 경고하는 문구를 넣도록 하는 법률도 제정되었다. 공공보건을 위하여 중요한 니코틴 의존의 치료 방법들에 대해서는 13장에서 다룰 것이다.

4장에서 언급한 것처럼, 니코틴은 신경전달물질인 아세틸콜린 수용체에 가서 작용한다. 역사적으로 아세틸콜린은 가장 처음으로 발견된 신경전달물질이고, 이를 통해 뇌 연구의 문이 열리면서 많은 중요한 발견들을 이끌었다. 아세틸콜린은 두 가지 주요한 형태의 수용체에 작용하는데, 하나는 니코틴성이고, 다른 하나는 무스카린성이다. 이들 아형의 수용체들은 각각 서로 다른 식물에서 추출한 니코틴과 무스카린(독버섯의 일종인 광대버섯에서 추출한 독성물질의 이름 — 옮긴이)이라는 물질을 가지고 실험을 하여 발견했으며, 그 이름을 따라 이렇게 부르게 되었다. 니코틴성 수용체는 이온투과성 수용체이며, 무스카린성 수용체는 G-단백질과 짝지어진 수용체이다(4장의 그림 4-2 참조).

마리화나(대마초)

몇몇의 학생들이 모여서 시험공부를 하고 있다고 해보자. 잠시 휴식시간에 다함께 마리화나를 피우면서, 그들은 긴장이 풀어지는 것을 느낀다. 시험 당일에도 이것만 있으면 초조해하지 않을 수 있고 따라서 성적도 잘 나올 것이라고 말한다. 그러고는 확신에 찬 모습으로 다시 공부를 하러 간다면, 그들의 생각은 잘못된 것일까?

마리화나는 가장 널리 사용되는 불법 약물이다. 미국 국립약물남용연구소NIDA의 최근 조사에 따르면, 미국 고등학교 상급학년 학생의 20% 이상이 조사가 있던 날로부터 지난 30일 이내에 마리화나를 했다고 한다! 바로 앞에서 소개한 시험을 앞둔 학생들의 경우를 상기하면서 다시 질문을 해보기로 하자. 마리화나의 사용이 정말로 학생들의 학업수행에 영향을 끼칠까? 사람들은 만족점에 도달하기 위해 마리화나 혹은 대마 식물을 가지고 흡연을 하거나 직접 먹기도 한다. 한 가지 주요한 유효 성분은 델타-9-테트라하이드로카나비놀THC, tetrahydrocannabinol인데, 아마도 카나비디올CBD, cannabidiol(THC와는 달리 정신에 작용하는 효과는 매우 작지만 다른 측면의 의학적 효과는 상대적으로 높은 것으로 알려져 있음—옮긴이) 같은 다른 유효 성분들이 더 있을 것으로 생각된다. 약물로 사용되는 식물의 강도와 비율이 지난 수십 년 동안 증가해왔는데, 선택적 재배를 통한 품종의 개발 덕분으로 보인다. 여기에 몇 가지 서로 다른 변종의 식물들이 알려져 있다. 드로나비놀dronabinol—인공적으로 합성한 THC를 말하며, 상표 이름은 Marinol이다—은 시장에서 판매되고 있는 치료용 의약품인데, 식욕 자극과 구토 감소의 효과가 있다. 하쉬시hashish는 식물에서 짜낸 수지성 추출물로, 보다 더 순수한 형태의 약물이며, THC가 고농도로 들어 있다. 이것은 건조하여 압축했다가 흡연을 통해 섭취된다. 델타-9-THC와 몇 가지 다른 성분들은 뇌 안에 자연적으로 존재하는 신경전달물질인 아난다마이드—그래서 내인성 카나비노이드endogenous cannabinoids라고 부른다—의 수용체를 통해 작용한다.

마리화나를 즐기는 사람들이 보통 사용하는 수준의 양recreational dose을 섭취하면 희열, 행복감, 긴장 완화 같은 심리적 보상 효과를 느낄 수 있다. 반면 방향 감각 상실, 집중력 결핍, 학습과 기억 손상, 진정 상태, 공황 상태, 편집증과 같이 문제가 되는 효과도 동시에 나타난다. 생리적인 효과에는 잘 알려진 눈의 충혈, 구강 건조, 식욕 증가, 혈관 확장, 심박동수 증가, 소변 감소, 변비, 신체 기관의 협동 부조화 등이 있다. 또한 갈망, 예기치 못한 기분 전환, 두통, 체중 증가, 수면 방해와 같은 금단 증상이 보고되었다.[2] 한편 마리화나를 피울 때 들이마시는 타르tar와 흡수되는 일산화탄소의 양은 담배를 피울 때와 비교하여 3~5배에 달한다는 흥미로운 보고도 있다! 2005년에서 2007년 사이에 행해진 국가 차원의 설문조사는 마리화나의 사용 기간과 기관지염, 폐암, 염려, 우울증, 성병 사이에는 명확한 상관관계가 있음을 보여주었다.[3]

앞에서 소개한 시험을 앞둔 학생들의 경우로 돌아가보자. 공부를 할 때 마리화나를 피우는 것이 도움이 될까? 아니다! 그렇지 않다. 약물의 효과 중에는 위에서 열거했던 것처럼 집중력과 학습 능력의 저하 그리고 기억의 손상이 포함된다. 학생들의 선택은 오히려 공부에 더 방해가 되는 결과를 가져온다. 한 연구에서 비행기 조종사들로 하여금 20mg의 델타-9-THC가 들어 있는 마리화나를 피우게 하고, 모의비행장치 안에서 그들이 주어진 임무를 얼마나 잘 수행해내는지 조사해 보았다. 결과는 마리화나가 임무수행 능력을 떨어뜨리는 것으로 나타났는데, 이러한 능력 저하는 24시간이 지나서도 지속되었다. 약효가 줄어들긴 했지만, 꽤 오래 걸린 것이다.[4] 따라서 주의하라! 손상은 오랫동안 지속될 수 있다. 만일 누군가가 상당한 집중과 주의를 요하는 업무 혹은 직업을 가지고 있다면, 혹은 부모로서의 역할을 수행해야 한다면, 그런 사람이 이런 위험을 감수할 여유는 없을 것이다. 누군가는 조종사들이 섭취한 약물의 양이 일반적으로 약물 사용자들이 섭취하는 양보다 더 많다거나, 모의비행장치가 특별히 민감한 도구라고 주장할지도 모른다. 하지만 어찌 되었든 간에 위험이 있는 것은 사실이다.

'의학적 마리화나'는 식물, 그것의 추출물, 혹은 그 안의 주요 성분들을 의사가 추천한 치료용 약품으로 사용하는 것을 말한다. 문헌에 나와 있는 효능을 살펴보면, 욕지기와 구토를 감소시키고, 식욕을 자극하며, 녹내장glaucoma의 증상을 감소시켜준다고 되어 있다. 또한 최근에는 여러 가지 암들, 아편류 의존증 그리고 알츠하이머병을 치료하기 위해 THC를 사용한 연구들이 있다. 하지만 마리화나를 의학적 소용이 있는 치료용 약물로 사용하는 것은 아직까지 몇몇 진영에서는 논쟁으로 남아 있다.

코카인

정신분석학의 창시자인 프로이트는 코카나무Erythroxylon coca 잎으로부터 추출한 코카인을 가지고 최초로 실험을 수행했던 과학자이기도 하다. 그는 코카인의 정신자극적인 성질에 깊은 인상을 받았고, 이러한 성질은 알코올이나 아편류 약물이 만들어내는 신체 기능 저하 효과와 반대되는 것이어서, 그는 코카인을 알코올과 아편 중독의 해독제나 치료제로 사용해야 한다고 수차례 제안했다. 그는 심지어 몇몇 친구들에게 코카인을 써볼 것을 제안하고, 실제로 친구들이 코카인을 사용하도록 만들기도 했다. 프로이트는 불행하게도, 나중에 코카인이 중독성 물질이라는 것이 증명되고 나서야 자신의 실수를 깨달았다. 이것은 여러 종류의 약물들이 서로 다른 급성 효과—그것이 서로 반대되는 효과일지라도—를 갖고 있음에도 동일한 중독성을 공유하고 있다는 사실을 강조한다. 다행히도 오늘날 우리는 동물을 대상으로 행동 실험을 할 수 있고, 이를 통해 사람에게 어떤 약물을 처방하기 전에 중독성의 가능성이 높은 물질들을 찾아낼 수가 있다.

코카인은 코카나무 잎사귀를 씹음으로써 입 안으로 흡수되게 할 수 있는데, 이런 식으로 섭취하는 일은 거의 일어나지 않는다. 그보다는 순수한 코카인을 가루 형태로 만들어 코로 빨아들이거나, 입으로 먹거나, 혹은 물에 녹여서 정맥주사를 놓는 경우가 흔히 코카인을 섭취하는 방식이다. 특히 정맥주사를 놓는 방법은 빠르고 쉽게 만족점에 도달할 수 있게 해주기 때문에 약물 경험자들이 많이 선호한다. 크랙 코카인crack cocaine은 가루로 된 코카인으로부터 염산을 제거하고 자유염기free base 형태로 만든 것인데, 이러한 형태에서는 가열을 하면 코카인이 쉽게 기체화하여 그 연기를 들이마실 수가 있다. 연기를 들이마시거나 정맥주사를 놓는 것은 뇌 안에 높은 농도의 약물을 빠르게 전달해주는 가장 효과적인 방법이다. 정맥주사는 직접 혈액을 통하여 효과적으로 약물을 뇌로 전달해주며, 연기를 들이마시는 것 또한 약물을 폐에서 혈액으로 다시 뇌로 효과적으로 전달한다.

한 번의 코카인 주사만으로도 각성, 행복감과 자신감, 주의를 요하는 과제에 대한 향상된 수행 능력, 심장 박동수와 혈압의 증가 등을 가져온다. 농도가 높아지면 황홀감을 만들어내는데, 이것이 종종 약물 사용자들의 목표가 된다. 코카인의 반복적인 사용은 불안, 편집증, 정신병psychosis, 중독을 일으킬 수 있다. 금단 증상은 피로감, 우울, 염려, 약물에 대한 갈망을 가져온다. 몇 가지 중요한 독성 작용으로 불규칙적인 심장 리듬과 다른 종류의 심장 문제들, 코카인의 혈관 수축 효과로 인한 산소 결핍, 발작 등이 있다. 혈압의 상승은 뇌졸중의 위험을 증가시킨다. 사용자에 따라서는 다른 종류의 약물을 코카인과 함께 섭취하기도 한다. 예를 들어, 어떤 사람은 알코올을 섞어서 코카인 사용자들이 보통 겪게 되는 조급함을 완화하려고 하거나, 마찬가지 목적으로 코카인을 헤로인과 함께 사용하기도 한다.

뇌 안에서 일어나는 신경전달의 수준에서 살펴보면, 코카인은 도파민, 세로토닌, 그리고 노르에피네프린norepinephrine 수송체들의 작용을 방해하여, 그 결과 시냅스 내에 존재하는 이들 신경전달물질들의 양과 그 효과를 높여주게 된다. 하지만 이 가운데서 코카인의 중독성은 오직 도파민 수송체를 막음으로써 나타나게 된다.[5] 나는 메리 리츠Mary Ritz 박사와 다른 동료들과 함께 이것을 발견했는데, 동물을 이용한 자가투여 실험에서 효능이 높은 코카인 유사 물질일수록 도파민 수송체를 막아주는 효과가 높게 나타났으며, 그 반대도 또한 사실로 나타났다. 이 연구는 코카인과 다른 정신자극제의 주요 목표가 도파민임을 지적한 로이 와이즈Roy Wise와 닉 고더즈Nick Goeders 박사들의 연구를 비롯하여 많은 이들이 오랫동안 해오던 연구들의 한 정점을 이루는 연구였다.[6]

메스암페타민

메스암페타민은 오랜 기간 우리 주변에 존재해왔으며, 비만, 주의력결핍과잉행동장애ADHD 그리고 졸음을 치료하기 위해 사용되어왔다. 이것은 아디펙스Adipex, 데속신Desoxyn, 메세드린Methedrine이라는 상품명을 갖고 있다. 이것 역시 주요한 중독성 약물의 하나이고, 위험한 약물이기도 하다. 과거에 한동안 메스 남용자들이 급류처럼 쏟아졌는데, 이 약물의 중독성이 매우 강하기 때문이기도 하지만, 이 약물을 가정집 부엌에서도 쉽게 합성할 수 있을 정도로 그 제조법이 간단하기 때문이기도 하다. 약물 그 자체도 독성이 있지만, 그것을 합성하는 것—"쿠킹cooking"이라고 부른다—은 위험하기까지 하다. 이 약물을 집에서 만들다가 심한 화상을 입거나 상해를 당하는 경우가 빈번히 발생하곤 했다. 이 물질은 암페타민과 가장 유사하지만, 그 효과는 다소 다르다. 메스는 암페타민보다도 더 쉽게 뇌에 들어가며, 그 안에서 암페타민보다 더 많은 양의 도파민을 시냅스로 방출시킨다. 그리고 코카인보다도 정신병적 증상에 더 많은 연관을 갖고 있다. 메스는 또한 파킨슨병Parkinson's disease의 발달과도 관계가 있는 것으로 여겨진다. 정신자극제로서의 메스의 효과는 다른 정신자극제들인 코카인과 암페타민의 효과와 유사한데, 거기에는 주의력과 각성의 증가, 정신적 고양, 황홀감 그리고 기분 상승 등이 포함된다.[7]

메스로 인해 나타나는 독성 가운데 한 가지 두드러진 특징은, 뇌 안의 도파민과 세로토닌을 함유하고 있는 신경세포들을 심하게 손상시키거나 더 나아가 파괴할 수 있는 능력이다. 진 러드 카데Jean Lud Cadet, 안네트 플렉켄스타인Annette Fleckenstein, 사이에드 알리Syed Ali, 제리 마이어Jerry Meyer와 동료들은 메스가 신경세포에 만들어내는 독성 효과들의 방법에 대하여 많은 연구를 했다. 메스암페타민은 임신과 관련해서도 심각한 문제를 일으킬 수 있는데, 예컨대 조산이나 저체중아의 출산 같은 것이 포함된다. 혹은 출생 후에 아이들에게서 신경학적 증상들이 나타날 수도 있다. 메스의 사용자들에게는 과대 및 피해망상으로 특징지어지는 정신병, 환각 그리고 정돈되지 않은 사고 등이 나타날 수 있다. 이런 증상들이 나타나는 기간은 몇 시간에서 며칠에 이르기까지 다양하다. 사용자들에게서 발견되는 썩은 치아의 경향도 메스 사용과 종종 연관이 있다. 메스암페타민의 중단은 심각한 증상을 야기할 수 있는데, 우울, 염려, 피곤, 갈망, 과도한 수면, 즐거움의 상실, 집중력 상실 같은 증상을 나타낸다. 갑작스러운 금단 증상의 개시를 때때로 "크래쉬crash"라고 부른다.

레딩이 쓴 『메스랜드*Methland*』에는 메스암페타민의 독성이라 여겨지는 경험이 생생하게 서술되어 있다(International Creative management Inc.의 허락을 받아 게재함).

"자비스Jarvis는 이 지역에 잘 알려진 여러 명의 전설 가운데 한 사람일 뿐이다. (···) 그는 28일 동안이나 메스로 인한 만족점에 올라 있었다. (···) 내가 그를 만났을 때, 그는 4번의 심근경색을 경험했고, (···) 잠을 제대로 이루지 못했으며, 식욕도 거의 떨어진 상태였다. 그의 치아는 거의 다 사라지고 없었으며, 그나마 남아 있는 것도 검게 썩어가고 있었다. 그는 늘 고통을 끼고 살았으며, 그의 근육은 통증을 호소하고 그의 무릎은 딱딱해져 있었다. (···) 그의 아이들 중 하나는 부모가 메스 정맥주사에 열중할 때 태어났는데, 열 살 때까지 장루(인공항문)부착용 주머니를 차고 다녔다. 집에서 약물을 합성하다가 생긴 폭발로 잘려나간 손가락 덕분에 라이터를 켤 수가 없었지만, 자비스는 스스로 파이프를 잡고 라이터를 켜는 방법을 터득했고, 그 결과 그가 해오던 메스 습관을 재개할 수 있었다."

이미 앞에서 언급한 것처럼, 메스는 도파민 수송체를 표적으로 삼아서 중독성의 효과를 만들어낸다. 하지만 단지 도파민의 재흡수만을 막으며 그것의 분비를 촉진시키지 못하는 코카인과는 달리, 메스는 그 두 가지를 다 할 수 있다. 그리고 메스도 마찬가지로 세로토닌과 노르에피네프린의 수송체들을 막을 수 있다. 예를 들어 노르에피네프린의 수송체를 막게 되면, 노르에피네프린의 양이 증가하여 혈압이 올라가게 된다.

암페타민을 위한 독립된 설명은 생략하려고 한다. 왜냐하면 그것은 코카인 및 메스암페타민과 유사하기 때문이다. 암페타민은 메스와 같은 방식으로 신경세포에 영향을 준다.

자낙스, 바리움, 그리고 다른 종류의 진정제들

세계에서 가장 많이 처방되고 있는 약물 중 한 가지 중요한 부류는 벤조다이아제핀 계열의 약이다. 이 단어는 어떤 특정한 화학구조와 성질을 공유하고 있는 약물들을 부르는 일반적인 화학명이다. 이 부류에 속하는 약물들의 상표명에는 자낙스Xanax, 클로노핀Klonopin, 바리움Valium, 아티반Ativan 등이 있다. 이것들은 진정제 및 수면유도제로 사용된다. 진정제로서는 걱정을 덜어주고 조용히 가라앉히는 효과가 있으며, 수면유도제로서는 수면 개시를 도와주도록 졸리게 만드는 효과가 있는데, 사용하는 양에 따라서 각각 다른 용도로 사용될 수 있다. 수면유도는 보통 진정 효과보다도 더 많은 양을 필요로 한다. 이들 약물들은 과도한 양을 복용하더라도 상대적으로 안전하여 과거에 사용되던 바비튜레이트 계열의 약물을 대신하여 사용되고 있다. 때때로 이들 약물들이 여러 가지 진단이나 수술 절차에 앞서서 진정 효과를 만들기 위하여 사용되기도 한다.

주목해야 할 부작용으로는 진정제라는 이름에서 예측되는 것들이다. 반응 시간의 지연, 정신 및 운동 기능의 손상, 기억 상실, 각종 사고 유발 등이다. 걱정을 덜 목적으로 낮 시간에 복용하게 되면, 이 약물이 과도한 수면을 유도할 수 있기 때문에 그 양을 잘 조절하는 것이 중요하다. 어떤 약물 사용자는 만족점에 도달하기 위하여 이 약을 섭취하기도 하며, 다른 이는 다른 약물 사용으로 발생할 수 있는 염려와 초조함을 덜기 위하여 이 약물을 섭취하기도 한다. 수개월 간의 만성적 사용은 중독으로 이끌 수도 있다. 금단 증상으로는 걱정, 불안, 수면 방해, 근육 경련, 어지럼 등이 있다. 하지만 중독자가 많은 양의 약물을 사용해오고 있었다면, 금단 증상으로 발작과 섬망이 일어날 수도 있다.

이 부류에 속하는 약물들은 알코올과 마찬가지로 GABA-A 수용체를 통해서 작용한다. 약물 그 자체로는 수용체를 자극하지 못하지만, 몸 안에 존재하는 신경전달물질 GABA의 활동을 증가시켜준다. 알코올을 남용하던 환자는 훨씬 더 쉽게 벤조다이아제핀을 남용할 가능성이 높다.

옥시콘틴과 다른 아편성 약물들

옥시콘틴은 헤로인과 모르핀이 포함되는 아편성 약물 계열로 분류되는 널리 알려진 약물이다. 아편성 약물들은 합법적으로 사용되는 통증 치료제로서 이 분야에서는 중심 위치를 차지한다. 그런데 통증을 없애주는 그 동일한 신경 시스템이 또한 황홀감과 행복한 느낌을 만들어내는 곳이기도 해서, 사용되는 약물의 남용과 중독을 발전시킬 수가 있다. 내성이 나타나고, 약물 사용을 중단하게 되면 심각한 금단 증상이 나타난다. 아편성 약물들은 특별히 중독되지 않은 사람들이나 통증 치료를 받지 않은 사람들이 섭취할 경우, 욕지기, 구토, 그리고 착가라앉는 느낌과 같은 불쾌한 효과를 만들어낸다.

이 그룹의 화합물이 갖는 의학적 중요성 때문에 많은 종류의 아편성 약물들이 만들어졌고 사람에게 처방할 수 있게 되었다. 그중 헤로인은 가장 위험한 아편성 약물로 꼽을 수 있다. 이것은 체내에 들어와서 활성을 띤 대사물질로 빠르게 바뀌며, 곧이어 뇌 안으로 신속하게 도달하는데, 강한 황홀감과 그 뒤에 이어지는 평온한 느낌을 준다고 한다. 금단 증상으로는 약물에 대한 갈망, 염려, 불면증, 초조함, 근육 경련과 근육 통증 등이 나타난다. 이것은 5~10일간 계속될 수도 있으며, 비록 생명을 위협하지는 않더라도 매우 불쾌한 느낌을 준다. 과도한 약물 사용은 위험하고, 죽음을 초래하기도 하는데, 보통 호흡 기능이 억제되어 나타난다. 다른 약물도 그렇지만, 헤로인 중독자들의 거리에서 사망 비율은 매우 높은 편이다. 아편성 약물들은 종종 다른 약물들과 같이 사용된다. 예를 들어, 코카인으로 인해 생겨나는 불안과 초조함을 잠재우기 위하여 코카인과 함께(이처럼 코카인에 헤로인이나 모르핀 등을 섞은 약물을 스피드볼speedball이라고 부름—옮긴이) 혹은 코카인을 사용하고 난 후에 사용하기도 한다.

아편성 약물 등을 주사기를 통해 사용하는 사람들은 오염되고 더러운 바늘 때문에 심각한 감염이 일어날 수도 있다. 추악한 피부의 종양이나 간염, 결핵, 후천성면역결핍증AIDS 등이 포함된다. 그들은 또한 성병에 걸릴 위험도 매우 높다. 아편성 약물은 뇌 안에 본래 존재하는 화학물질인 엔케팔린과 엔도르핀 같은 아편성 펩타이드 신경전달물질의 수용체를 자극함으로써 작용한다.

엑스타시와 클럽 약물들

엑스타시ecstasy(그냥 줄여서 X라고도 하며, 우리나라에서는 '도리도리'로 더 잘 알려져 있음—옮긴이)는 코카인이나 암페타민처럼 정신자극제의 효과도 있으면서, 동시에 LSD와 같은 환각 효과도 있는 흥미로운 물질이다. 이 약물은 주로 젊은이들 사이에서 인기가 높은데, 종종 레이브 댄스rave dance장에서 사용되기도 한다. 엑스타시는 정신치료psychotherapy를 하는 동안 연민이나 동정심을 불러일으키고 통찰력을 증진시킨다는 점에서 유용하다고 여겨지곤 하였으나, 이에 관한 확고한 증거 자료가 충분치 않다. 엑스타시를 실험실에서 부를 때의 본래 이름은 메틸렌다이옥시메스암페타민MDMA, methylenedioxymethamphetamine이다.

이 약물 효과로 공감, 통찰력 그리고 타인과 가까워지는 느낌 등이 보고되어 있다. 하지만 이것은 또한 심리 테스트를 통해 나타난 것처럼 우울증과 염려를 증가시키고, 충동성과 적대감을 만들어낸다. 이 약물의 독성은 동물연구에서 밝혀진 것처럼 세로토닌을 함유하고 있는 축삭돌기와 신경세포 말단을 고갈시키거나 파괴—아마도 영원히—시킨다는 점에서 매우 심각하다. 페리 렌쇼Perry Renshaw, 스캇 루카스Scott Lukas, 그리고 다른 연구자들은 MDMA 남용자들의 대뇌피질의 크기가 줄어들어 있는 것을 발견했다.[8] 역설적으로 어떤 연구에서는 약물 사용자들의 행동에서 별 다른 문제점을 찾지 못했다는 보고도 있었지만, 뇌에 나타나는 변화는 설사 지금은 아니어도 결국 심각한 미래의 문제를 예측하도록 알려주고 있을지도 모른다. 비록 아직까지는 MDMA가 심각한 중독 문제로 대두되지 않았지만, 앞으로 그렇게 될 가능성이 있다는 점에서 염려가 되고 있다. 이것은 심장박동수와 혈압을 증가시키고, 과도한 양을 섭취하면 죽음을 초래하기도 한다. MDMA는 뇌에 들어와서 다양한 효과를 나타낸다. 세로토닌 수송체를 방해하여 신경전달에 변화를 일으킬 수 있으며, 또한 다양한 신경전달물질의 수용체와도 결합할 수가 있다. MDMA는 기본적으로 암페타민과 메스암페타민의 유사체이다. 그리고 또 다른 암페타민 유사체로서 남용되는 것도 있다. 예컨대, MDA는 MDMA와 유사한 성질을 가지고 있는 것으로 알려졌다.

엑스타시는 GHB, 로히피놀, 케타민 등과 같은 물질과 함께 클럽 약물club drug로 알려져 있다. GHB와 로히피놀은 진정 작용이 있고, 로히피놀은 의식불명과 기억상실을 일으킬 수 있다. 케타민은 지각과 느낌을 왜곡시킨다. 이것들을 클럽 약물이라고 부르는 것은 댄스클럽, 술집, 파티장소 그리고 이와 유사한 다른 모임들에서 주로 사용되기 때문이다.

펜사이클리딘

'천사의 먼지' 혹은 '로켓 연료'라는 별명을 갖고 있는 펜사이클리딘 PCP, phencyclidine은 본래 마취제로 사용할 목적으로 만들어진 합성 물질이다. 하지만 부정적인 심리 효과를 보이기 때문에 사람에게 쓰이는 것은 허락되지 않았다. PCP는 해리성 약물dissociative drug이라고 부르는데, 주변 환경으로부터 떨어져 분리되는 느낌을 만들어서 붙여진 이름이다. 이 약물은 또한 시각과 청각을 왜곡시키며, 정신분열증과 유사하게 분열된 사고를 유발한다. 이러한 이유 때문에 이 약물을 동물에게 주입하여 정신분열증의 모델을 만들기도 한다. 높은 농도에서 이 약물은 불안, 잠재적으로 생명을 위협하는 발작, 그리고 호흡 억제를 일으킨다. 이 약물 사용자들이 거칠게 공격적이며 다소 엽기적인 폭력 행위를 발산하는 내용에 대하여 서술한 언론 보도도 있었다.

예를 들어 보도에 나온 한 가지 일화를 소개하면, PCP 사용자가 손목을 채운 수갑으로부터 벗어나기 위해 자신의 손목을 부러뜨렸다는 내용이 나온다. 또 다른 충격적인 이야기는, PCP 사용자가 코, 입술, 귀를 포함하는 자신의 얼굴 일부분을 도려내어 자신이 키우는 개에게 먹였다는 내용이다![9] 이러한 행동들이 약물 자체가 주는 효과뿐만 아니라, 약물 사용자들이 본래부터 지닌 폭력 성향의 기질이라든가 이미 존재하는 정신질환의 결과일 가능성도 있지만, PCP가 위험한 물질임에는 틀림없다. PCP 사용자들에게서 이 약물로 인한 신경세포의 독성을 보이는 현미경적 징후들이 발견되는데, 이것들은 영속적인 뇌 손상을 가져올 수 있다. PCP는 글루타메이트 수용체 중의 하나인 NMDA 아형을 막음으로써 작용한다.

카페인

우리는 카페인을 하나의 약물로 생각하지는 않지만, 신체적 독성과 금단 증상을 만들어내는 물질이라는 것을 알고 있다. 아마도 카페인은 세계에서 가장 광범위하게 사용되는 향정신성(마음을 바꾸어주는) 물질일 것이다. 카페인은 정신자극제이지만, 코카인과 같은 정신자극제와는 작용 메커니즘이 다르기 때문에 구별이 된다. 카페인은 도파민 시스템에 직접적으로 영향을 미치는 게 아니라 다른 종류의 신경전달물질인 아데노신 수용체의 몇몇 아형들을 방해한다.

카페인은 순한 정신자극제로, 커피, 차, 탄산음료, 초콜릿, 일부 의료용 약품에 들어 있다. 각성 효과가 있고, 주의력을 증가시키며, 에너지가 상승된 기분을 느끼게 해준다. 자극에 대한 반응에 걸리는 시간을 개선하며, 인지기능도 향상시킨다. 합리적인 양적 범위 내에서 섭취한다면 안전하다고 여겨진다. 따라서 만약에 여러분이 타고 있는 비행기의 조종사가 카페인을 섭취하고 있더라도 전혀 염려하지 않아도 될 것이다! 하지만 많은 양의 카페인—하루 세 잔 이상 정도의 커피—을 섭취하면 불안, 신경과민, 염려, 불면증, 혈압 상승, 빈뇨, 위장장애 같은 불편한 증상들이 나타날 수 있다. 만일 이보다 더욱 많은 양의 카페인을 섭취한다면 근육경련, 빠른 심장 박동, 불규칙적인 심장 리듬 그리고 생각이 정리되지 않고 횡설수설하게 되는 증상을 일으킬 수 있다. 최근에 유행하는, 카페인 양을 아주 높게 해서 판매하는 시중의 에너지 음료들이 다소 위험할 수도 있다는 우려의 목소리도 있다.

내성도 나타나는데, 카페인 음료를 마시고 한동안은 동일한 효과를 만들어내기 위해 더 진한 농도를 필요로 할 수도 있다. 매일 하루에 한두 잔의 카페인 음료에 적응이 된 후에는, 그것을 중단하면 주로 피곤하고 지친 느낌을 가져다주는 금단 증상을 경험할 수 있다. 그 외에도 특별히 진한 농도에 적응된 후에 나타나는 금단 증상으로 드물지만 두통, 메스꺼움, 구토감 등을 느낄 수도 있다. 카페인 음료를 자주 마시는 사람들 중에 양을 조절하기가 너무 어렵다거나, 멈추기가 너무도 힘들다고 보고하는 사람은 거의 없기 때문에, 카페인이 중독성 정신자극제의 목록에 포함되어 있지는 않다.[10]

focus

이번 장에서 언급된 몇몇의 중독성이 있는 약물들은 여기에 기술한 것 이외에도 몸과 뇌에 여러 다양한 영향을 미치고 있다. 약물 사용으로 발생하는 문제 가운데 중독 외에도 다른 심각한 결과들이 뒤따른다. 각 약물의 분류가 다르고, 같은 분류에 속하는 약물 간에도 어느 정도 서로 다른 면이 있기 때문에, 그에 따라 많은 부작용이 서로 다르게 나타난다. 어떤 것은 마리화나를 피운 후에 나타나는 인지 능력의 감퇴와 같이 경미한 수준의 부작용이 나타나기도 하고, 어떤 것은 흡연 후에 나타나는 호흡질환이나 암 발생 위험의 증가와 같이 독성이 심각한 부작용이 초래되기도 한다. 때론 의사들이 처방해주는 치료용 약물에도 부작용이 나타나기도 하지만, 이러한 치료용 약물을 복용하다가 도중에 문제가 발생할 때에는 환자들은 약물 복용을 멈출 수 있다. 그에 반해, 중독자들은 그렇게 하지를 못한다. 중독자들은 부작용을 참아내고, 그렇기 때문에 문제는 심각해지고 만성으로 변할 수 있다. 따라서 모든 사람들이 중독의 위협뿐만 아니라, 이들 중독성 약물들이 갖고 있는 또 다른 종류의 해롭고도 잠재적으로 생명을 위협하는 성질에 대해서도 충분히 인지하는 것은 대단히 중요하다.

12장

중독에 더 취약한 여성과 청소년의 뇌

몇 년째 크랙 코카인에 중독되어 절망에 빠진 한 여인이 다시 한 번 치료 프로그램에 들어갈 것을 고려하고 있다. 치료를 위한 첫 번째 시도는 실패로 끝났었다. 그때는 준비가 안 되어 있었던 것 같다고 그녀는 말한다.

"당시에는 크랙을 시작하면서 빠졌던 몸무게가 치료를 받으면서 혹시나 불어나는 것은 아닌가 하는 막연한 두려움이 있었어요. 불필요한 여분의 몸무게는 제가 평생 끌어안고 가야 할 문제였고, 그 문제를 해결하기 위해 어려움을 겪고 있었기 때문이었죠."

또한 그녀가 전에 치료를 받던 프로그램에 참가했던 그룹의 성별 비율을 보면, 여성보다 남성이 더 높았다.

"그들이 실제로 그랬는지는 잘 모르겠지만, 남자들은 제 문제에 충분히 공감하지 못했던 것 같아요."

그녀는 또한 자신이 가지고 있는 관심과 품고 있는 질문들이 남자들과는 사뭇 다르다는 것을 느꼈고, 감정적으로 위축되었다.

"저는 저보다 연장자인 남자들에 대해 결코 확신을 가질 수 없었고, 개인적인 이유로 그들이 두렵기까지 했어요."

그러나 이번에는 친구의 충고로 여자들에게만 초점을 맞추는 치료 그룹과 프로그램을 찾기로 결심했다.

"어쩌면 이것이 사소해보일지도 모르지만, 저는 정말로 제가 받을 수 있는 모든 도움을 지금 당장 필요로 합니다."

• • •

몇 년 전 대중적으로 인기를 끌었던 한 권의 책에서 말하기를, 남자와 여자는 서로 다른 행성에서 왔다고 한다! 남자와 여자는 여러 가지 명확한 점에서 볼 때, 그리고 가끔씩은 그다지 명확하지 않은 이유 때문에도 분명히 차이가 나는 것은 사실이다. 심지어는 아주 어릴 적부터 남녀 간의 뇌 크기에 약간의 차이가 있다는 얘기도 있다. 하지만 뇌 크기의 이런 작은 차이가 실제로 남녀 간에 어떤 특별한 속성을 제공해주는지에 대한 자료는 아직 없으며, 또 그렇게 가정할 만한 이유도 딱히 없다. 하긴 성인 네안데르탈인의 뇌가 우리의 뇌보다 더 컸다는 증거도 있긴 하다.[1] 이런 이야기는 남녀 간의 차이를 보여주는 것이라면 비록 그것이 아주 작은 차이일지라도 얼마나 널리 많은 사람들의 호기심을 끌며 사람들 사이에 퍼져갈 수 있는지를 잘 보여준다.

오랫동안 많은 연구들에서 남녀 간의 약물에 반응하는 방식에 중요한 차이가 있다는 것을 보여주었다. 여성의 경우 알코올 중독자로 발전하는 데 있어서, 남자들보다 보통 더 늦은 나이에 술을 마시기 시작하는 것으로 보고되고 있다. 그럼에도 불구하고 치료 프로그램에 들어오는 것은 남녀가 거의 비슷한 나이대인 것을 보면, 알코올 중독의 경우 상태가 더 빨리 악화되는 쪽은 여성으로 추측할 수 있다. 여성 알코올 중독자는 알코올 섭취 횟수가 보통 일주일에 9회로, 일주일에 16회 이상인 남성 알코올 중독자에 비해 적게 마신다. 여성은 남성에 비해 과거에 있었던 스트레스를 주는 사건 때문에 술을 마시게 되었다고 말하는 경우가 많으며, 특히 우울증과 같은 2차 증상을 동반하는 경우가 더 많다. 또한 그들은 남성 알코올 중독자 혹은 비알코올 중독자인 다른 여성들에 비해 자살 시도 횟수가 훨씬 높은데, 특히 비알코올 중독자인 여성에 비하면 약 4배 이상이나 더 높다.

불법 약물의 경우도 알코올과 비슷하긴 하지만, 약간의 차이가 있다. 약물 의존적인 여성들은 남성보다 더 이른 나이에 치료 프로그램에 참여한다. 그들은 남성보다 더욱 자발적으로 프로그램에 참가하며, 자살 시도를 할 경우 더 많은 보고를 하는 경향이 있다. 여성들은 재발이 되는 원인으로 스트레스와 근심·걱정을 꼽는 경향이 있는 반면에, 남성들은 보다 약물의 쾌락적인 효과를 얻기 위해 재발이 되는 경우가 많다. 코카인을 사용하는 청소년기의 여성에 관하여 미국 국립약물남용연구소NIDA가 국가 차원에서 행한 가정조사에 따르면, 코카인 의존성을 보이는 비율이 남성보다 높게 나왔으며, 적은 양의 약물로도 더 많은 증상을 보이는 것으로 나타났다. 이 말은 여성이 남성보다 코카인에 더 민감하다는 것을 알려준다. 마리화나와 아편류 사용자들의 경우에서도 여성이 남성보다 더 빨리 중독으로 발전하는 양상을 보인다. 흡연자들의 경우에서도 여성의 중독 환자 비율이 높으며, 여성은 적은 양의 니코틴에도 증상이 나타난다는 점에서 남성보다 니코틴에 대한 민감도도 더 높다고 할 수 있다. 여성들은 치료 프로그램에 있는 동안 체중 증가에 대한 고민을 더 자주 보고하며, 여성들만 참가하는 그룹에 있기를 바란다.

또한 여성은 약물에 대한 반응이 남성과 다소 다르다. 여성은 코카인을 코로 흡입하고 난 뒤에 더 많이 겁을 내고, 황홀감을 더 적게 느끼며, 약물의 효과를 느끼는 시간도 더 길다. 그리고 코카인과 연관된 단서자극에 대하여 남성보다 더 크게 갈망을 일으키는 것으로 보인다. 또 남성보다 더 많은 약물을 사용한다는 보고도 있다.

여성은 어떤 약물에 대하여 남성과는 다른 행동 양상과 반응을 나타내므로 약물 중독을 일으키는 뇌 부위에 성적인 차이가 있을지도 모른다. 이 말은 치료 방법에 있어서 그것이 여성의 필요에 알맞은 가장 효과적인 것이 되기 위해서는 특별히 여성 맞춤형 치료가 필요한 것이 아닌가 하는 질문으로 자연스럽게 이어진다.[2]

실험실의 발견이 지지한다

이 주제의 중요성 때문에 남녀 간 성의 차이를 지지해주는 흥미로운 연구들이 많이 진행되었다. 예를 들어, 암컷 쥐는 수컷 쥐에 비하여 코카인 섭취 후 더 커다란 행동 반응을 보인다. 암컷 쥐는 더 적은 양의 약물만으로도 수컷 쥐와 동일한 반응을 나타내며, 반응의 지속 정도는 수컷 쥐보다 더 오래간다. 코카인 자가투여 실험에서 암컷 쥐는 수컷 쥐보다 더 빨리 약물을 섭취하며 종종 더 많이 섭취하기도 한다. 아편류에 대한 반응에서도 성 차이가 나타난다. 앤 머피Ann Z. Murphy 박사와 동료 연구자들은 모르핀의 통증 완화 효과가 여성보다 오히려 남성에게서 더 잘 나타난다는 것을 보고했다. 흥미롭게도, 이런 행동 반응에 대응하여 뇌 아래쪽과 척수 부분에 통증을 전달하는 신경경로의 해부학에도 성적인 차이가 있음이 밝혀졌다.

약물 섭취에 관해서는, 여성이 남성과 다르다는 것에 의심의 여지가 없어 보인다. 그렇다면 질문은 "왜 그런가?"이다. 가장 쉽게 머릿속에 떠오를 만한 한 가지 답은 여성은 남성과 호르몬이 다르다는 것이다. 에스트로겐estrogen은 여성 호르몬, 테스토스테론testosterone은 남성 호르몬으로 알려져 있다. 약물 사용에서 나타나는 성적 차이가 호르몬의 차이 때문에 생겨나는 것일까? 여성이 남성보다 코카인과 또 다른 몇몇 약물들에 더 민감한 중요한 요인으로 에스트로겐을 들 수 있음은 분명하다. 이러한 결과는 암컷과 수컷의 호르몬 양을 임의로 바꾸어 행한 동물실험들에서 밝혀졌다. 암컷에게서 에스트로겐을 제거하거나 그 양을 낮춰주는 효과적인 방법은 난소 제거 수술이고, 마찬가지로 수컷의 경우에도 정소를 제거함으로써 그 호르몬을 조절할 수 있다. 만일 난소를 제거하여 어떤 효과가 나타났을 때 그것이 에스트로겐 때문에 생긴 것인지를 알고자 한다면, 이번에는 에스트로겐을 다시 동물에게 주입해보면 된다. 표 12-1은 이 주제로 행해진 여러 실험들 가운데 한 가지 예를 든 것으로, 동물이 섭취한 코카인의 양이 에스트

〈표 12-1〉 에스트로겐이 코카인 섭취에 끼치는 영향

동물에게 주어진 조건	코카인 섭취
OVX+E	14.4**
OVX	11.0*
CAST	8.0
SHAM(수컷)	7.5

수술로 조작한 암수 동물을 사용하여, 여러 가지 과정에 영향을 주는 성 호르몬을 테스트하는 것이 가능하다. 난소를 제거하면(OVX) 암컷에서 에스트로겐을 없앨 수가 있고, 마찬가지로 정소를 제거하면(CAST) 수컷의 테스토스테론을 없앨 수가 있다. 만일 OVX가 동물의 행동을 변화시킨다면, 우리는 에스트로겐(E)을 동물에게 다시 주입함으로써(OVX + E), 그 변화가 에스트로겐 때문에 생긴 것인지를 테스트할 수 있다. 또 하나의 좋은 비교는 수술 절차는 동일하게 하지만, 몸의 어느 부위도 제거하지 않은 가짜 수술 대조군(SHAM)을 등장시키는 것이다. 표에 나타난 데이터를 보면, CAST와 SHAM은 서로 차이가 없는데, 이 말은 테스토스테론은 코카인 섭취에 별다른 영향을 주지 않음을 보여준다. OVX 암컷은 수컷보다 더 많은 코카인을 섭취함으로써 암수 간에 성적인 차이가 있음을 보여주지만, 이러한 효과는 E를 주입하여 코카인 섭취가 더욱 증가하는 것을 볼 수 있고, 결과적으로 이러한 암수의 차이는 에스트로겐 때문에 생기는 것을 알 수 있다. 통계적 차이는 별표(*)로 표시했는데, 하나의 별은 OVX 암컷이 CAST 혹은 SHAM 수컷보다 더 많은 코카인을 섭취함을 표시하며, 두 개의 별은 OVX + E 암컷이 다른 모든 그룹들보다 더 많은 코카인을 섭취함을 표시한다.

로겐의 유무에 따라 다르게 나타남을 보여준다.

SHAM 수컷, 즉 수술 절차는 동일하게 받지만 몸의 어느 기관도 제거하지 않은 가짜 수술 대조군은 거세한(CAST) 수컷과 거의 동일한 양의 코카인을 섭취했다. 따라서 테스토스테론은 약물 섭취에 영향을 주는 요인은 아닌 것으로 여겨진다. 이와는 달리, 에스트로겐(E)의 양을 조작하는 것은 현저한 효과를 만들어낸다. 난소를 제거한(OVX) 암컷은 수컷보다 코카인을 더 많이 섭취하는데, 이미 알려진 결과인 여러 조건 하에서 암컷이 수컷보다 더 많은 코카인을 섭취하는 것과 일치한다. 암컷은 에스트로겐을 추가로 받게 되면(OVX + E), 코카인 섭

취량이 더욱 증가한다.

이 실험은 에스트로겐이 코카인 섭취에 영향을 준다는 것을 분명하게 보여주며, 이와 유사한 결과를 보여주는 많은 실험들이 수차례에 걸쳐서 행해졌다. 결국 여성의 경우에는 적어도 어느 정도는 호르몬을 통한 메커니즘에 의하여 코카인 섭취에 영향을 받는다.

코카인과 에스트로겐은 뇌 안의 여러 다른 장소에서 많은 효과를 나타낼 수 있기 때문에, 이제 다음 질문은 정확히 뇌의 어디에서, 그리고 어떻게 에스트로겐이 작용하는가 하는 것이다. 우리는 이미 코카인의 효과는 뇌의 시냅스에서 도파민의 수준을 증가시켜서 나타난다는 것을 알고 있다. 그렇다면 머릿속에 처음 딱 떠오르는 질문은 "에스트로겐이 도파민을 통해서 작용하는 것일까?" 하는 것일 것이다. 이에 대한 결과는 OVX는 도파민 분비를 감소시키지만, CAST는 효과가 없는 것으로 나타났다. 이 결과로 볼 때, 에스트로겐은 뇌 안에서 도파민 분비에 영향을 줄 수 있는 것처럼 보인다. 그렇다면 다음 질문은, "에스트로겐은 어떻게 도파민에 영향을 주는가?"이다. 이것이 도파민을 갖고 있는 신경세포에 나와 있는 에스트로겐 수용체에 에스트로겐이 직접적인 작용을 해서 생겨난 것인지, 아니면 다른 경로를 통한 간접적인 것인지, 이에 대해서는 현재 연구가 진행 중이다. 한편, 질 베커Jill Becker 박사와 동료들은 코카인과 성적인 차이 뒤에서 작용하는 요인으로 도파민 이외에 다른 추가적인 요인이 있을 수 있음에 주목했다.[3] 언젠가 우리는 추가적인 연구를 통해서 왜 여성의 뇌는 남성에 비해 약물의 취약성에 있어서 다른 반응을 보이는지에 대한 보다 더 나은 개념을 갖게 될 것이다.

그렇다면 치료도 달라져야만 하는가?

메타돈 지속 프로그램methadone maintenance program(메타돈은 인공 합성 진통제로 모르핀과 유사한 진통작용이 있으나 도취감은 상대적으로 약하다. 이런 성질을 이용하여 모르핀 중독 환자를 비롯해 아편성 약물 중독자를 치료할 목적으로 메타돈을 장기간 제공하는 치료 방법을 말한다. ―옮긴이)에서 남녀를 비교해보면, 여성이 남성보다 때때로 더 자주 재발한다. 아마도 여성에게 좀 더 초점을 맞추어 재발인자에 대하여 연구해야만 할 것 같다. 헤로인 중독을 치료하기 위하여 사용하는 의약품인 부프레노핀buprenorphine이나 메타돈에 대한 반응에 있어서도 성적인 차이가 있는 것으로 보인다. 이러한 차이들이 갖고 있는 정확한 본성을 이해하는 것은 여성을 치료할 때 어떻게 이들 약품들이 사용되어야 할지 그 방법에 영향을 줄 수 있다. 흡연자를 위한 니코틴 치환 프로그램에서 남성보다 여성들이 니코틴 흡입기nicotine inhaler(담배를 피우는 대신 흡입기를 통해서 니코틴을 입 안으로 들이마실 수 있도록 만든 장치로 금연에 효과가 있다고 알려짐 ―옮긴이)가 더 효과적이었다고 대답했다. 이와는 달리, 모르핀은 통증 치료에 있어서 여성보다 남성들의 경우 더 효과적이었음을 상기해보라.

결국 성sex은 치료에 대한 반응에도 영향을 주는 것으로 보이며,[4] 따라서 치료 방법에 나타나는 성적인 차이의 중요성을 보다 더 잘 이해할 필요가 있다. 더 많은 연구와 그를 통한 치료 방법의 개선은 남녀 모두에게 있어서 자신의 성별에 맞추고 보다 효과적인 치료를 제공할 수 있다는 점에서 혜택을 제공하게 될 것이다. 어떤 경우이든지 간에, 만일 여성인 당신이 현재 받고 있는 치료가 다른 남성에게 나타나는 것만큼 효과가 나타나지 않는다고 여겨지더라도 포기하지 말고, 계속해서 방법을 찾아보기를 바란다.

청소년의 경우

청소년의 뇌는 계속 발달하는 과정 중에 있기 때문에, 아직 완전히 성숙한 뇌를 가지고 있지 않다(그림 12-1 참조). 이러한 발달은 특별히 판단과 적합한 결정을 내리는 데 아주 중요한 전두엽 부분에서 계속된다.[5] 이처럼 청소년기에는 전두엽 부분이 완전히 발달되어 있지 않은데, 더군다나 여기에 계속적으로 약물을 사용하게 되면 정상적인 전두엽 기능이 망가지게 되어, 이 두 가지 요인이 합쳐져 중독자로 발전하는 데 중대한 기여를 하게 된다. 앞서 8장에서 취약성에 대하여 다룰 때, 약물을 사용하는 시기가 빠를수록 나중에 성인이 되어서 중독자가 될 확률이 높다고 말한 바 있다(그림 8-3 참조). 어떤 어린아이들과 청소년들은 유전적인 영향, 가족의 약물 사용 경험, 타고난 성격, 선천적 이상, 품행장애와 같은 정서적인 문제들이 같이 존재하는 경우 등 다양한 요인들로 인하여 약물을 남용하게 될 위험이 더욱 크다. 청소년들이 남용하는 몇 가지 약물들 가운데 마리화나는 이 연령대의 그룹이 가장 자주 사용하는 불법 약물이다. 독성 물질이 가득한 흡입제도 청소년과 어린아이들이 종종 사용한다. 청소년들의 알코올 남용은 사회적으로도 문제가 되고 있는데, 청소년기의 때 이른 죽음, 범죄, 계획하지 않은 임신, 성병 등과 연관이 있다. 어린아이와 청소년들 사이에 항우울제 같은 치료용 약물이 오랫동안 지속되는 부작용 때문에 큰 걱정거리가 될 수 있는 것처럼, 무슨 성분이 들어 있는지도 잘 모르고 독성이

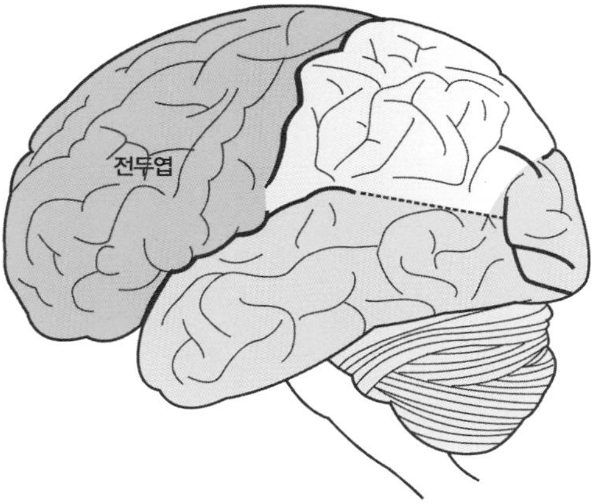

〈그림 12-1〉 청소년기의 전두엽은 아직 성숙되지 않았다. 전두엽은 뇌의 앞부분을 이루는 부위로, 많은 연구들에서 청소년기(12~16세)의 전두엽이 성인 초기(23~30세)에 비해 아직 완전히 발달되지 않았음을 보여준다. 전두엽은 판단과 집행을 관장하는데, 청소년기에 있어서 이러한 기능은 다른 기능에 비해 더 느리게 발달한다. 원숭이를 가지고 행한 한 연구는, 도파민성 신경세포들의 전두엽으로의 연결이 청소년기를 지나 초기 성인기에 이를 때까지 계속 진행됨을 보여준다.[6]

있는 그런 약물 사용은 자식을 둔 부모에게 있어 심각한 걱정거리가 아닐 수 없다. 그렇기 때문에 약물 남용 연구자들은 청소년 시기에 특별히 관심을 갖게 되었고, 그것은 어쩌면 매우 당연한 것일 것이다. 청소년기에 입게 되는 손상은 우리의 삶 가운데 평생 지속되는 불이익을 만들 수도 있다.

우리는 사춘기(청소년기)가 약물 남용에 매우 취약성이 높은 시기라는 것을 알고 있다. 이것은 이 시기의 아이들이 갖고 있는 성숙되지 않은 뇌와 또래 아이들로부터 받는 압박들을 포함한 많은 요인들 때문에 그럴 것이다. 한 가지 흥미로운 발견은 청소년기의 뇌는 보상에 보다 더 민감한 것처럼 보이며, 십대들은 더 많은 보상물질을 원하는 것 같다는 것이다. 이러한 내용의 연구가 쥐를 이용한 실험에서 행해졌다.

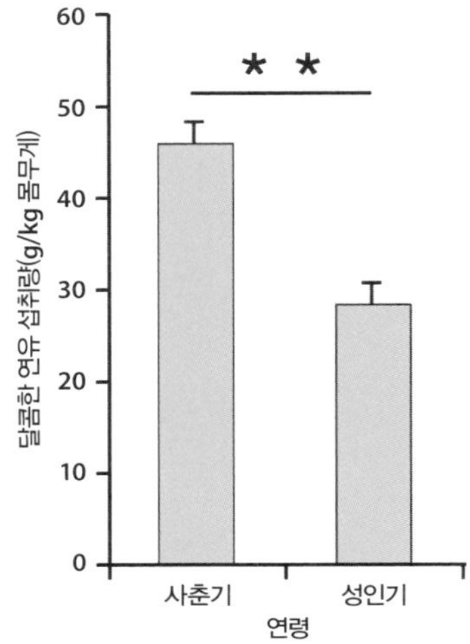

〈그림 12-2〉 청소년은 어른보다 더 많은 보상을 찾는다. 이것에 대하여 사춘기에 해당하는 연령대의 쥐들과 성인 연령대의 쥐들이 달콤한 연유를 섭취하는 것을 조사함으로써 연구했다. 청소년 연령대(출생 후 40~60일)의 쥐들은 성인 연령대(출생 후 90일)의 쥐들에 비해 연유 섭취량이 현저히 많았다. 이 결과는 사람의 경우, 왜 청소년들이 다른 연령대에 비해 약물 사용에 더 취약한가를 설명해줄 수 있을지도 모른다. 막대기 위에 있는 별은 청소년 연령대와 성인 연령대 사이의 차이가 통계적으로 유의함을 나타낸다. 달콤한 연유는 동물들이 아주 좋아하는 보상성이 높은 물질이다.

예컨대 서로 다른 연령대의 쥐에게 지렛대를 누를 때마다 보상성이 아주 높은 물질인 달짝지근한 연유를 제공한 다음, 어느 연령대가 얼마나 더 끈질기게 지렛대 누르기를 포기하지 않고 더 많은 보상을 얻기를 원하는지 알아본 결과, 사람의 사춘기에 해당하는 연령대의 쥐들이 성인 연령대의 쥐들보다 더 많은 연유를 섭취하는 것을 관찰했다(그림 12-2 참조). 연유는 성인기의 쥐들에 비해 청소년기의 쥐들에게 더 선호되는 것일까? 아마도 그럴 것이다. 이러한 차이를 만드는 것은 뇌 자체에 있는 어떤 차이 때문일 것이지만, 그것이 무엇인지에 대해서 우리는 아직 완전히 이해하지 못하고 있다. 음식은 자연보상의 하나이고 뇌 안에서 약물과 많은 신경회로를 공유한다고 생각된다. 그렇기 때문에 음식을 통한 연구 결과들은 약물 연구자들에게 있어서도 종종 흥미를 끈다.

앞서 8장에서 소개한 그림 8-4의 데이터들을 떠올려보라. 청소년의 도파민성 신경세포들은 동일한 자극에 대해 성인과 반응이 다르며, 청소년의 보상에 대한 반응은 성인과 다르다는 것이 지금까지 여러 가지 방법으로 밝혀졌다. 더 어린 나이의 동물이 (예컨대, 연유를) 더 많이 섭취한다는 실험 결과는 앞으로 추가적인 실험을 통하여 이러한 현상의 배후에서 작용하는 원인을 밝히는 일을 가능하게 해줄 것이다. 그리고 더 나아가, 이러한 청소년기 취약성을 보여주는 동물모델이 있다는 사실은 우리로 하여금 특별히 청소년 연령대에 효능이 있는 치료용 약물을 테스트해볼 수 있도록 해준다. 이처럼 먼저 사람들 사이에서 관찰되는 문제점을 인식하고 난 후에, 그에 맞는 동물모델을 개발하고 그 모델을 통하여 사람에게서 나타난 문제점을 테스트해보는 식의 접근 방법은 상당히 설득력이 있다.

노인의 경우

앞서 서술한 내용들은 어떤 특정 그룹의 환자들, 여성 그리고 청소년들이 약물 중독 치료 시스템에 특별한 문제점들을 갖고 있음을 보여준다. 노인들 또한 특별히 고려해야 할 독특한 사안들을 갖고 있다. 노인들의 알코올 및 약물 남용을 '보이지 않는 유행invisible epidemic'이라고 부르는데, 그것은 우리가 이 집단에서의 약물 사용에 대하여 많이 모르고 있기 때문이다. 노인들의 약물 사용을 주목하게 만드는 추가적인 요인들이 더 있는데, 그중 한 가지는 노인들의 경우 젊은 나이의 성인보다 알코올 및 약물의 대사 작용이 느리게 나타나서 적은 양으로도 더 큰 효과를 가져올 수 있다는 점이다. 노인들은 몸 안의 전체 수분량이 적기 때문에, 알코올이 이 부분의 공간을 차지하게 되어 뇌 안의 알코올 농도가 높아지게 되고, 따라서 적은 양의 음주로도 뇌에 큰 효과를 가져오게 된다. 노인들은 보통 만성적인 건강 문제들을 갖고 있을 수 있는데, 거기다가 장기적으로 알코올을 사용하면 이러한 문제들이 더 악화될 수 있다. 예를 들어, 나이가 들어감에 따라 무뎌지게 마련인 정신작용이 노인들의 경우 적은 양의 알코올로도 더 나빠질 수 있으며, 노인들에게서 발견되는 우울증 같은 증세도 마찬가지로 더 악화되기 쉽다.

focus

여러 가지 다양한 약물의 효과와 독성들이 연령대별로 그리고 성별에 따라서 크게 다르게 나타날 수 있다. 이것은 중독 환자들뿐만 아니라, 그들을 치료하는 입장에 있는 사람들에게도 유용한 정보가 된다. 청소년들은 취약성이 매우 높은데다가, 앞으로 남은 삶의 기간이 길기 때문에 예방 차원에서 보다 많은 노력을 쏟아야 할 특별히 중요한 목표가 되는 그룹이다. 노인들은 알코올의 효과에 종종 더 민감함을 보인다. 서로 다른 그룹의 환자들에게는 그들의 특성을 잘 나타내주는 각기 다른 요소들이 존재하며, 따라서 그 특성에 따라 그들을 보다 더 잘 다룰 수 있도록 해주는 다양한 치료 프로그램을 개발할 필요가 있다.

4부

중독은 치료될 수 있는가?

13장

어떻게 하면 더 좋아질 수 있을까?

여러분 자신이 몇 년 동안 약물을 해오고 있으며, 그것 때문에 지금 당신의 삶이 허물어져가고 있다고 상상해보라. 직장상사가 당신의 수상쩍은 행동과 잦은 결근에 대하여 의심을 품기 시작했으며, 당신의 부인 혹은 남편이 더 이상 참을 수 없다며 이혼을 요구하기 시작했다. 게다가 은행과 친구에게 많은 돈을 빚지고 있다. 절망 가운데 용기를 내어 이제 다시 당신의 주치의에게 상담을 요청하려고 한다. 그런데 그는 지난 수개월 전부터 당신에게 계속해서 이렇게 외쳐왔었다.

"이런 식으로 지낼 필요가 없어요. 당장 치료 프로그램을 받아야 합니다. 한시가 급하다고요!"

• • •

많은 사람들이 약물 사용으로 말미암아 곤경을 겪고 있지만, 정말로 그렇게 무방비 상태로 곤경에 처한 채 살아야 할 필요는 없다. 도움을 받을 수 있는 치료 방법이 있기 때문이다. 어떤 사람들은 치료가 무엇을 의미하는지 혼동하기도 한다. 약물 사용자(혹은 중독자)들을 치료한다는 것은 결코 그들의 손목에 수갑을 채워 체포하고, 가두고, 강제로 약물을 못하게 한 다음, 약물에 대한 전과기록과 함께 다시 거리로 내쫓는 그런 것이 아니다! 이것은 그들이 생각하는 것보다 훨씬 덜 충격적이며, 그들은 많은 도움을 받을 수 있다. 치료의 효과는 문헌에 잘 나타나 있다. 많은 사람들의 삶이 시의적절한 치료를 통해서 회복되었다. 그렇다면 모든 중독자들이 치료를 받으면 다 좋아질 수 있을까? 어떤 사람들은 그들이 겪은 중독이 성공적으로 치료되기까지 몇 번의 재발과 치료 과정을 반복했다. 어떤 사람은 치료 프로그램 도중에 떨어져 나가서 적당한 치료를 못 받고 마는 안타까운 경우도 있었다. 이런 사람들의 경우, 그들에게 어떻게 다가가야 하는지 우리는 아직 잘 모르지만, 보다 나은 치료를 개발하기 위한 연구가 계속되고 있고 늘 발전이 있어 왔으므로 희망을 가져볼 수는 있다. 보다 나은 성공적인 치료를 예측하게 하는 몇 가지 요소들이 있다. 예를 들어, 심하지 않은 정도의 약물 사용과 의존성, 효율적인 지원 시스템 그리고 직업이나 경력 등이 성공률을 높여줄 수 있다. 그렇다고 해서 이런 조건들이 전부 다 절대적으로 필요하다는 뜻은 아니고, 단지 그런 요소들이 도움이 될 수 있다는 뜻이다. 이런 조건들을 하나도 갖추지 않았더라도 성공적으로 회복된 사람들도 있다.

비용이 너무 많이 드는데, 치료를 정말 받아야 할까?

약물 사용과 중독에는 상당한 비용이 요구된다. 앞서 1장에서 약물 사용에 따른 비용 항목으로 어떤 것들이 있는지 소개했다(그림 1-2 참조). 만일 어떤 사람이 중독 치료를 고려하고 있다면, 혹시 그 비용이 많이 들지 않을까 염려할 수도 있을 것이다. 실제로 어떤 사람은 치료를 감당할 만큼의 경제적 여유가 없을 수도 있다. 하지만 미국의 많은 도시들에서는 비용이 전혀 안 들거나, 혹은 물가에 맞춰 아주 적은 비용만을 요구하는 치료 시스템을 제공하는 곳도 있기 때문에, 비용 때문에 치료를 안 받겠다는 것은 적합한 이유가 되지 못한다. 또한 설령 이것이 비싸다고 할지라도, 치료를 안 받고 있는 것보다는 치료를 받는 것이 오히려 비용이 더 적게 든다! 이 말이 놀랍게 들릴지도 모르지만, 이것은 알코올이나 코카인과 같은 여러 가지 다른 종류의 약물에 대하여 행해진 많은 연구를 통해서 밝혀진 바이다. 우리는 약물 사용자들과 그들의 가족들, 친구들 그리고 사회가 부담해야 할 비용에 대하여 잘 알고 있다. 약물 사용자들이 지불하게 될 합리적인 비용과 평균 회복률을 가정할 때, 그들을 계속 그대로 방치해두는 것보다는 치료를 받도록 하는 것이 결과적으로 비용이 적게 든다는 것은 분명하다. 몇몇 연구들에 의하면, 그들을 치료받도록 했을 때 절약되는 비용은 그들을 치료하지 않고 그냥 두었을 때 발생하는 비용의 몇 배에 달한다고 한다. 따라서 치료는 비록 비용이 들긴 하지만, 결과적으로 볼 때 전체적인 비용을 감소시키는 일종의 투자를 하는 셈이다.

무엇이 성공적인 치료일까?

치료가 성공적으로 되었다는 말이 환자가 다시는 약물을 섭취하지 않는다는 뜻일까? 환자는 이제 완전히 그리고 영원히 약물과는 거리가 멀어졌다는 뜻일까? 그렇다면 그것은 분명히 이상적이고, 최고의 치료임에 틀림이 없을 것이다. 미국의 알코올중독자협회와 같은 많은 치료 그룹들의 목표는 약물로부터 완전히 멀어지게 하는 것이지만, 그것이 매우 어렵고 평생을 노력해야 되는 과정일 수 있다는 사실을 아무도 부인하지 않는다. 많은 의사들은 약물 사용량의 감소를 적어도 부분적인 성공으로 봐야 한다고 믿는다. 이 책에서 제시한 정의에 의하면, 약물 남용은 우리의 삶에 곤경과 해로움을 야기한다. 그런 점에서 해로움의 감소는 비록 그것이 완전히 없어지지는 않았다고 하더라도, 분명 좋은 일이다.

앞의 장들에서, 우리는 약물들이 뇌를 압도하며 강력한 뇌 시스템 안에 오래 지속되는 변화들을 만들어낼 수 있음을 살펴보았다. 이런 관점에서 볼 때, 중독이 하나의 심각하고, 만성적이며, 재발성이 높은 질환이며, 또한 회복이 어렵고 오래 걸릴 뿐만 아니라 회복하는 과정에서 차질이 생길 수도 있다는 점은 놀랄 일이 아니다. 어쩌면 치료의 진전이 약물로부터의 완전한 금욕이어야 할 필요는 없을지도 모른다. 오히려 어떤 형태의 진전일지라도, 그것이 크든 작든 간에, 그것은 환자에게 도움이 된다. 지금은 그저 약간의 진전이 나중에 약물로부터 멀어지게 하는 데 더 큰 진전으로 될 것이라는 희망과 기대감을 가지고 그 작은 진전을 기쁘게 받아들여야만 할 것이다.

왜 그들을 치료해야 할까?
그들은 단지 중독자들일 뿐인데!

이것은 중요한 쟁점이며, 중독자들을 바라보는 그 사회의 시각 및 태도와 관련이 있다. 중독자들을 바라보는 사회의 시각에는 부정적인 고정관념이 지배적이다. 많은 사람들은 약물 사용을 도덕적 실패로 여기며, 따라서 완치를 위해서는 각성, 종교체험, 혹은 영적인 거듭남과 같은 어떤 것들을 필요로 한다고 여기기도 한다. 또 많은 사람들이 중독은 개인이 자기 자신에게 하는 일이기 때문에, 누구의 도움을 받기보다는 그들 스스로 그만두어야만 하는 어떤 것으로 생각하기도 한다. 왜 중독자들 때문에 우리들이 신경을 써야 하는가? 그들 스스로 해결하도록 하면 될 것을! 세상에는 꽤 독선적이고 훈계하길 좋아하는 그룹들이 많이 있다. 그러나 지난 수십 년에 걸친 중독의 연구는 중독이 생물학적이고 환경적인 요인들로 인해 생겨나는 뇌를 기반으로 하는 질환임을 분명히 보여주고 있다. 이런 관점에서 볼 때, 약물 남용은 심혈관질환과 같은 다른 종류의 질환과도 유사하다.

심혈관질환은 대개 동맥경화와 관련이 있다. 심혈관질환은 치료용 약품과 의학적 절차들, 질병으로 인한 생산의 감소 그리고 환자가 느끼는 걱정들을 고려할 때, 치료하는 데 상당히 비용이 많이 드는 질환이다. 심혈관질환 환자들은 적어도 부분적으로 비난을 받을 요소가 있을 수도 있다. 왜냐하면 많은 경우에 있어서 그들은 앉아만 있는 생활방식을 추구하고, 지방이 많은 음식 섭취를 계속하다 보니 이런 질환이 생겼을 수도 있기 때문이다. 환자들은 자신의 질병에 대하여 적어도 부분적으로 통제할 수 있는데, 그 이유는 그들이 의사를 찾아갈 수 있고, 처방약을 먹을 수 있으며, 운동을 하고, 자신들의 식사를 감시할 수 있기 때문이다.

따라서 누군가는, 그들은 적합하지 못한 식사와 운동 부족, 그리고 건강관리에 대한 주의력 부족 등의 이유로 스스로 질환이 생기도록 방치한 것과 다름없다고 주장할 수도 있다. 치료는 행동적인 것과 의학적인 것 두 가지가 가능하다. 치료에 있어서 행동적이라는 말은 그들이 의사, 상담자, 영양사, 개인 운동 지도자 등의 충고를 따라 자신의 행동을 고쳐야만 하기 때문에 붙은 말이다. 치료에 있어서 의학적이라는 말은 정기적으로 의사를 만나야 하고, 의사가 처방해주는 약들을 먹어야만 하기 때문에 그렇다. 의사는 환자들로 하여금 몸에 깊이 밴 나쁜 습관들을 깨뜨리고, 어떤 좋은 습관들을 배우고 습득함으로써 그들의 생활습관을 바꿀 필요가 있다고 제안해줄지도 모른다. 때로는 모든 사람들의 노력에도 불구하고, 환자가 죽게 될 수도 있다. 물론 현대의학은 모든 심혈관질환 환자들을 완치시킬 정도로 충분히 발달하지는 못했다. 하지만 우리는 많은 사람들에게 닥칠 수 있는 심혈관질환의 발생을 예방하고 줄이는 일을 할 수는 있다.

약물 중독도 심혈관질환과 비슷하다. 정서적 대가와 치료에 드는 비용은 매우 크다. 환자들은 질환이 발병하는 데 스스로 기여한 부분이 있고, 그렇기 때문에 적어도 부분적으로 비난을 받을 수 있다. 그들은 자신의 행동에 대하여 어떤 부분을 조절할 수 있고, 생활방식의 변화를 필요로 한다. 치료는 또한 행동적인 것과 의학적인 것을 병행할 수 있다. 때때로 치료는 상황을 개선시키지 못하고, 중독자는 약물 사용을 계속할 수 있다. 어쩌면 그들의 습관, 환경의 압박, 유전된 기질 그리고 다른 요인들이 매우 강해서 우리는 아직 그것들을 이길 어떤 방법을 찾지 못했는지도 모른다. 이러한 유사점에도 불구하고, 심혈관질환은 중독에 비해 비난과 오명을 훨씬 적게 받는다. 중독자들도 어떤 다른 종류의 뇌장애 혹은 뇌질환 환자들이 받는 것과 마찬가지의 도움과 주의를 받을 가치가 있다.[1] 안타깝게도 많은 중독자들은 자신들의 약물 사용이 알려지길 원하지 않는다. 사회적으로 오명을 받게 될 두려움이 많은 이들로 하여금 치료를 찾아 나서고 계속 치료를 받는 일을 꺼리게 만든다. 우리가 이들을 돕기 위해 할 수 있는 일이 무엇일까? 우리는 중독과 치료에 대하여 보다 협조적이며 연민 어린 태도를 발전시킬 수 있으며, 약물 중독의 오명에 대한 사회적 오해를 풀 수 있도록 노력해나갈 수 있다. 우리는 약물 중독을 우리가 심혈관질환, 천식, 혹은 후발성 당뇨병late onset diabetes과 같은 질환에 대하여 생각하는 것과 같은 방식으로, 즉 일종의 예방이 가능한 장애로 생각할 수 있다.

치료의 원리

약물 중독은 복잡하고, 또 많은 요인들 간에 상호작용으로 나타나는 결과로 생기는 질환이다(8장의 그림 8-1 참조). 따라서 치료 방법도 이러한 복잡성에 맞추어 조정된다. 만일 어떤 치료 방법이 누군가에게 효과가 없다면, 그 방법은 어쩌면 그 사람에게 적합하도록 짜인 것이 아닐 수도 있다. 좋은 치료를 특징 지어주는 몇 가지 중요하고 일반적인 원리들이 있다. 마틴 아들러Martin Adler 박사와 그의 동료들은 효과적인 치료의 원리들에 대하여 잘 요약하고 있다.[2] 이 원리들을 살펴 내려가면서, 하나의 치료 계획을 세우는 데 있어서 무엇을 살펴보아야 하는지, 혹은 왜 어떤 경우에 치료가 실패하게 되었는지에 대한 아이디어를 얻게 될 것이다.

첫 번째 원리는, 어떤 한 가지 치료 방법도 그것이 모든 사람들에게 다 좋은 것은 아니라는 것이다. 어떤 상담자가 마리화나에 집착하여 성적이 바닥으로 떨어지고 있는 학생에게 해줄 수 있는 방법은, 분명 어떤 의사가 수년 동안 매일 알코올에 빠져들면서 간부전을 코앞에 두고 있는 60세 노인에게 해줄 수 있는 방법과는 다를 것이다. 중요한 것은, 만일 어떤 치료 방법이 잘 듣지 않는 것처럼 보이거든 과감히 다른 형태의 치료 방법을 고려해야 한다는 것이다. 이것은 목숨을 건 긴박한 일일 수도 있기 때문이다!

두 번째 원리는, 자신에게 적합한 치료 방법을 반드시 찾아야만 한다는 것이다. 그것은 어쩌면 꽤 멀리 있을 수도 있고 비용이 많이 들 수도 있다. 하지만 많은 것들이 위험에 놓여 있고, 환자는 자신에게 적합한 돌봄을 제공해주는 곳을 찾아내기 위해 거의 영웅적인 노력을 기울여야 될지도 모르지만, 앞서도 말한 것처럼 그것은 가치가 있는 일이다.

세 번째는, 효과적인 치료 방법은 그 사람이 가지고 있는 많은 문제점들을 끄집어내는 것이다. 약물 사용은 그 시작의 원인으로 가족사, 약물의 접근성 그리고 염려와 우울 등을 포함하는 복합적인 뿌리를 가지고 있고, 가족, 친구들, 이웃, 다른 모임을 포함하는 하나의 사회적 환경 속에서 발생되기 때문에 고려해야 할 복잡한 면이 있다. 이러한 복잡성의 다양한 면들이 치료하는 과정에서, 약물 사용자에게 약물을 멀리하게 하고 재활할 수 있는 가장 좋은 기회를 제공하기 위해서 다루어져야만 한다.

네 번째는, 치료의 계획은 환자의 필요가 바뀌는 것에 맞추어 같이 평가되고 그에 따라 수정되어야만 한다는 것이다. 약물 사용자가 개선되어가면서, 혹은 그들이 더 악화될지라도, 최선의 치료는 상황에 따라 변화될 수 있어야 한다. 예컨대, 어떤 수준의 호전이 있고 난 후, 환자는 이제 필요하다면 직업 훈련을 받을 준비가 될지도 모른다. 치료 방법에 있어서 유연성은 중요하고, 그렇게 함으로써 약물 사용자가 전에는 갖지 못했던 상당히 새로운 기회를 제공할 수도 있다.

다섯 번째는, 환자가 치료의 효과를 보기 위해서는 일정 기간 동안 치료받기를 계속 유지해야만 한다는 것이다. 연구 결과는 환자가 상당한 호전을 보이기 위해서는 대략 3개월의 치료 기간이 소요됨을 보여준다. 너무 많은 사람들이 충분한 효과를 끌어내기 전에 포기하고 떠나가버린다.

여섯 번째는, 상담과 '행동치료'가 치료에 포함되어야만 한다는 것이다. 약물 사용자들은 종종 관계 속의 문제 해결과 관계 유지에 도움이 되는 개인적이고 사회적인 기술들을 다시 배워야 할 필요가 있다. 치료용 약물들은 비록 이런 것들을 도와줄지언정, 이런 일들을 직접 할 수는 없다.

일곱 번째는, 치료용 약물은 어떤 사용자들에게 있어서 중요하며, 또 상담과 조화를 이루었을 때 더 효과적일 수 있다는 것이다.

여덟 번째는, 불안이나 우울증과 같은 정신적인 문제들을 함께 갖고 있는 약물 사용자들은 이런 것들을 효과적으로 다루고 처치할 수 있는 정신 건강 전문가의 진단이 같이 제공되어야만 한다는 것이다. 만일 어떤 사람이 자신의 우울증을 누르기 위하여 코카인을 섭취하고 있다면, 상담과 항우울증제와 같은 치료용 약물의 처방이 함께 들어간 치료를 받음으로써 코카인을 섭취하는 근본적인 원인을 희망적으로 제거해줄 수 있을 것이다. 다시 말하지만, 중독은 하나의 복잡한 질환이다.

아홉 번째는, 몸에서 약물을 빼내는 것과 또 필요에 의해 금단 증상에 맞서서 대처하는 것은 전체 치료의 과정에 있어서 꼭 거쳐야 할 첫 번째 단계라는 것이다. 이 단계 그 자체로 나중에 생길 수 있는 재발을 막기는 어렵겠지만, 그럼에도 환자가 치료의 다음 단계로 넘어가기 위해서는 반드시 선행되어야만 한다.

열 번째는, 치료가 효과를 나타내는 데 있어서 반드시 환자의 자발적 동의가 있어야만 하는 것은 아니다. 법원의 명령에 따라 의무적으로 치료가 행해져도 치료는 어찌되든지 간에 효과를 나타낸다는 데이터가 있다. 치료가 성공하려면 반드시 자발적이어야만 한다는 생각은 근거 없는 사회적 통념에 불과하다.

열한 번째는, 치료가 진행되는 동안에 환자가 계속해서 섭취하고 있는 약물이 얼마나 되는지 치료의 개선이나 재발 등을 평가하기 위하여 반드시 살펴야만 한다. 어느 누구도 모든 경우에 있어서 약물 사용이 즉각 멈춰질 것이라고 기대하지 않는다. 그러나 약물 사용에 대한 환자의 상태는 치료의 과정을 효과적으로 평가하기 위하여 알려져야만 한다. 재발이 되었거나 약물을 계속해서 사용하는 것이 치료가 실패로 끝났다는 것을 의미하지는 않으며, 오히려 치료의 방향을 바꿀 것을 제안해준다.

열두 번째 원리는, 치료 프로그램에는 간염, 후천성면역결핍증바이러스HIV, 결핵, 성병과 같은 감염성 질환에 대한 검사가 반드시 포함되어야만 한다는 것이다. 건강에 해로운 문제들을 피하는 방법에 대한 설명은 어떤 약물 사용자들에게는 매우 중요할 수 있다. 전반적으로 건강을 잘 유지하는 것은 중독 치료 과정에서 오는 스트레스를 잘 대처하는 데 도움을 준다.

마지막 남은 한 가지 원리는, 약물 사용으로부터 회복되기까지는 상당한 기간이 걸릴 수 있고, 여러 번에 걸친 치료 과정의 반복과 치료를 위한 헌신을 필요로 할 수도 있다는 것이다. 이것은 환자와 그를 돕는 여러 사람들이 반드시 이해하고 있어야만 하는 중요한 사안이다. 중독은 뇌 안에서의 변화가 오랫동안 지속되며 다시 재발을 일으킬 수 있는 질환이다.

만일 당신이 누군가의 치료가 실패로 돌아간 것을 안다면, 이러한 치료의 원리들을 이해함으로써 무엇이 잘못되었는지를 아는 데 도움이 될 것이다. 이런 지식들이 아마도 다음 질문에 대한 답을 찾는 데 도움을 줄 것이다. "우리가 해봤어야 했던 다른 어떤 것들이 남아 있을까?"

나도 치료를 받을 필요가 있을까?

"하지만 저는 아무 문제없어요!"

이것이 약물로 자신의 삶을 망치고 있는 사람들에게서 보통 자주 들게 되는 말이다.

"저는 아무 때나 제가 원하면 멈출 수가 있어요."

이 말은 불행하게도 때때로 사실이 아닌 것으로 밝혀지게 되는 또 다른 말이다. 우리는 우리 자신과 우리가 갖고 있는 문제들에 대하여 너무도 쉽게 부인하는 태도를 취한다. 사실 그것이 질환임에도 불구하고 그것을 인식하지 못하고 나오는 사실에 대한 부인은 의사들을 어렵게 만든다. 계속되는 사실에 대한 부인은 위험하고 불필요할 뿐이다. 좀 더 일찍 약물 사용과 그로 인한 의존성의 문제를 끄집어낼수록, 보다 생산적인 삶을 살아갈 수 있다.

많은 약물 사용자들은 자신의 현 상황을 잘못 판단한다. 그리고 치료가 주는 혜택과 그 필요성을 이해하지 못하고 있다. 약물 사용자들은 정말 밑바닥까지 내려가 봐야 비로소 문제를 인식하고, 그제야 치료를 구하는 행동을 한다고들 말한다. 비록 이런 식으로 위기가 닥치는 것이 치료를 찾는 데 도움을 줄 수도 있지만, 도움을 청하기까지 꼭 이렇게 일을 최악의 상황으로 만들 필요는 전혀 없다. 다행스럽게도 상당수의 약물 사용자들은 일이 어디를 향해 가고 있는지를 보고, 위기가 닥치기 전에 도움을 청할 것을 결심하기도 한다. 이러한 결심 끝에 실제로 치료 프로그램에 들어가기까지 수개월 동안의 고민이 따르기도 한다. 그렇게 해서 프로그램에 들어가게 되면, 많은 훈련 경험과 아이디어가 있는 전문가와 연결된다. 환자는 치료에 앞서 평가를 받아야만 하기 때문에, 상황에 따라서, 신체검사와 서면 테스트를 받고, 그동안의 약물 경력과 자신의 처한 상황과 이력을 알려야 한다. 상황이 파악되면, 환자에게 적합한 치료 계획이 수립되고, 비로소 치료가 시작된다. 치료는 종종 환자의 행동을 수정하려는 노력과 환자로 하여금 약물 중단으로부터 오는 증상을 참아내는 데 도움을 주는 치료용 약물을 병행한다. 그러나 앞에서도 설명한 것처럼, 치료 방법은 각기 다른 환자들의 필요에 맞추어 유연성 있게 선택된다. 치료사들은 선택할 수 있는 다양한 기술과 접근법을 가지고 있다.

행동치료

이 치료 방법은 행동에 초점을 맞추어 행동을 수정할 수 있는 계획을 세우고 그에 따른 실행사항들을 제시하는 것이다. 치료는 상담사와 일대일로, 여러 명의 환자들이 한 명의 훈련받은 지도자와 함께 그룹으로, 혹은 가족들이 함께 참여하는 방식으로 진행될 수도 있다.

개인 치료에서는 환자의 특별한 필요에 맞춰 더 많은 시간이 사용될 수 있다. 하지만 그룹 치료는 보통 6~8명의 환자가 같이 치료를 받음으로써 비용 면에서 경제적일 수 있다. 또한 그룹 내에서 보다 경험이 있는 구성원이 조언을 줄 수도 있고, 새로 들어온 구성원에게 하나의 모델 역할을 할 수도 있다. 그리고 그룹을 통해서 실패담도 서로에게 공개가 되고, 많은 사람으로부터 충고도 듣게 되는 등 일반 대중 앞에서와 유사한 분위기를 갖게 되기 때문에 그 효과가 크다. 가족 치료는 환자가 집에 있거나 가까이에 가족이 있는 경우 효과적일 수 있으며, 이 경우 치료 과정에서 환자를 돕기 위해 가족들이 동원될 수 있다.

효과가 있다고 밝혀진 치료 방법들을 사용할 수 있으며, 실제로 많은 치료센터에서 사용되고 있다. 너무 많아서 여기서 다 요약할 수는 없지만, 누군가가 치료를 받으러 갈 때 어떤 과정을 밟게 되는지 미리 짐작할 수 있게 해주는 예들을 들 수는 있다. 아아론 벡Aaron Beck 박사와 다른 이들에 의해 선구자적으로 개발된 인지행동치료는 환자들의 재발을 방지하기 위하여 설계되었다. 이 과정에서 환자들은 자신들이 알고 있는 스스로 약하다고 생각되는 상황, 그래서 아마도 다시 약물 사용을 하게 될 것 같은 그런 고위험의 상황을 기술하게 되어 있다. 이러한 상황들이 파악되고 나면, 환자는 이제 치료사와 함께 예상되는 상황을 재연하면서 역할놀이를 진행하고, 이러한 고위험의 상황을 극복하는 데 도움을 줄 수 있는 행동과 사고들을 포함한 전략들을 배우게 된다. 이 치료법은 환자의 인지와 사고 능력을 사용한다. 따라서 어떤 지적인 경향의 사람들에게 특히 유용한 방법일지도 모른다.

조건성 관리contingency management는 스티브 히긴스Steve Higgins 박사와 다른 사람들에 의하여 연구된 또 다른 치료법이다. 이것은 환자를 위험한 행동으로부터 방향을 돌리도록 보상을 이용하는 기술이다. 이때 보상은 특정한 도움이 되는 행동을 하거나 파괴적인 행동을 피하는 조건 하에서 주어진다. 예를 들어, 만일 환자의 소변 검사에서 약물이 없는 것으로 나오게 되면, 그것은 물론 명백히 이 치료 프로그램의 한 목표이기도 하지만, 그러면 그 환자는 어떤 형태로든 가치가 있는 일종의 상품권이나 쿠폰 같은 것을 받게 된다. 그것은 영화관 입장권이거나 혹은 식사 이용권일 수도 있다. 약물 사용과 경쟁이 되는 건강한 보상을 얻게 되는 것은 효과가 있다.

다른 치료 방법은 단순히 운동을 하는 것이다. 이것은 자신의 편한 시간에 아무 때나 혼자서도 할 수 있고, 비용도 들지 않는다. '미래를 관찰하기The Monitoring the Future'란 이름의 설문조사 단체는 규칙적으로 운동을 하는 고등학교 학생들이 그렇지 않은 학생들에 비해 담배나 마리화나의 사용이 훨씬 더 적다는 결과를 보여주었다.[3] 이와 같은 운동의 효과가 직접적인 것인지는 분명하지 않지만, 이러한 발견은 치료에 대하여 어떤 함축적 의미를 제공해줄 수 있다.

치료 환경

치료가 진행되는 환경은 다양할 수 있으며, 환자의 필요와 자원의 가용성에 따라 달라질 수 있다. 그것은 단순히 가족의 노력과 함께 일주일에 한 번씩 학교의 상담자를 만나는 것일 수도 있고, 혹은 병원이나 특별히 약물 사용자들을 치료하기 위해 고안된 시설 같은 곳에 입원을 하는 것일 수도 있다. 또한 감옥에서 치료가 이루어질 수도 있으며, 비폭력적인 약물 남용자의 경우에는 판사의 허락을 받아 감옥 대신 다른 곳으로 치료의 장소가 옮겨질 수도 있다.

치료와 예방은 여러 가지 방면에서 효과를 높여줄 수 있다. 2011년 3월 16일 자 〈미국의 오늘*USA Today*〉이라는 신문의 한 기사를 보면, 미국의 여러 대학에서 학생들의 회복을 돕기 위하여 어떻게 학교의 자원을 투자하기로 했는지에 대한 내용이 실려 있다. 대학에서 열리는 각종 파티와 남학생 사교클럽 같은 곳은 약물 공급의 온상으로 유명하다. 따라서 회복 단계에 있는 사람에게는 위험한 장소이다. 하지만 어떤 학생들은 치료 중에 있어서 캠퍼스 내에서 알코올과 다른 중독성 물질들로부터 상대적으로 자유로우며, 그것들을 열심히 사용하는 사람들에게서 멀리 떨어져 있을 수 있는 곳을 원하고 있다. 이러한 필요에 반응하여, 일부 대학에서는 학교 내에 약물 금지 구역을 설정하고, 활동적인 치료 프로그램을 제공하고 있다. 중독과 씨름하고 있는 젊은 학생들을 도와줄 수 있는 이 얼마나 멋진 아이디어인가! 젊은이들이야말로 취약성이 높은 그룹에 속하니까 말이다.

치료용 약물들

치료용 약물들은 우리가 가지고 있는 치료 방법의 목록 중에서도 없어서는 안 될 필수적인 요소인 것으로 증명되었다. 이것들은 상담과 행동치료와 병행하여 사용될 때 특별히 효과적이다. 치료용 약물들이 중요하기 때문에, 새롭고 더욱 효과적인 치료용 약물들을 개발하기 위해서 몇 가지 큼직한 연구 프로그램들이 진행되고 있다. 일부 중독성 약물 사용자에게 몇 가지 유용한 치료용 약물들이 있지만, 모든 중독성 약물에 전부 효과가 있는 것은 아니다. 표 13-1은 가장 많이 남용되는 세 가지 대표 약물에 대한 치료용 약물의 예를 보여준다.

어떤 치료용 약물들은 단지 기존의 중독성 약물의 대체용일 뿐으로, 중독성 약물과 동일한 방식으로 작용을 하고 그렇기 때문에 갈망을 진정시켜준다. 다른 치료용 약물들은 수용체의 길항제로서 중독성 약물이 작용하는 수용체에 작용하여 그 효과를 방해한다. 그리고 다

〈표 13-1〉 약물 남용자에게 처방하는 몇 가지 치료용 약물들

중독성 약물	치료제	설명
니코틴	부프로피온(bupropion)	항우울제로도 사용됨
	바레니클린(varenicline)	니코틴 수용체의 '부분 효현제(partial agonist)'
	니코틴 검, 흡입제	목적은 니코틴 대체용 사탕 혹은 패치(patch)를 사용하기 위함이며, 이를 통해 흡연의 갈망을 줄이고자 함
알코올	다이술푸람(disulfuram)	알코올이 들어가면 몸을 아프게 함
	날트렉손(naltrexone)	알코올에 대한 갈망을 줄여줌
	온단세트론(ondansetron)	세로토닌 수용체 길항제로 효과가 희망적임
	토피라메이트(topiramate)	발작억제제로 효과가 희망적임
아편류 (헤로인, 모르핀, 옥시콘틴)	메타돈(methadone), 부프레노핀(buprenorphine)	체내에서 오래 유지됨
	날트렉손	아편류 수용체의 길항제, 한 달가량 장기간 지속되는 주사 형태도 있음
	날메펜(nalmefene)	오래 지속되는 길항제

지난 수년 동안 약물 사용자들이 약물로부터 자유로워지고, 사회에서의 기능을 할 수 있도록 그들을 도와줄 목적으로 여러 가지 치료용 약물들이 개발되었다. 그것들 가운데 일부만 이 표에 소개했다. 때로는 두 가지 이상의 약물을 같이 사용하는 것이 도움이 되기도 한다. 최근의 연구에 따르면, 니코틴 패치와 함께 니코틴 사탕을 같이 사용하는 것이 흡연자들에게 높은 성공률을 제공한다고 한다.

른 종류의 치료제들은 어떤 방식으로 작용하는지 아직 완전히 이해를 못하고 있는데, 아마도 보상 및 중독과 관련된 대뇌회로에 영향을 주는 것 같다.

한 가지 예를 들면, 날트렉손은 아편류 수용체의 길항제인데, 알코올 섭취를 줄이는 데도 매우 도움이 된다. 한 연구에 의하면 60일간 치료를 한 후에 조사를 해보니까, 설탕을 섭취한 그룹에서는 단지 20%만이 알코올 사용이 재발되지 않은 반면에, 날트렉손을 섭취한 그룹에서는 60%가 재발되지 않았다.[4] 많은 경우에 있어서, 여러 가지 서로 다른

종류의 치료용 약물이 있는 것이 유용한데, 어떤 사람들의 경우 특정한 치료제에 대하여 안 좋은 반응을 보일 수도 있기 때문이다.

메타돈과 같은 대체용 치료제의 사용에 대해서는 대개 논쟁이 있게 마련인데, 왜냐하면 이런 것들은 '단지 한 약물을 다른 약물로 대체하는 것'뿐이기 때문이다. 예컨대 메타돈은 아편성 약물이고, 따라서 그것을 치료용으로 사용하는 것은 단순히 또 다른 종류의 아편성 약물에 대한 의존성을 만들어내는 것이라고 말할 수 있다. 실제로 메타돈—그리고 다른 종류의 처방용 아편류—을 판매하는 암시장이 있어서, 거기서는 활동적인 중독자들이 만족점에 도달하기 위해 이것을 구매하고 있다는 사실은 대체용 치료제가 문제가 있을 수 있다는 견해를 지지한다. 이와 비슷하게, 니코틴 패치는 사용자에게 결국 니코틴을 제공하는 것일 뿐이다. 이것들의 사용에 대한 비평은, 도대체 대체용 치료제의 좋은 점이 무엇인가 하는 점이다. 중독자는 여전히 중독자일 뿐이다. 이것은 중요한 질문이며, 사회의 여러 위치—개인, 법률 집행자, 입법자 등—에 있는 다양한 사람들을 어리둥절하게 만든다.

이러한 논쟁을 바라보는 몇 가지 시각이 있다. 치료를 하는 한 가지 목표는 중독자로 하여금 약물로부터 멀어지게 하는 것인데, 이것은 불행하게도 금단 증상을 야기한다. 어떤 방법이든 금단 증상을 견디기 쉽게 만들 수 있다면 그것은 중독자에게 도움이 된다. 대체용 치료제를 단기간 사용하는 것은 갈망과 금단 증상을 줄여주고, 중독자에게 시간을 줘서 그들이 오래되고 나쁜 습관과 행동방식을 끊을 수 있도록 도와준다. 그것들의 사용은 또한 중독자에게 나타날 수 있는 건강상의 해로움과 위험을 줄여줄 수도 있다. 예컨대 니코틴 검과 패치의 사용은 폐에 독성을 제공하는 흡연에 대한 갈망을 없애줌으로써 폐의 건강에 도움이 된다. 또 다른 예는 정맥주사로 약물을 사용하는 사람들을 위한 구강으로 섭취하는 메타돈의 사용이다. 헤로인을 정맥주사하는 사람들은 더럽고 감염성이 높은 주사바늘과 자신이 주사하는 물질에 대한 정확한 정보의 부족과 같은 다양한 문제점들에 취약하다. 믿을 만한 출처로부터 제공되는 구강으로 투여하는 메타돈은 이러한 위협을 제거해준다. 또 다른 실질적인 도움은 인가받아 판매되는 대체용 치료제는 불법이 아니라는 사실이고, 그렇기 때문에 법을 어겨야 하는—이것은 그 자체로 혼란스럽고 약물 문제에 또 다른 문제를 더해주게 된다—위협을 없애준다.

일부 대체용 치료제의 경우는 다소 좀 더 복잡하긴 하지만, 그것들이 몸 안에서 작용하는 시간 진행 과정이 다를 수도 있다는 점에서 또 다른 장점이 있다. 예컨대 혈액 내에서 오래 머무를 수 있는 대체용 치료제는 혈액 내 농도가 급격히 올랐다가 떨어지는 다른 약물에 비해 약물 사용자를 더 안정적으로 유지시켜줄 수 있다. 메타돈과 같은 대체용 약물을 사용하는 치료 방법은 그 약물 사용에 안정적으로 적응된 중독자들이 보다 건강하고, 사회적이며, 그리고 직장생활을 할 수 있다는 점에서 볼 때, 분명 효과적으로 작용하고 있다는 것을 강조해둘 필요가 있다. 어떤 사람들은 심각한 부작용 없이 십 년 이상 메타돈을 사용해오고 있다. 이런 관점들로 볼 때, 대체용 치료 약물은 일단은 괜찮다고 말할 수 있다. 과연 문제는 치료용 약물일까, 아니면 우리가 그렇게 생각하는 방식일까?

중독은 대사성 질환인가?

대체용 약물 치료제가 갖고 있는 이러한 장점에도 불구하고, 많은 사람들은 아직도 이것들은 답이 될 수 없거나, 기껏해야 단기간의 해결책밖에는 되지 않는다고 느낀다. 예를 들어 메타돈 지속 프로그램에서 사용되는 메타돈처럼 대체용 치료제를 장기간 사용하는 것을 정당화할 수 있을까? 이 분야에 지식이 많은 대부분의 사람들은 메타돈을 장기간 사용하는 것이 도움이 된다고 말하며, 이것은 대체용 치료제가 문제가 있을 것이라는 우리의 전통적인 사고에 도전을 요구하는 한 예가 될지도 모른다. 1960년대에 빈센트 돌Vincent Dole 박사와 마리 니스원더Marie Nyswander 박사는 중독자들이 마치 그들이 정상적으로 기능을 하기 위해서 정말로 그것을 필요로 하고 있는 것처럼 헤로인을 강박적으로 구하고 있음을 관찰했다. 다른 방식으로 말한다면, 약물 중독은 마치 당뇨병과 같다고 볼 수도 있는데, 그것은 당뇨병 환자들이 자신들의 몸에서 정상적으로 작동하지 않거나 혹은 결핍된 인슐린을 외부에서 공급받아야 할 필요가 있다는 점에서 그렇다. 이 말은 중독자들이, 비록 전체 집단에서 단지 작은 부분만을 차지하고 있을지라도, 약물을 섭취함으로써 자신들의 뇌 안에 있는 어떤 대사성 결핍을 수정하려고 약물을 탐색하는 것일 수도 있다는 개념이다. 돌과 니스원더는 이러한 생각을 조사해보기로 하고, 테스트용 물질로 메타돈을 선택했는데, 그 이유는 메타돈은 구강 섭취를 할 때 활성화되어 있고, 그 효과가 24시간 지속되며, 상당히 비독성이기 때문이었다. 그들은 아편성 약물 중독자들이 메타돈에 안정화되면서 조절하지 못할 정도로 약물을 찾던 행동을 더 이상 하지 않게 되는 것을 발견했다.[5] 약물 사용자들은 이제 더 이상 약물이 결핍된 자신들의 뇌로 인하여 방해를 받거나 그 결핍을 채워야 하는 충동에 끌리지 않게 되어서, 보다 쉽게 재활에 초점을 맞출 수 있게 되었다. 이러한 결과들은 수천 군데의 치료센터에서 행해진 수많은 시도들에서 확인되었으며, 메타돈 지속 프로그램은 의학적으로 그리고 사회적으로 큰 성공을 이루었다. 메타돈으로 지속적인 치료를 받고 있는 환자들은 다른 사람들과 전혀 달라 보이지 않았고, 법정은 환자들이 단지 메타돈을 받고 있다는 이유만으로 어떤 종류의 취업에서 차별대우를 받아서는 안 된다는 법령을 만들었다. 이런 관점에서 본다면, 문제가 되는 것은 대체용 치료제가 아니라, 오히려 약물 중독에 대한 우리의 태도와 그것에 우리가 붙여놓은 오명일 것이다. 이런 주제를 다루는 데 있어서 사회가 갖고 있는 생각이 어떻게 발전되어가는지를 살펴보는 것은 흥미로운 일이 될 것이다.

최선의 치료는 예방이다

예방이란 말 속에는, 어떤 특정한 목표가 되는 집단 내에서 새로운 혹은 계속되는 약물 남용을 막기 위해 취해진 행동이나 정책도 포함된다. 만일 우리가 아직 약물을 사용하지 않는 어떤 집단을 약물로부터 지켜낼 수 있다면, 약물 남용이 주는 부담을 크게 경감시킬 수가 있다. 이 아이디어는 결국 일이 생기기 전에 미리 손해를 예방하자는 것이다. 담배 및 약물 반대 광고 같은 것은 예방을 위한 노력을 보

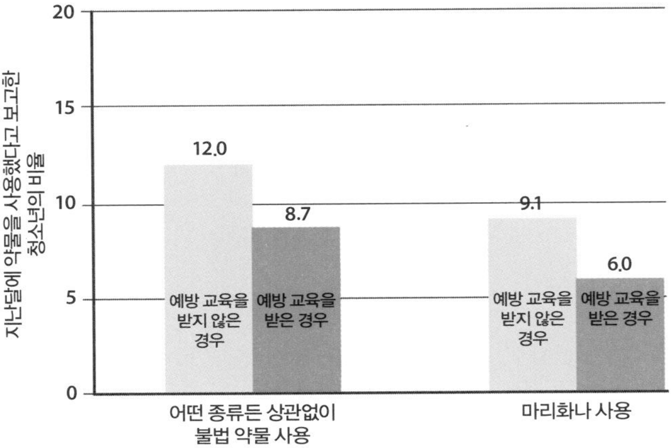

〈그림 13-1〉 청소년들에게 약물 사용의 위험에 대하여 정보를 제공하는 것이 약물 사용을 줄이게 한다.

여주는 좋은 예가 될 수 있다. 예방은 효과를 발휘한다! 예를 들어, 약물 사용을 예방할 목적으로 학교에서 사용하는 두 가지 교육 프로그램인, 생활 기능 훈련LST, Life Skills Training과 가족 강화 프로그램SFP, Strengthening Families Program은[6] 마리화나 흡연과 알코올 사용을 줄이는 데 기여했다. 이들 프로그램에 드는 비용은 외래 중독 및 남용 환자들을 다루기 위하여 1년간 드는 비용의 단지 10%밖에 들지 않는다. 이 나라의 젊은이들은 그리 어리석지 않다. 약물의 문제점에 관한 이야기를 해주면, 많은 이들은 이 말을 경청한다. 그림 13-1은 약물 사용의 위험에 대하여 듣고 난 후에 젊은이들 사이에서 약물 사용이 감소되었음을 보여준다.

어떻게 도움을 받을 수 있을까?

한 젊은 약물 중독자가 자신의 삶을 돌아보고 있다. 그는 삼십대 초반인데, 직장과 가정을 잃었고, 건강도 나빠지고 있다. 그리고 재산도 거의 잃었다. 그의 가족과 친구들은 그에게 거의 대화를 건네지 않고 있으며, 그는 더 이상 갈 곳이 없어 보인다. 그는 자신의 이런 모습이 더욱 악화될 것이라는 것을 알고 있다. 드디어 그는 도움을 받기로 결심한다. 이제 그는 어디서부터 시작해야 할까?

도움을 찾는 데는 몇 가지 방법이 있다. 가정의 주치의는 어떻게 도와야 할지 혹은 적어도 어떻게 시작해야 할지를 알고 있을 것이다. 또한 약물 남용자들을 다루는 일에 특화된 몇 종류의 전문가 집단이 있다. 이들은 약물 문제들을 평가하고 다루는 데 특별한 훈련을 받았다는 점에서, 도움을 청해야 할 우선적인 고려 대상이다. 학교의 상담자와 성직자는 대개 도움이 될 만한 곳을 추천해줄 수 있고, 상담 내용의 비밀을 지켜준다. 그들은 보통 약물 문제를 발견하게 되는 첫 번째 사람들 중에 하나다. 특별히 학생들의 수행성적을 관찰하는 학교 담당자들은 종종 누가 문제를 갖고 있는지를 알게 되고, 그들을 도우려고 노력한다.

비록 가족과 친구들은 전문가들은 아니지만, 그들은 종종 도움을 찾아나서는 데 있어서 중요한 역할을 한다. 가족과 친구들은 정서적인 도움을 줄 수 있고, 때때로 전화를 대신해준다든지 치료에 드는 비용을 지원해줄 것을 약속한다든지 하는 것과 같은 실질적인 도움을 줄 수도 있다. 그들은 누군지 모르는 낯선 사람들보다는 더욱 그 사람의 행복에 관심과 헌신을 쏟을 수 있을 것이다. 더군다나 그들은 그 사람을 잘 알고 있고, 문제가 생기게 된 원인에 대하여 어떤 통찰력을 가지고 있을 수도 있는데, 예컨대 약물을 사용하는 잘 아는 사람들의 모임 때문이라든지 혹은 병을 앓고 있다든지 하는 것과 같은 것들이다. 결국 가족과 친구들이 도움을 찾아나서는 데 있어 훌륭한 출발점이 될 수가 있다. 그리고 이미 치료 중에 있는 누군가를 알고 있다면 그 사람이 안내자가 될 수도 있다. 또 알코올중독자협회와 마약중독자협회 모임을 돕고 있는 사람이 있다면, 그 사람이 도움이 될 수도 있다. 만일 어떤 사람이 친구들이나 가족을 통해서 도움을 찾을 수 없다거나, 혹은 가족이나 친구들마저 약물 사용자는 돌이킬 수 없는 실패자라는 생각에 갇혀 오히려 상황을 악화시킨다면, 그때는 다른 곳으로 눈을 돌려 계속해서 도움을 찾아나서야 한다.

요즘은 인터넷을 통해서 정보를 얻고 도움을 찾는 것도 가능하다. 미국 국립약물남용연구소NIDA와 약물남용 및 정신건강 관리청SAMHSA, Substance Abuse and Mental Health Services Administration은 정보에 도움이 되는 인터넷 홈페이지 주소를 가지고 있다. 표 13-2는 최근의 조사에서 찾아낸 많은 인터넷 사이트를 약간의 설명과 함께 열거하고 있다. 이들 기관들에는 치료를 원하는 사람들을 기꺼이 도우려고 준비된 사람들이 있다. 어떤 기관은 특별한 시설과 연결되어 있고, 어떤 곳은 환자의 거주지 근처에 치료받을 수 있는 장소를 안내해준다. 개인이 운영하는 프로그램에서는 환자가 직접 비용을 지불하거나, 보험으로 처리하거나, 혹은 두 방법을 다 사용해서 지불이 가능한 경우도 있고, 미국의 경우 국가예산으로 지원되는 프로그램처럼 거의 비용이 안 들거나

〈표 13-2〉 도움을 제공하는 인터넷 사이트

인터넷 사이트	연락처	설명
http://dasis3.samhsa.gov	알 수 없음	당신의 거주지에 가까운 치료센터를 찾는 것을 도와준다.
http://www.aa.org/lang/en/meeting_finder.cfm?origpage=29	알 수 없음	알코올 중독 관련 기관을 찾는 데 도움을 준다.
http://www.na.org ID=phoneline	알 수 없음	마약중독자협회 모임을 찾는 데 도움을 준다.
Drug-Rehab.org	1-877-392-5926	지역의 도움을 찾도록 해준다.
Turntohelp.com	1-866-973-4373	아편류 의존에 초점을 맞춘다.
www.help.addicted.org	알 수 없음	지역에 있으며, 저비용의 치료기관에 대한 정보를 제공한다.
http://www.recoveryconnection.org	1-800-993-3869	플로리다 주의 치료기관을 소개한다.
Kidshealth.org	알 수 없음	아이와 청소년에 초점을 맞추어 부모들에게 도움이 된다.
http://www.drugfree.org/intervene	알 수 없음	문제가 있는 십대와 그들의 부모에게 도움이 된다.
Spritualriver.com	알 수 없음	약물로 곤경에 처한 사람들을 어떻게 도울 수 있는지에 대한 정보를 볼 수 있다.
http://www.addict-help.com	알 수 없음	일반적인 정보를 제공한다.
http://www.teen-drug-abuse.org	1-866-323-5611	십대를 위한 입원 안내와 야외 프로그램 정보 등을 제공한다.
http://www.addictionhelpservices.com/get-help.asp	1-877-554-7308	일반적인 도움을 제공한다.
Helpguide.org	알 수 없음	일반적인 도움을 제공한다.
http://www.sexual-addiction.net	1-888-762-3753	섹스 중독자를 위한 사이트로, 입원이 가능한 개인 시설이다.
http://www.sash.net/en/find-a therapist.html	1-706-356-7031	가까운 곳의 치료사를 찾는 것을 도와준다.

도움을 청할 곳은 많고, 도움을 찾는 방법도 많다. 하지만 치료사가 자격이 있는지 확인할 필요가 있다.

아예 공짜인 경우도 있다. 표에서 마지막 부분에 열거된 항목은 섹스 중독을 위한 곳임을 주목하라. 치료를 받기에 앞서 전문가 혹은 치료사의 자격증과 경력을 확인해보는 것이 좋을 것이다. 어떤 치료사는 자격이 없거나 환자를 잘못 인도할 가능성도 있기 때문이다.

focus

약물 남용은 불안이나 우울증과 같은 수많은 다른 질환들처럼 뇌에 기초한 장애이다. 자격이 있는 전문가에 의한 치료가 약물 남용과 중독에 대한 해결책이다. 치료는 한 번으로 끝나는 것이 아니라 오랜 기간 지속적으로 행해지는 일련의 과정이다. 치료를 받는 것은 삶에서 맞이할 수 있는 비참한 상황을 막아줄 뿐만 아니라, 전체 인생을 놓고 보면 결국은 비용을 절약하는 셈이다. 메타돈과 같은 대체용 치료제는 효과가 있으며 성공적이다. 치료의 성공을 가로막는 장벽은 약물 사용자에 뒤따르는 부정적인 사회적 고정관념이며, 그것은 극복되어야만 한다. 우리 모두가 중독에 대해 지식을 쌓고 포용함으로써 중독에 대한 자신의 인식과 태도를 조정한다면 중독자들을 도울 수 있다. 좋은 치료 방법의 특징들과 구성 요소들은 잘 알려져 있다. 약물 사용이 시작되기 전에 예방하는 것은 특별히 효과가 있으며, 사회가 추구해야 할 중요한 목표이다.

14장

미래에 가능할 일들

이 책에서 많은 주제를 다루었다. 그중 한 가지는, 중독자는 약물을 찾고 섭취하는 자신의 능력에 대한 조절 기능을 (적어도 어느 정도의 일정 부분은) 잃어버린 사람이며, 이러한 조절 능력의 상실이 그 약물 사용자에게 곤경과 문제점을 불러오게 한다는 것이었다. 사람들이 남용하는 거의 모든 약물을 동물들도 자가투여하는데(적어도 실험실과 같은 인위적 환경의 조건 하에서 그렇다는 뜻이다. —옮긴이), 이런 사실은 약물 섭취가 많은 종들 간에 넓게 퍼져 있는 본능적 충동일 수 있다는 가능성을 제시한다. 더군다나 많은 연구의 결과는 약물 섭취가 뇌 안의 특별한 생리적 시스템과 연관이 있음을 보여준다. 약물 섭취는 뇌의 화학을 건강에 해로운 방향으로 바꾸기 때문에, 이러한 부정적인 변화를 되돌릴 수 있는 치료용 약물을 개발할 필요가 있다. 실제로 유용한 치료용 약물들이 이미 많이 개발되어 있다. 약물 남용은 뇌 안에 오랫동안 지속되는 (수개월에서 수년 동안) 변화를 만들어내는데, 이러한 변화가 만성적이면서 재발성이 높은 약물 중독의 특성을 설명하는 기초가 된다. 장기간 약물을 사용하고 난 후, 일주일 혹은 한 달 동안 약물을 멀리하는 것은 아마도 뇌가 정상 수준으로 돌아오고 치료가 되기에는 미처 충분하지 못한 시간일 것이다. 취약한 뇌에 생긴 상처는 약물 섭취에 대한 욕구를 증가시킨다. 약물은 뇌 안에 들어와 우리 종의 생존을 위해 없어서는 안 될 강력한 뇌 안의 시스템을 통해서 작용한다.

약물은 이처럼 자연 상태에 적응하기 위하여 준비되어 있는 시스템에 대한 조절 능력을 장악하여, 자연 상태와는 거리가 먼 새로운 적응이 일어나게 하고 그에 따른 결과를 야기한다. 이러한 요소들이 하나로 합쳐져 하나의 뇌장애 혹은 뇌질환인 약물 중독의 기초를 형성한다고 믿고 있다. 비록 많은 사람들이 약물로부터 스스로 벗어날 수 있기도 하지만, 그렇지 못한 사람들도 많다. 어떤 사람들은 다른 이들보다 더 취약한 조건을 갖고 있으며, 또 어떤 이들은 그들이 도움을 필요로 한다는 사실을 깨닫고 전문가의 치료를 찾고 있다. 약물 남용에 대한 치료는 자발적이든 강제적이든 상관없이 효과가 있으며, 개인의 필요에 따라 맞춤형이 될 수 있다. 그동안 이 분야에서 상당한 진전이 이루어졌지만, 앞으로 더 많은 진전이 필요할 것이다. 그러나 이 모든 것이 우리를 어디로 데리고 가는지 그리고 미래에는 어떤 일들이 가능할지 생각해보자.

치료, 치료, 치료

약물 중독 치료사들은 이미 알고 있는 지식을 치료에 더 많이 활용할 수 있기를 바란다. 1차 진료기관에 약물 남용의 예방과 치료가 포함된다면, 공중보건은 상당히 좋아질 것이다. 다시 말해, 정기검진 같은 1차 진료에서 약물에 대한 조사, 필요하다면 치료, 그리고 전문의사 진단 추천서 등까지 포함될 수 있는 경우를 의미한다. 이 말이 어쩌면 쉽고 간단한 일로 들릴지도 모르지만, 아마도 우리 사회가 갖고 있는 약물 중독에 대한 오명이 이런 일을 쉽게 일어나지 못하게 하는 문제의 부분적 원인이 될 것이다.

우리 사회가 짊어지고 있는 중독에 대한 비용 부담을—그리고 그 비용은 금전적인 것뿐만 아니라, 고통의 측면도 같이 고려된다—줄이기 위하여 보다 새롭고 더 나은 치료 방법이 요구된다. 다양한 치료 방법들과 치료 프로그램들에 대한 연구는 무엇이 가장 효과적인 치료인지를 밝히게 될 것이고, 이 방법은 다른 프로그램들에서도 사용될 것이다. 이런 식의 접근은 분명 어떤 의미 있는 결과를 제공해줄 것이지만, 거기에는 시간, 돈, 정부의 지원이 요구된다. 새로운 치료용 약물이 필요하고, 그것들은 의심할 여지없이 중독에 대한 비용 부담을 줄이기 위한 우리 사회의 노력에 도움을 줄 것이다. 비록 흡연과 알코올 남용을 막기 위해 정부가 승인하고 의학적으로 받아들인 치료용 약물들이 있기는 하지만, 정신자극제 남용을 위한 치료용 약물은 아직까지 없다. 분명히 중독 치료에 있어서 채워져야만 하는 빈 공간이 남아 있다. 또한 부작용이 더 적게 나타나는 새로운 치료용 약물이 필요하다. 전반적으로 볼 때, 가장 비용이 많이 드는 질환 중의 하나인 약물 중독의 치료 방법의 발전이 필수적으로 요구된다.

약물에 대한 대중 교육을 포함하는 예방이 또한 효과적이며, 더 많은 그리고 더 나은 예방적 조치가 필요하다. 치료의 경우와 마찬가지로, 예방에 대한 연구 또한 최선의 예방 방법을 밝혀주게 될 것이다. 취약성에 대한 연구는 어느 그룹이 어떤 종류의 약물을 남용할 가능성이 가장 높은가에 대해 밝혀줄 것이고, 이 그룹이 발전된 예방 기술을 적용하게 될 대상이 될 것이다.

중독을 매개하는 분자들

약물들은 뇌 안에 변화들을 만들어내는데, 이 변화들은 어떤 신경세포들에 들어 있는 다양한 분자들의 수준과 활동에서 나타난다. 앞에서 논의한 것처럼, 약물들은 도파민 D2 수용체의 수준을 감소시키는 것으로 보인다. 이 변화와 다른 종류의 변화들은 중독성 행동의 세포적·분자적 기초를 형성한다. 따라서 이들 분자들에게서 나타나는 사건들에 대한 지식은 약물 중독을 이해하는 데 있어서 아주 중요하다. 어떤 질환을 이해한다는 것이 필연적으로 그것을 고칠 수 있음을 의미하지는 않지만, 적어도 문제가 무엇인지를 정의할 수는 있다. 또한 이러한 중독에 대한 이해는 시간이 지나면서 새로운 기술과 접근 방식이 발달하게 되면, (현재는 없지만) 그때 가서 가능한 치료 방법이 나올 수 있는 무대를 설치하도록 해준다.

어떻게 뇌의 화학물질이 중독을 매개하는지를 보여주기 위해 앞서 도파민 이야기를 꺼냈는데, 그렇다고 해서 도파민이 유일하게 중요한 신경전달물질이라는 것은 아니다. 역시 이미 앞에서 한차례 언급했던 글루타메이트, GABA, 세로토닌, 엔케팔린, 아난다마이드 등의 신경전달물질 또한 중요하다. 중독은 많은 신경전달물질과 신경회로들이 서로 복합적으로 관여하면서 만들어진다. 미래에는 중독에 더욱 치명적인 특정 신경세포와 신경전달물질을 더욱 잘 구분해낼 수 있을 것으로 기대하고 있다. 우리는 이 일에 있어서 발전을 이루었지만, 밝혀야 할 일들이 아직 더 많이 남아 있다. 신경전달물질들 외에도 몇몇 커다란 분자들, 예컨대 수송체나 수용체와 같은 단백질도 중독에 있어서 중요하다. 다시 말하지만, 우리는 많은 것을 알게 되었지만, 아직도 밝혀야 할 많은 것들이 남아 있다.

앞선 장들에서 자세히 이야기한 것처럼, 우리는 중독에 관여하는 몇 가지 유전자에 대하여 알고 있다. 그리고 중독에 관여하는 다양한 분자들에 대해서도 약간의 지식을 가지고 있다. 우리는 중요한 미래의 과학으로 떠오르고 있는 후성유전학에 대해서도 배워나가고 있으며, 어떻게 약물이 유전자 발현에 있어서 후성유전학적 변화를 일으키는지를 알아가고 있다. 앞서 5장에서 서술한 것처럼, 뇌 안의 신경세포에서 일어나는 후성유전학적 변화는 중뇌변연계에 있는 신경세포 내의 다양한 단백질들의 수준에 변화를 일으킨다. 우리는 아직까지는 약물에 의해 유도되는 유전자 발현과 다양한 분자들의 변화에 대해 단지 조금 알고 있을 뿐이다. 하지만 이러한 지식은 더 확장되고 세련될 필요가 있다. 미래에는 이 분야에서 상당한 수준의 발전이 있게 될 것이다. 언젠가 이러한 지식이 새로운 치료용 약물과 치료 방법의 개발에 적용될 것이다.

중독 예방 백신

백신은 천연두 제거와 소아질환의 예방, 그리고 많은 해로운 질병들을 조절하는 주요한 공중보건 수단이다. 백신 치료는 우리 몸에서 항원으로 알려진 어떤 목표물에만 선택적으로 작용하는 항체를 만들어 낼 수 있게 한다. 항원은 하나의 바이러스일 수도 있지만, 사실은 바이러스를 구성하고 있는 어떤 하나의 단백질이다. 항체가 바이러스의 단백질과 결합을 하게 되면, 그 바이러스는 예방접종한 개체 내의 세포에는 감염을 일으키지 못한다. 항체는 Y자 모양의 단백질인데, Y자 윗부분의 두 팔 벌린 모양의 끝 부분이 항원과 결합한다. 항체의 이 결합은 백신에 넣어준 항원과만 매우 특이하게 이루어지기 때문에, 항체는 일종의 특이한 차단제라고도 생각할 수 있다. 대부분의 항체는 전염성 질환에 대해 우리를 보호해주는 것으로 종종 생각하지만, 항체는 또한 특정한 약물 분자에 대해서도 만들어질 수 있다.

1973년 B. 웨이너B. Wainer, F. 피치F. Fitch, R. 로스버그R. Rothberg, 그리고 슈스터가 쓴 논문 하나가 〈네이처*Nature*〉에 실렸다. 모르핀에 대해 만든 항체가 생체 외 조직(여전히 기능이 살아 있으면서 수축을 할 수 있는)에서 모르핀의 작용을 차단했다는 내용이다.[1] 전통적으로 항체는 단백질과 같이 커다란 분자에 대해서 만들어지는데, 모르핀과 같이 작은 크기의 분자에 대해서도 효과적인 항체를 생성했다는 것은 상당한 성과이다. 항체가 만들어졌을 뿐만 아니라, 그 항체는 또한 활성이 살아 있었으며, 모르핀과 결합하여 모르핀의 생물학적 효과를 방해했다. 한 가지 단순한 비유를 들자면, 다른 사람들에게 해코지하며 다니는 사람이 있는데, 누군가가 나타나서 그 사람이 다른 사람들을 더 이상 괴롭히지 못하도록 저지하게 된 것과도 같다. 항체는 분자와 결합하여 분자의 활동을 저지함으로써 분자가 원래 하던 일을 못하게 만든다.

이 중요한 연구로부터 약물에 대하여 백신을 만들어내려는 생각이 강하게 대두되었다. 예를 들어, 어떤 사람에게 코카인이 많이 붙어 있는 단백질을 예방접종하면 그 사람의 몸 안에 코카인에 대한 항체가 만들어질 수 있다는 내용이 보고되었다. 그 항체는 예방접종을 맞은 사람의 혈액 내에 존재한다(그림 14-1 참조). 이러한 백신 방법이 코카인에 의한 행동 효과를 감소시키는 데 효과가 있음이 밝혀졌다. 약물들(코카인, 니코틴, 펜사이클리딘PCP, 메스암페타민)에 대한 백신은 아직까지는 일상적으로 쓸 수는 없지만, 현재 개발 중에 있다. 임상실험에서도 이들 백신이 효과가 있으며, 치료에 희망적이라는 것이 밝혀졌다. 예를 들면, 코카인 백신을 이용한 최근의 연구에서 가장 많은 항체를 만들어낸 환자가 가장 적은 양의 코카인을 섭취했는데, 짐작건대 이것은 그들이 코카인 섭취로부터 생기는 보상을 가장 적게 받았기 때문일 것이다. 보상 효과가 없다면, 약물을 섭취하는 행위는 강화되지 않는다. 이러한 치료적 접근의 혜택을 최대화하기 위해 더 나은 백신과 그 사용 방법을 개발하는 것이 중요할 것이다.

약물 남용자를 치료하기 위해 백신을 사용하려는 아이디어는 몇 가

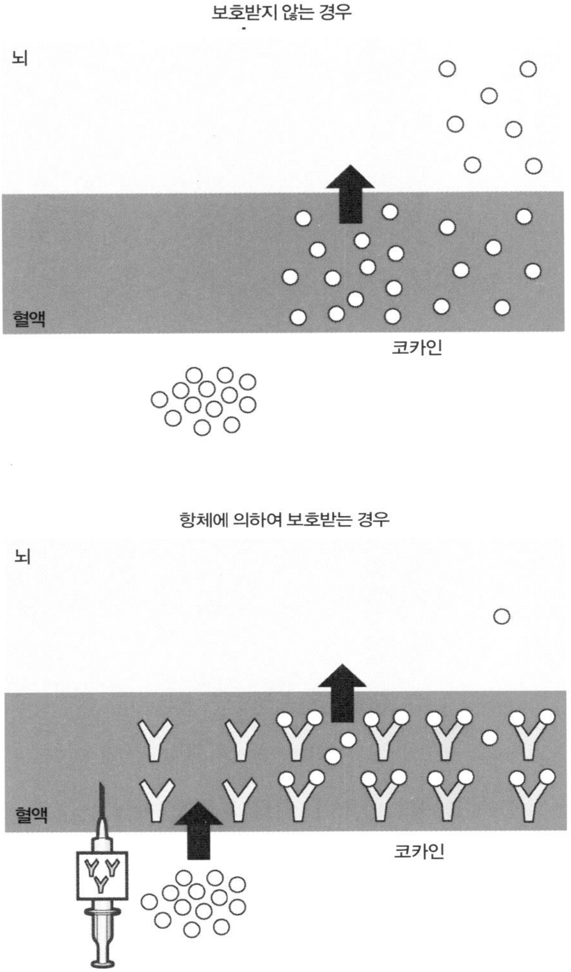

〈그림 14-1〉 항체는 약물이 뇌 안으로 들어가는 것을 막아준다. 위 그림을 보면, 동그라미로 표시된 코카인 분자들이 먼저 혈액 안으로 들어오고 이어서 뇌 안으로 확산되는 것을 보여준다. 이제 아래 그림을 보자. 여기서는 코카인 백신을 통해 만들어진 Y자 모양의 항체가 혈액 내로 들어온 코카인 분자들과 결합함으로써, 코카인 분자들이 뇌 안으로 들어가지 못하도록 막아준다. 백신의 경우, 환자의 면역 시스템을 활성화시켜 그 결과로 코카인의 효과를 막아주거나 감소시키는 항체를 생성하게 된다. 이 연구는 토머스 코스텐(Thomas Kosten)과 그의 동료들 그리고 다른 연구자들에 의해 수행되었다.

지 중요하고 새로운 면을 갖고 있다. 이것을 보다 분명하게 이해하기 위하여 백신을 사용하지 않는 전통적인 치료용 약물을 살펴보자. 예를 들어, 아편성 약물 중독자들을 치료하기 위해 사용하는 메타돈이나 날트렉손을 보자. 둘 다 활성적이지만 작용하는 방식은 다르다. 메타돈은 아편성 약물 수용체를 자극하고, 날트렉손은 그것들을 차단한다. 이 두 경우 모두 치료용 약물이 뇌 안의 신경전달 과정에 영향을 미치고, 따라서 이들은 효과를 나타내기 위해서는 뇌 안으로 들어가야만 한다.

비록 이렇게 뇌 안에서 약물 사용자에게 도움을 주는 유용한 변화를 만들어내지만, 이들은 또한 피할 수 없는 다른 종류의 부작용도 갖고 있다.[2] 메타돈을 장기간 사용하는 것은 혈액 내 단백질과 프로락틴 prolactin(뇌하수체에서 생성되는 호르몬의 하나로, 유선을 자극하고 여성의 경우 임신과 함께 그 양이 증가한다. —옮긴이)의 변화를 가져올 수 있으며 또한 과도한 양의 메타돈을 복용할지도 모르는 위험을 항상 갖고 있다. 정신의학과에서 사용하는 모든 치료용 약물은 그 효과를 나타내기 위해서는 뇌 안으로 들어가야만 하고, 적어도 몇 가지의 부작용과 위험을 갖고 있다. 하지만 흥미롭게도 항체는 뇌 안으로 들어가지 않으며, 또 들어갈 필요도 없다. 그것들은 신경전달과 아무 상관이 없다. 오히려 그것들은 혈액 내에 존재하며, 위험한 약물이 뇌 안으로 들어가는 것을 막아준다. 앞 단락의 끝 부분에서 소개한 임상실험에서, 코카인에 대한 항체는 코카인이 뇌로 들어가는 것을 방해하여 결과적으로 약물에 의해 유도되는 보상 효과를 차단했다. 보상이 없으면, 약물을 섭취하고자 하는 동기도 사라진다. 약물 중독을 치료하기 위해 백신을 사용하는 것은 치료에 있어서 하나의 흥미로운 모험이 될 것이다. 이것이 하나의 새로운 접근 방법임에는 틀림없지만 이 방법이 과연 결국에 가서 유용한 방법이 될지, 아니면 그 사용을 금지해야 하는 어떤 문제가 생길지는 아직 모른다. 우리는 단지 시도해보고, 기다리면서 결과를 지켜봐야만 할 것이다. 하지만 모든 사람이 희망을 걸고 있다.

RTI-336

이제까지 살펴본 것처럼, 새로운 치료제는 필요하다. 특히 정신자극제(코카인, 암페타민, 메스암페타민 등을 포함) 중독자를 위한 치료용 약물은 아직 없기 때문에, 이곳은 도움을 필요로 하는 중요한 분야 중의 하나이다. 현재 이 분야의 치료용 약물의 후보로 고려되는 한 가지 물질에 대해서 같이 생각해보기로 하자. 그것은 RTI-336이라는 것인데,[3] 비록 이 약물이 어떤 정신자극제에 대해서도 사용될 수 있지만, 논의를 쉽게 하기 위해서 여기서는 코카인 사용자를 위한 치료용 약물이라고만 생각하기로 하자(그림 14-2).

RTI-336은 상호보완이 되는 기술들을 갖고 있던 다양한 그룹의 과학자들이 코카인에 대한 대체용 치료제를 찾으려는 노력 끝에 나오게 된 결과물이다.[4] 이와 같은 치료용 약물에서 우리가 원하는 성질은 무엇일까? 첫째는, 이것은 코카인보다 독성이 약해야만 한다. 코카인은 뇌 안의 여러 부위에서 작용을 한다. 만일 치료용 약물이 코카인이 접근하는 중독성 부위에 가서만 작용하고, 그 결과로 다른 관계없는

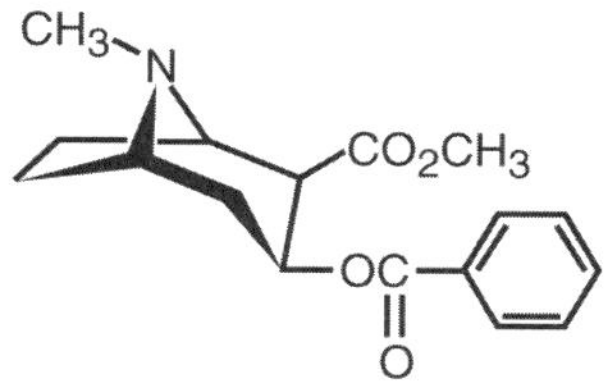

코카인

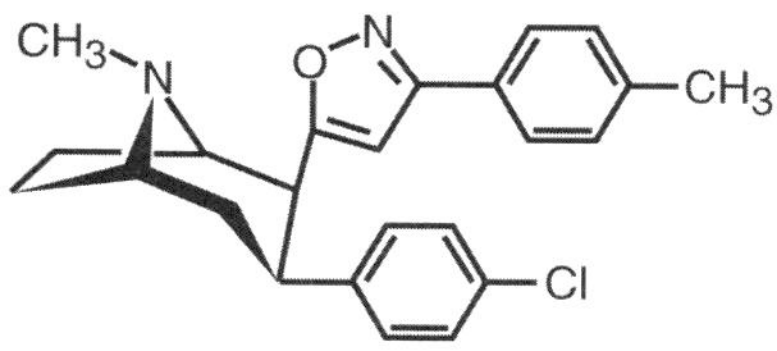

RTI-336

〈그림 14-2〉 코카인과 RTI-336의 화학구조. 한눈에 봐도 RTI-336과 코카인이 어떤 면에서 닮았지만, 또 다른 면에서는 똑같지 않음을 알 수 있다. 두 물질 간의 이런 유사성은 왜 RTI-336이 코카인처럼 작용을 하며 이 약물에 대한 대체용 치료제가 될 수 있는지를 말해준다. 하지만 둘 사이의 차이점이 중요하다. RTI-336은 코카인보다 더 특이적이고 선택적으로 작용하며, 뇌 안으로 서서히 침투하면서 독성이 거의 없는 것처럼 보인다. 이 화학물질은 리서치트라이앵글연구소(RTI, research triangle institute. 미국 노스캐롤라이나 주에 있는 리서치트라이앵글파크라고 불리는 대규모 연구단지 내에 위치한 한 연구소 — 옮긴이)의 아이비 캐롤(Ivy Carroll) 박사와 동료들이 합성했다.

부위에서의 작용, 즉 부작용들을 피할 수 있게 된다면 그것은 매우 바람직한 모습일 것이다.[5] 다음으로, 코카인은 어떤 방법으로 섭취하느냐에 따라 약간의 차이가 있기는 하지만 뇌 안으로 빠르게 들어가서 중독자가 갈구하는 만족점의 느낌을 전달해준다. 치료용 약물이 만일 뇌 안으로 더 천천히 들어가서 정서적으로 덜 파괴적이고 중독성이 더 작게 나타난다면 제일 좋을 것이다(보통 뇌 안으로 빠르게 침투하는 약물이 느리게 들어가는 약물보다 중독성이 더 강하다고 알려졌다). 코카인의 작용 시간은 90분 정도로 상대적으로 짧으며, 아마도 그렇기 때문에 코카인 사용자들이 몇 시간에 걸쳐서 연속적으로 약물을 섭취하는 폭음을 하게 되는 것 같다. 치료용 약물은 상대적으로 긴 작용 시간을 통해 치료 효과를 지속적으로 유지시킴으로써 환자가 약물을 자주 섭취할 필요가 없도록 해야만 한다. 만일 치료용 약물을 자주 섭취해야 한다면 치료가 성공할 확률이 적어지는데, 사람들은 필요한 만큼 그것을 자주 섭취해야 한다는 것을 잊어버리기 때문이다. 끝으로, 치료용 약물로 개발되는 후보 물질을 실험실에서 코카인을 자가투여하도록 훈련받은 동물에게 주었을 때, 실제로 코카인 자가투여를 감소시키는지 확인해야만 한다.

RTI-336이 치료용 약물로서 이상적인 후보 물질이라는 근거가 많다. RTI-336은 코카인의 중독성에 중요한 역할을 하는 도파민 수송체에 선택적으로 작용하고, 코카인에 비해 뇌 안으로 더 느리게 들어가며, 코카인보다 작용 시간이 길다. 게다가 동물실험에서 코카인의 자가투여를 줄어들게 해준다. 전임상적 독성 연구에서 RTI-336은 독성이 거의 없는 것으로, 그리고 사람을 대상으로 시행한 초기 단계의 임상실험에서도 독성이 낮은 것으로 나타났다. 하지만 이것이 정신자극제 중독에서 정말로 효과를 나타내는지를 보기 위해 아직은 더 많은 약물 사용자를 대상으로 하는 임상실험이 필요하다.

RTI-336을 사용하는 데 있어서 우려할 만한 일은 없을까? 있다. 모든 새로운 잠재성 치료용 약물들이 그렇듯이 이것도 예외는 아니다. 전에는 몰랐던 부작용이 발견되지 않을까? 이것의 효과가 지속적으로 나타날까, 혹은 내성이 생기지는 않을까?[6] 이것이 대체용 치료제라는 사실이 논쟁을 불러일으키지는 않을까? 이런 사안들은 어떤 새로운 치료용 약물로서의 후보 물질이 나오더라도, 관리기관과 의사들이 항상 고민해야 하는 것들이다.

중독자라는 오명!

약물 사용과 중독에는 사회적으로 오명이 씌어 있다. 이 말은 약물 사용자들은 종종 업신여김을 당하며, 약물을 하지 않는 사람들과 완전히 동일하거나 같은 수준으로 받아들여지지 않음을 의미한다. 약물 사용자들은 자신의 능력을 제대로 발휘하지 못할 것으로 여겨진다. 그렇다면 그들에게도 일자리 제공 기회를 동등하게 부여해야 할까? 아마도 그들에 대한 신뢰감과 수행 능력에 대해 염려가 들 것이다. 우리는 그들의 문제가 장기간 지속될 것을 알고 있으며, 재발이 일어나기까지 얼마나 오랜 시간이 걸릴 것인지 관심을 가질 수밖에 없을 것이다. 만일 그들이 약물과 관련하여 감옥에 다녀온 기록까지 가지고 있다면, 대부분의 사람들은 그것을 참고 받아들이기에는 너무 지나치다고 느낄 것이다. 그리고 그들은 사회적으로 더욱더 부정적인 낙인이 찍히게 된다.

약물 사용자들도 이런 내용들을 대체로 인식하고 있다. 이런 사회적 오명이 주는 압박은 이들로 하여금 자기혐오를 만들어내어, 이미 존재하는 커다란 약물 문제에다가 자부심과 관련된 문제까지 얹는 꼴이 되고 만다. 그들의 동기는 무뎌진다: "뭣 하러 학교를 졸업해? 어차피 졸업해도 수감 기록 때문에 일자리도 얻지 못할 텐데……." 약물을 끊으려고 했다가 재발이 되고 나면, 약물을 끊을 수 있는 자신의 능력에 대한 자신감을 잃어버릴 수도 있다. 그들은 어쩌면 영원히 빠져나올 수 없는 덫에 걸린 것 같은 심정으로 단 한 줄기의 희망조차 품지 않게 될 수 있다. 어떤 이는 중독자라는 딱지가 붙은 사회적 오명을 정면으로 맞서 이겨내려 하기보다는, “왜 내가 이런 문제로 골치가 아파야 하나?”라는 자기 위안적 생각에 젖어 관성적 습관대로 약물 사용을 계속하려고 할 수도 있다. 약물 사용은 때때로 어느 정도 비밀리에 행해지기 때문에 치료를 받으러 간다는 것은 자신의 행동을 대중에게 알리고 공식화하는 것과도 같다. 만일 치료를 찾는 것이 약물 사용자들에게 오히려 더 많은 문제를 안겨준다면, 그들은 아마도 약물을 다시 계속 사용하는 쪽으로 스스로와 거래를 하게 될 것이다. 보통 가족 중에 누군가가 병이 났다면 정상적으로 도와주던 구성원들도 그 병이 약물 중독일 경우는 자신과 혹은 가족 모두에게 오명이 붙게 되는 것을 두려워하고 현 상황을 부정하는 입장을 취할 수 있다. 결국 전체적으로 볼 때, 오명은 약물 사용자를 더욱 쇠약하게 만들 수 있다.

하지만 세상에는 회복된 중독자들이 많이 있고, 회복은 실제로 가능하다. 약물 사용을 멈추는 일은 가능하고, 그와 함께 정상적인 삶을 이끌기 시작하는 일도 가능하다. 때로는 그 일이 하나의 긴 여정일 수도 있기 때문에 가능하면 빨리 시작하는 것이 최선이다. 중독자의 회복을 기꺼이 도와주길 원하는 사람이 많이 있으며, 그들은 커다란 차이를 만들어낼 수 있다. 중독자들을 도와주는 방법은 여러 가지이기 때문에, 다양한 가능성들에 맞추어 적절히 대응할 사람들이 준비될 필요가 있다. 중독자의 상황을 도와줄 수 있는 대화나 어디서 도움을 받을 수 있는지에 대한 제안 등은 비밀을 지켜준다는 약속과 함께 가장 잘 진행될 수 있다. 그러나 이런 일들에 앞서 우리 모두 스스로를 먼저 생각해볼 필요가 있다. 우리는 약물 사용자의 회복을 진정 받아들일 수 있을까? 과연 우리는 기존의 판단을 내려놓고, 우리의 도움을 그들에게까지 확장할 수 있을까? 이런 일들이 그들과 우리 자신을 위해서 필요하다.

합법화 혹은 비범죄화

불법 약물의 문제는 좌절감을 맛보게 한다. 해외로부터 불법 약물의 밀수입이나 국내에서의 생산을 막으려는 시도는 지금까지 성공하지 못했다. 약물을 압수하는 데 성공했다는 식이거나, 그 약물을 생산해내는 국가에서의 군사적 승리에 관한 꽤 대중적인 성공담들이 있긴 하지만 문제는 여전히 계속되고 있다. 약물 중독자들은 약물로 불거지는 심각한 문제들에도 불구하고 약물 사용을 멈추지 않고 있으며, 약물과 관련된 범죄 또한 사라지기에는 거리가 멀어 보인다. 중독자들과 그들의 가족들은 많은 약물들이 불법으로 묶여 있기 때문에 문제가 더 커지는 것이라며 불평한다. 단순히 약물을 소유하고 있는 것만으로도 불법이 되기 때문에 그에 따른 소송과 구금을 위한 비싼 비용을 치러야 한다는 식이다.

이러한 것들은 적합한 치료 수단을 찾는 일에 방해가 될 수 있다. 이런 상황에서는, 체포된 중독자를 도와주는 일이 도움을 주는 사람에게까지 법적인 위험이 따를 수가 있게 된다. 이런 이유들 때문에, 많은 사람들이 몇 가지 불법 약물들을 합법화시킬 필요가 있다고 제안했다. 그렇게 되면 이들 약물의 가격이 낮아지게 되고, 세금을 부과한다면 정부의 재정에도 도움이 되며, 법의 집행에 따른 사회적 비용을 감소시키고, 약물 사용자들에게 범법자라는 추가적인 오명을 씌우지 않아도 되는 장점들이 있다고 주장한다. 사실 수감 기록은 약물 사용자들의 완전한 회복과 그들을 일자리로 복귀시키는 데 큰 장애물이 될 수 있다. 합법화를 하자는 제안은 어떤 점에서 흥미롭고 솔깃하게 들린다. 하지만 이것이 정말로 좋은 아이디어일까?

만일 약물 남용을 단지 형사상의 문제이거나 혹은 법적인 문제로만 본다면, 합법화에 필요한 법률 제정의 문제는 이야기의 초점이 될 만하고, 비록 그것이 결코 단순하지만은 않더라도, 충분한 논의가 이루어져야 할 것이다. 하지만 약물 남용은 뇌질환으로서 이것과는 분명 다른 문제이다. 그리고 이런 관점에서 불법 약물의 합법화는 도움이 되지 않을 것이며, 사실상 약물 사용을 더욱 악화시킬 가능성이 있다. 왜냐하면 합법화로 약물의 가용성이 더 증가하게 될 것이기 때문이다. 만일 약물들을 보다 쉽게 손에 넣을 수 있게 된다면, 더 많은 사람들이 약물에 의존하게 될 것이고, 그 의존성이 약물 사용자들에게 문제를 일으킨다는 것은 이미 잘 알려졌다. 이것에 대한 간단명료한 증거가 1장에서 제시한 그림 1-1과 그 그림의 설명에 잘 나와 있다. 합법적 약물인 알코올과 니코틴은 불법 약물에 비해 적게는 수배에서 많게는 수십배 이상으로 더 많이 그리고 더 빈번하게 사용되고 있음을 알 수 있다. 어느 날 불법 약물들이 모조리 합법화되었다고 상상해보자. 헤로인, 코카인, 암페타민은 알코올과 니코틴보다 중독성이 결코 떨어지지 않는다. 공중보건의 관점에서 보면, 합법화를 통해 아무런 제한 없이 마치 커다란 담요로 모든 것을 덮어주는 것 같은 정책을 시행하면, 더 많은 약물 사용자가 생겨날 것이므로 도움이 되기보다는 아마도 상황을 더 악화시키는 일이 될 것이라고 말한다. 하지만 어떤 경우에 있어서는 형벌의 감소(혹은 비범죄화)가 도움이 될 수도 있다. 합법화와 비범죄화 사이에는 차이점이 있다.

2011년 6월 17일, "약물과의 전쟁war on drugs"(1971년 미국의 닉슨 대통령의 유명한 선언—옮긴이) 선포 40주년을 기념하여, 미국의 지미 카터Jimmy Carter 대통령은 "전 세계적으로 진행되는 약물과의 전쟁의 철수Call off the Global Drug War"라는 제목으로 〈뉴욕타임스*The New York Times*〉에 한 편의 기명 논평을 투고했다. 그는 "전쟁"이 실패했음을 보여주는 조사 결과를 인용했는데, 그 결과에 따르면 지난 10년 동안 약물 소비량이 아편류는 34.5%, 코카인은 27%, 대마류는 8.5%로 현저하게 증가했다. 더군다나 현재의 정책은 미국의 수감 인구의 증가에도 기여했다. 미국 성인의 3% 이상이 현재 감옥에 있거나, 보호관찰 중이거나, 혹은 가석방 상태이다! 이 수치는 어떤 다른 선진공업국과 비교해볼 때 더 높은 비율이다. "약물과의 전쟁"은 약물이 갖고 있는 자체의 문제보다 더 해로운 점이 있는 것 같아 보인다. 카터는 그의 글에서, 국제약물정책위원회GCDP, Global Commission on Drug Policy는 저소득층의 비폭력적인 약물 사용자들에 대해서 형벌을 줄여주는 반면에, 국제적으로 폭력적인 범죄 조직에 초점을 맞출 것을 권고한다고 적었다. 그리고 우리 사회에 평범한 약물 사용자들에게는 어떻게 치료를 제공할 것인가에 초점을 맞춰야 한다고 적었다.

약물 중독 분야의 지도자 가운데 한 명인 아브람 골드스타인Avram Goldstein 박사는 약물을 완전히 금지하는 것이나 혹은 완전히 합법화하는 것이나 모두 좋은 생각이 아니라고 말한다. 그리고 각각의 약물은 독특한 특성을 가지고 있고, 그렇기 때문에 그 특성이 고려된 정책 수준을 필요로 한다고 생각한다.[7] 그가 몇 가지 제안을 했다. 담배와 알코올은 너무나도 쉽게 구할 수가 있는데, 그 가용성을 줄이기 위해서는 다양한 절차를 밟을 필요가 있다. 헤로인과 같은 아편성 약물과 코카인과 같은 정신자극제는 현재 통제되고 있는데, 그것들의 위험성을 고려하여 현 상태를 그대로 유지할 필요가 있다. 마리화나는 해롭지 않은 것은 아니지만, 어쩌면 그것의 사용과 소지로 인한 어떤 식의 형벌이든지 간에 지금보다는 경감해줄 수도 있다. 흡입제와 같은 약물은 독성이 있고, 종종 어린아이들이 사용하는데, 어린아이들은 약물 남용 예방이 특히 필요한 집단이다. 이런 아이디어들의 상당수가 공중보건 전문가들 사이에서 논의가 되었고, 그것들의 구체적인 실행이 여러 가지 방식으로 시도되어왔다. 영국의 약물 중독 전문가인 그리피스 에드워즈Griffith Edwards 박사도 알코올 문제에 대해 논평을 했고, 유사한 제안을 했다.[8] 약물 중독은 약물 사용자에게 많은 해로운 결과를 낳게 되는 심각한 질환이므로, 어떤 정책이든지 간에 혹은 그와 관련된 어떤 행동이든지 간에 이런 사실을 반드시 고려해야만 한다.

우리가 취해야 할 태도와 도울 수 있는 방법

약물 남용과 싸우는 데 있어 합리적이고도 실질적인 도움이 되는 몇 가지 조언[9]을 하면서 '중독'에 관한 이야기를 마치겠다.

약물 남용을 공중보건의 문제로 다루고, 치료와 예방 교육을 통해서 약물 사용이 감소되는 것을 도와주자(이 말이 법률을 위반하는 약물 사용자들이 그 책임을 지지 않아도 된다는 뜻은 전혀 아니다).

약물 사용으로 발생하는 이차적인 손상에 초점을 맞추자. 여기에는 안 좋은 건강 습관과 약물 사용 때문에 흐려진 판단으로 후천성면역결핍증AIDS이나 성병과 같은 감염성 질환이 확산되는 것을 포함한다.

예방을 위한 노력을 지지하자. 이것이야말로 약물 남용으로 이 사회가 짊어져야 할 비용을 줄일 수 있는 가장 값싼 방법이다. 특히 어린아이들에게 예방 교육을 실시해야 하는데, 10~20세에 약물을 사용하지 않는 사람들은 나중에 나이가 들어서도 약물을 사용할 가능성이 적기 때문이다.

중독, 치료, 예방 그리고 약물 관련 정책에 관한 연구에 필요한 자금을 늘리는 일을 지원하자.

마지막으로 약물 남용 및 중독자에게 따라붙는 사회적 오명을 막음으로써 그들이 보다 쉽게 도움을 받을 수 있도록 도와주자.

focus

역사를 통해 우리가 알 수 있는 것은, 형식이나 방법을 막론하고 약물 남용은 비록 그것이 약물 사용자와 그가 속한 사회에 파괴적일지라도 앞으로도 완전히 없어지지 않고 우리와 함께 가게 되리라는 것이다. 따라서 약물 남용으로 중독에 빠진 뇌질환을 이해하고 그 치료와 예방 방법을 발전시키는 것은 필수적으로 중요하다. 그러기 위해서는 추가적인 연구와 치료 방법을 위해 계속적인 대중의 지지가 있어야 하고, 이 질환에 대한 비생산적인 오명에 반대하는 꾸준한 노력이 필요하다.

감사의 말

몇몇 사람들이 이 책에 중요한 공헌을 했다. 조안나 페리JoAnna Perry 박사는 편집을 도왔고, 일부 장의 원고 집필에 참여했으며, 내용에 필요한 자료를 재사용할 수 있도록 허가받는 일을 도와주었다. 실비아 로벨Sylvia Wrobel은 1~3장의 원고 집필에 도움을 주었고, 조르단 리카타Jordan Licata는 용어 설명들을 모았으며, 재니 랑포드Janie Langford는 이 책에 쓰인 자료들의 재사용 허가를 얻는 일을 도와주었다. 이들 모두에게 감사한다.

여러 가지 방면에서 이 책에 기여한 다음과 같은 사람들에게도 감사한다: 조 턴스톨Jo Tunstall, 팻 해리스Pat Harris, 브렌다 로이드Brenda Lloyd, 수전 마셜Susan Marshall, 데이비드 고어릭David Gorelick 박사, 엘리엇 가드너Eliot Gardner 박사, 로이 와이즈Roy Wise 박사, 레오나르드 호웰Leonard Howell 박사, 히더 킴멜Heather Kimmel 박사, 대릴 닐Darryl Neill 박사.

이 책의 편집자인 러스 홀Russ Hall과 커크 젠센Kirk Jensen은 책이 출간되기까지 모든 단계에서 필요한 충고와 도움을 아끼지 않았다.

지난 40년 이상 나의 기술과 지식을 발전시키는 데 도움을 주었고, 그래서 이 책의 출간이 가능하도록 도와준 여러 스승과 동료들, 제자들에게 매우 감사한다. 미국 국립보건원National Institutes of Health으로부터의 재정적 지원이 없었더라면, 이 책은 불가능했을 것이다.

끝으로, 풀브라이트 프로그램Fullbright program과 칠레의 산티아고에 있는 가톨릭 대학의 동료들, 특별히 내 마음 한가운데에 이 책의 윤곽을 잡도록 도와준 카티아 기슬링Katya Gysling 박사에게 감사한다.

옮긴이의 말

중독의 대상은 비단 약물뿐만 아니라, 도박이나 인터넷 같은 물질이나 행위에 이르기까지 다양하다. 그 대상이 무엇이든지 간에 뇌에서 일어나는 메커니즘에는 공통점이 있다. 수년 전에 미국 국립약물남용연구소 원장을 지낸 알란 레쉬너Alan Leshner 박사가 말했듯이 중독은 일종의 뇌질환인 것이다! 따라서 중독이라는 만성적이고 파괴적인 질환을 제대로 이해하고 적절하게 대응하기 위해서는 무엇보다도 뇌과학적 지식에 근거한, 보다 근원적인 접근이 필수적이다. 우리의 뇌는 왜 약물이나 행위에 그렇게 취약할 수밖에 없는지, 뇌 안에서는 도대체 어떤 일들이 벌어지고 있는지, 유전적인 요인이 작용하는지 혹은 환경적인 요인이 보다 중요한지, 연령이나 성별에 따른 차이가 있는지, 중독을 치료할 방법은 전혀 없는지 등은 선진국에서는 이미 오래전부터 고민해오던 질문들이다. 이런 문제들에 대해 그동안 우리 사회는 객관적인 사실에 근거한 냉철한 접근을 해오지 못했다.

역자는 오래전 미국에서 공부를 하면서 약물 중독을 주제로 박사 논문을 쓰게 되었고, 그 이후로 지금까지 이 매력적인 주제를 줄곧 연구해오는 동안 이 분야에서 이루어진 흥미로운 과학적 발견들을 기회가 되는 대로 독자들에게 소개하고 싶었다. 그런데 때마침 이 분야의 저명한 학자 중의 한 사람인 마이클 쿠하Michael Kuhar 교수가 좋은 책을 출간해, 우선 이 책을 번역하여 한국 사회에 소개하기로 마음을 먹게 되었다. 다행히도 이 책은 과학을 전공하지 않은 일반인들도 알기 쉽도록 쓰여 있으며, 최신 뇌과학을 기반으로 중독에 대한 중요한 개념과 그 치료방법들에 이르기까지 다양한 관점에서 다루고 있어, 일상에 바쁜 나머지 아직 직접 저술을 하기에 역부족이었던 역자에게는 너무나도 적합한 대응책이 되었다. 번역을 진행하면서 저자의 원 글이 주는 분위기를 최대한 살리려고 노력을 하면서도, 때로는 과감한 의역으로 저자의 뜻을 보다 더 잘 전달할 수 있도록 노력하였고, 필요한 곳에는 짧게라도 옮긴이 주를 달아 이해를 돕고자 하였다. 하지만, 그럼에도 불구하고 중간 중간에 혹시 매끄럽지 못한 문장이나 내용이 있다면 그것은 전적으로 나의 책임이다.

한국 사회는 아직 중독이 큰 문제로 표면에 떠오르지는 않았지만, 앞으로 그런 일들이 벌어질 잠재적 가능성은 매우 높다. 감춰져 있어 통계조차 부정확한 불법 약물은 물론이고, 알코올과 니코틴, 그리고 무엇보다도 인터넷과 게임 중독의 문제는 우리가 이미 언론보도를 통하여 알고 있듯이 사회적으로 그 문제점들을 드러내기 시작하고 있다. 다행히 최근에 '중독 예방·관리 및 치료를 위한 법률안'이 국회에 발의되어, 한국 사회에도 이러한 주제를 국가 차원에서 본격적으로 다루는 계기가 마련되었다. 하지만 이 사회의 구성원인 바로 우리 자신들이 중독의 주제에 대하여 보다 근원적으로 이해하고 중독 환자를 바라보는 의식에 일대전환을 가져오지 않는 한, 우리 사회가 직면하게 될 이 어려운 문제에 대한 해결점을 찾는 일은 그만큼 시간이 오래 걸릴지 모른다. 이러한 시점에서, 뇌과학의 최신 지식에 기초하여 중독에 관한 제반 이슈들을 체계적으로 알기 쉽게 다루고 있는 이 책이 우리 사회에 중독의 중요성을 알리고, 그 사회적 관심을 촉구하는 데 일조할 수 있게 되기를 진심으로 바란다.

중독의 위험은 누구에게나 노출되어 있다. 이 고통을 안고 괴로워하고 있는 이는 다름 아닌 우리의 평범한 이웃일 수도, 그리고 나의 사랑하는 가족일 수도 있다. 뇌를 알고 우리의 근본적 취약성을 이해한다면, 충분히 예방할 수 있고, 이웃을 향해 도움의 길을 열어줄 수 있다. 더불어 사는 밝고 건강한 사회는 이 사회를 구성하는 우리 한 사람 한 사람의 의식의 변화와 노력들이 모여 가능한 일이라는 새삼 평범한 진리가 이 책을 번역하는 동안 내내 마음속에 떠올랐다.

용어 설명

가소성 plasticity 경험을 통해 어떤 개체의 신경화학, 구조, 기능이 바뀌게 되고 그 결과로 신경회로에 변화를 가져오게 되는 중요한 과정을 말한다. 기억과 약물 중독 과정의 기초가 된다.

강화 reinforcement 약물 사용자가 약물 탐색 행동을 더 자주 표현하는 상태이다. 약물에 대한 복잡한 반응들로 인해 강화가 일어나면, 개체로 하여금 약물 섭취와 그것과 관련된 행동들을 계속 반복하도록 한다.

금단 withdrawal 약물 사용의 중단으로 생긴 불쾌한 상태. 그 심한 정도에 따라서, 관련된 약물의 종류에 따라 생명을 위협하기까지 한다.

내성 tolerance 동일한 효과를 내기 위해 점점 더 많은 양의 약물이 요구될 때 나타난다.

내측전뇌속 medial forebrain bundle 보상계의 일부분을 이루는 뇌 영역으로 복측피개영역과 중격측좌핵을 연결하는 신경섬유를 포함한다.

노르에피네프린 norepinephrine 다양한 기능을 수행하는 호르몬의 일종이다.

뇌하수체 pituitary gland 뇌의 기저 부분에 위치한 내분비선. 여러 가지 호르몬을 분비한다.

단백질 교체 protein turnover 어떤 단백질이 합성되고, 분해되고, 다시 교체되는 과정을 말한다.

단서자극 cue 약물 사용과 연관된 자극으로, 이것이 다시 경험되었을 때 약물 사용을 중단한 사용자로 하여금 다시 약물 사용을 재개하도록 만들 수 있다.

단일염기다형성 SNP, single nucleotide polymorphism 흔한 형태의 유전자 변이로 DNA 나선 상에서 하나의 염기가 다른 염기로 바뀌는 경우. 집단 내에서 개인들 간에 차이가 있다.

대뇌피질 cerebral cortex 뇌의 가장 바깥 부분을 구성하며 언어, 인지, 기억, 감각 및 운동 지각 등에 대한 우리의 능력을 매개한다고 생각된다.

도파민 dopamine 보상과 강화에서 중요한 역할을 하는 신경전달물질의 하나이다.

민감화 sensitization 정신자극제에 반복적으로 노출되어 시간이 지남에 따라 그에 대한 반응이 더 커지는 것을 말한다.

변연계 limbic system 보상, 강화, 정서, 기억, 후각 등의 기능에 관여하는 뇌 구조의 연결망이다.

복측피개영역 ventral tegmental area 중뇌변연계의 일부분을 이루는 뇌의 한 구조로, 보상이나 강화와 관련이 있다. 도파민성 신경세포의 세포체를 갖고 있고, 그 축삭돌기가 중격측좌핵과 동일한 전뇌 쪽으로 연결된다.

부신 adrenal gland 신장의 윗부분에 달려 있으며, 코르티솔과 다른 물질들을 분비하여 스트레스 반응에 관여한다.

비범죄화 decriminalization 불법 약물과 관련된 위법에 대해 부과되는 형벌을 없애거나 감해주는 과정이다.

생체 외 in vitro 실험실에서 살아 있는 개체의 몸에서 분리해낸 생물학적 조직이나 세포를 가지고 행한 연구를 말한다.

소거 extinction 동물연구에서 약물 섭취가 중단되고, 약물 탐색 행동이 궁극적으로 멈춰지게 되는 상태를 말한다.

수상돌기 dendrite 신경세포의 세포체로부터 연장되어 나뭇가지 모양으로 뻗은 부위로, 다른 신경세포의 신경말단과 시냅스를 이룬다.

수송체 transporter 신경세포막에 존재하는 단백질인데, 신경세포 밖에 나와 있는 신경전달물질을 다시 세포 안쪽으로 들어가게 하는 역할을 한다.

수용체 receptor 신경전달물질과 결합하도록 특이한 구조로 만들어진 단백질. 신경전달물질과 결합한 후에는 수용체가 대사성인지 혹은 이온성인지에 따라서 다른 종류의 변화가 나타난다. 수용체는 화학적 신호(신경전달물질)를 받아서, 그것을 다른 형태의 신호(시냅스후 신경세포에서의 대사성 혹은 전압의 변화)로 바꾼다. 두 가지 중요한 종류로 이온통로성 수용체와 G-단백질 연결 수용체가 존재한다.

수용체 자기방사법 receptor autoradiography 조직 절편 상에서 약물과 신경전달물질 수용체의 현미경적 위치를 분석하기 위해 사용되는 기술이다.

시냅스 synapse 하나의 신경말단과 그 다음에 연결되는 신경세포 사이의 접합 부위. 신경말단에서 분비되는 신경전달물질은 시냅스가 만드는 두 세포 간의 간극을 가로질러서 시냅스후 신경세포에 돌출해 있는 수용체에 작용해야 한다.

시상하부 hypothalamus 뇌 안 깊숙한 곳에 위치한 한 구조인데, 우리 몸의 여러 가지 항상성 조절 기능과 관련이 있다. 섭식, 생식, 수면과 같은 생존에 필수적인 기능을 수행하며, 자율신경계와 내분비계를 조절한다.

신경세포 neuron 신체 내 세포의 한 종류로, 보통 신경말단을 갖는 축삭돌기와 수상돌기, 그리고 세포체로 이루어진다.

신경전달물질 neurotransmitter 신경세포들 사이에 대화를 하도록 해주는 화학적 메신저이다.

신경회로 neuronal circuit 특정한 기능을 수행하기 위해 함께 협업하는 서로 다른 뇌 부위의 연결망이다.

신호전달 signal transduction 세포 밖으로부터 안쪽으로 신호를 전달하는 과정. 또한 수용체의 자극으로 세포 내의 대사성 경로가 활성화되는 과정을 말하기도 한다. 그 결과 어떤 경우는 유전자 발현에 변화를 가져오기도 한다.

아세틸콜린 acetylcholine 뇌 그리고 신경-근육 접점에서 발견되는 신경전달물질의 하나인 화학물질이다.

안와전두피질 orbirofrontal cortex 대뇌피질 중 전두엽의 한 부분으로 정서, 보상, 의사결정과 연관이 있다.

약물 drug 이 책에서는, 섭취했을 때 보상과 강화를 만들고 중독 상태를 유발할 수 있는 물질을 가리킨다.

약물 남용 drug abuse 약물로 인한 더 이상의 혜택이 없고, 오히려 부작용과 중독 때문에 사용자에게 위험을 가져다주는 지경까지 약물을 사용하는 것을 말한다.

약물 자가투여 drug self-administration 과정을 통제할 수 있는 피험자에 의해 약물이 섭취되는 방법을 말한다. 이 중요한 방법은 어떤 약물이 중독성의 잠재력이 있는지를 알아볼 수 있게 해준다. 사람들이 남용하는 대부분의 약물은 동물들도 자가투여한다.

염색체 chromosome 세포의 핵 내에서 발견되는 특이한 배열의 DNA와 단백질의 복합적인 구조를 말하며, 그 안에 유전자를 포함하고 있다.

유전자 gene 단백질에 대한 정보를 부호화하는 DNA의 일부를 가리키며, 다음

세대로 유전이 된다.

유전자 돌연변이 **genetic mutation** 유전자의 화학적 구성의 변화로 대부분 유전자 발현이 바뀌게 된다. 어떤 경우는 심각한 질환을 일으키지만, 아무런 기능적 이상이 나오지 않을 수도 있다.

유전자 발현 **gene expression** 유전자가 전령 RNA를 거쳐 단백질로 해석되는 과정이다.

유전자 변이 **gene variant** 한 개체 안에 약간의 사소한 돌연변이가 일어난 유전자로, 다른 개체가 갖고 있는 동일한 유전자와 다르다.

인산화 **phosphorylation** 단백질과 같은 유기물에 인산기를 붙이는 분자 과정을 말한다. 그 결과로 기능이 바뀌게 된다.

전기 자가자극 **electrical self-stimulation** 뇌의 특정 부위를 전극으로 자극하여 보상과 강화를 만들어내며, 피험자가 그 과정을 조절함으로써 유지할 수 있는 실험적 방법이다.

전령 RNA **mRNA** DNA 사슬로부터 전사되어 궁극적으로 단백질을 만들기 위한 정보를 전해주는 DNA와 단백질 사이의 중간 연결 물질이다.

전방대상회 **anterior cingulate gyrus** 대뇌피질의 한 부분으로, 착오 발견, 공감, 보상의 기대와 같은 중요한 인지기능과 연관이 있다.

전사인자 **transcription factor** 유전자 상에 있는 프로모터 부위에 결합하여 유전자 발현을 조절하는 단백질들을 가리킨다.

정신질환의 진단 및 통계 편람 **DSM, diagnostic and statistical manual of mental disorders** 미국정신의학회에서 발간하며, 가장 최신판은 『*DSM IV TR*』이다. 정신질환의 진단을 위해 필요한 정보를 제공하고 있으며, 물질남용장애를 포함한다.

종열중복 가변수 **VNTR, variable number of tandem repeat** DNA 가닥을 따라 반복되어 나타나는 염기서열을 말하는데, 개체마다 그 반복되는 횟수가 다를 수 있다.

중격 **septum** 벽이나 나눠지는 구조를 가리키는 해부학 용어. 또한 전뇌에 있는 특정 구조를 가리킨다.

중격측좌핵 **nucleus accumbens** 보상과 강화에서 중요한 역할을 하는 뇌의 한 구조이다.

중뇌변연계 **mesolimbic system** 보통 보상과 연관된 도파민성 신경경로로, 중뇌로부터 전뇌의 변연계까지 연결된다.

중독자 addict 삶의 기능과 상태를 유지하기 위해서 약물에 의존적인 사람. 『*DSM IV TR*』은 다양한 상태의 약물 사용에 대하여 공식적인 정의를 내리고 있다.

축삭돌기 axon 신경세포의 몸이 일부 길게 연장된 것으로 활동전위를 운반하며, 그 끝 부분은 신경말단을 형성한다.

출산전후기 perinatal 출산 전후의 시기를 말한다.

취약성 vulnerability 어떤 사람이 지닌 약물을 하려는 경향성의 정도. 생물학적 요인과 환경적 요인이 있다.

치료용 약물 medication 질병을 치료하는 데 유용한 물질이나 약물을 말한다.

코르티솔 cortisol 부신에서 유래된 스테로이드성 호르몬의 하나로, 스트레스에 반응하여 다양한 대사활동을 수행하기 위해 분비된다.

편도체 amygdala 뇌 안쪽 깊숙이 자리 잡고 있는 한 구조. 정서적 기억과 공포 반응에 있어서 중요한 역할을 한다고 알려졌다.

프로모터 promotor 유전자의 한 부분으로 유전자 발현을 조절한다.

합법화 legalization 약물 사용을 합법화하는 과정이다.

항원 antigen 면역 반응을 유발할 수 있는 물질로, 자신에 대항하는 항체의 생성을 촉발한다.

항체 antibody 면역 시스템으로부터 만들어진 특이한 모양의 단백질들을 말하는데, 주로 바이러스나 박테리아에 있는 외래성 단백질들과 결합하여 기능을 못하게 막아주는 역할을 한다.

핵 nucleus 진핵세포 안에 존재하는 세포 내 소기관으로 유전물질이 들어 있다. 또한 뇌 안에서 그 구성과 위치가 구별되는 부위를 가리킬 때도 쓰인다.

행동치료 behavioral therapy 약물 남용자들을 치료하기 위한 방법의 하나로 환자의 행동과 활동에 초점을 맞춘다.

활동전위 action potential 축삭돌기 아래로 내려가다 신경말단에 이르러 신경전달물질을 분비하게 하는 전기적 자극. 신경세포의 전기적 막전압의 변화로 신경세포 간의 대화가 이루어지는 데 필수적인 과정이다.

후성유전학 epigenetics DNA 염기서열 상의 변화가 없이도 개체의 유전자 발현의 변화를 가져오게 하는 비유전성 영향 혹은 메커니즘을 연구하는 학문. 그 메커니즘은 보통 DNA의 메틸화나 히스톤 단백질의 변화가 관여한다.

CART 펩타이드 **CART peptide** 뇌의 여러 부위에서 작용하는 신경 펩타이드의 하나로 식욕, 스트레스, 보상에서 중요한 역할을 한다고 알려졌다.

DNA 염색체 안에서 발견되는 핵산물질. 개체의 유전물질로 구성된다.

PET 스캔 **PET scan** 양전자방출단층촬영술PET로 만들어진 스캔. 영상 기술의 하나로 방사성 물질을 사용하여 어떻게 몸의 기관이 기능을 수행하는지를 검사하고, 수용체와 같은 여러 가지 단백질의 수준을 조사한다.

주(註)와 참고문헌

1장

1 이 책에서 중독은 주로 장애(disorder)를 뜻하지만, 종종 질환(disease)을 뜻하기도 한다. 이 책에서는 중독을 '어떤 곤경과 부정적인 결과에도 불구하고 계속적으로 약물을 사용하게 되는 상태'에 초점을 맞추어서 정의한다. 하지만 미국정신의학회에서 발간한 『*DSM*』에 학회의 공식적인 정의가 나와 있고, 여기에는 약물 중독의 진단에 필요한 더 많은 구성 요소들이 기술되어 있다. 『*DSM IV TR*』은 『*DSM*』의 가장 최신판으로 의학 분야에 종사하는 전문가들이 공식적인 진단을 위해 이 책을 사용하고 있다. 『*DSM*』의 내용은 수정과 보완을 거듭하여 발전하고 있으므로 조만간 『*DSM V*』가 나올 예정이다. 현재는 여러 가지 증상 가운데 3가지 이상이 나타나면 약물 의존성이 있다고 진단을 내리므로 어떤 고통이나 부정적 결과가 없더라도 약물 의존성이라는 진단을 받을 수 있다. '약물 의존성'과 '약물 남용'의 증상과 공식적인 진단 기준은 『*DSM IV TR*』의 온라인 게시판에서 누구나 쉽게 찾을 수 있다. 한 가지 예를 들면, 2011년 6월 28일에 내가 방문했던 아래의 사이트가 있다: http://www.psychiatryonline.com/content.aspx?aID=629. 단, 실제 진단은 자격을 갖춘 의학 전문가만이 할 수 있으며, 이 책은 참고로만 보길 바란다.

2 위와 동일함.

3 위와 동일함.

4 불법적인 약물이란 생산, 사용, 소유가 법적으로 허락되지 않은 약물을 말한다. 또한 의학적으로 유용한 치료 효과가 있지만 비의학적으로 사용되는 약물을 말한다.

5 "The Economic Costs of Drug Abuse in the United States" (Washington, D. C.: Executive Office of the President, Publication No. 207303, 1992~2002.), Office of National Drug Control Policy, 2004.

2장

1 엄격한 조건 하에서는 약물 남용자인 사람을 대상으로 연구를 하는 것이 가능하다. 실험 조건은 피험자에게 생길 수 있는 어떤 위험도 최소화해야만 한다. 피험자는 체격 조건이 알맞아야 하고 비록 그들이 거절할지라도 적절한 처방이 제공되어야 한다. 그리고 그들에게 예상치 못하게 피해를 줄 수 있는 약물의 어떤 효과도 피하기 위해서는 의학적인 감시가 당연히 이루어져야 한다. 예를 들어, 특정 약물이 어떤 농도에서 독성이 있을 수 있다면 그 농도는 피해야 한다. 마지막으로 사람을 대상으로 하는 모든 연구는 사전에 글로 자세히 기술해놓고, 그 실험을 승인하기 전에 전문 위원회에서 그 내용에 대한 검토가 이루어져야 한다. 피험자의 안전은 최우선으로 고려되어야 하고, 연구를 통해 얻어질 그 어떤 유익도 피험자가 겪게 될 위험보다 중하게 여겨질 수 없다. 미국의 경우 사람을 대상으로 하는 연구에서 피험자를 보호하기 위해 엄격하게 요구되는 연방정부의 규제가 있다(45 CFR 46, 42 CFR 52h, Public Law 103-43). 피험자에게 약물을 투여할 때 필요한 가이드라인은 다음의 웹 사이트에서 찾아볼 수 있다: http://www.drugabuse.gov/Funding/HSGuide.html.

2 국가연구위원회The National Research Council는 『실험동물의 사용 및 보살핌에 대한 지침*The Guide for the Care and Use of Laboratory Animals*』을 발간하여 국가적 차원에서 동물실험에 대한 관리를 엄격하게 시행하고 있는데, 현재 2011년에 발간된 8판(Washington D. C.: The National Academies Press)까지 나와 있다. 동물실험을 하고자 하는 연구자들은 이 책의 지침을 따라 사용하고자 하는 동물의 종과 수량을 정당화해야 하고, 적절한 수의학적 보살핌을 제공해야 하며, 동물에게 불편함과 고통을 최소화해야 하며, 필요하다면 안락사를 제공해야 한다.

3 예를 들어, 이러한 결과를 보여주는 다음과 같은 2편의 논문이 있다:
S. H. Ahmed and George Koob, "Long-Lasting Increase in the Set

Point for Cocaine Self-Administration after Escalation in Rats", *Psychopharmacology*, 146:303~312, 1999./N. E. Paterson and A. Markou, "Increased Motivation for Self-Administered Cocaine after Escalated Cocaine Intake", *Neuroreport*, 14:2229~2232, 2003.

4 Charles Darwin, *On The Descent of Man*, Penguin Classics, p. 23~24.

5 주(註) 1 참조.

6 L. H. Lundahl and C. E. Johanson, "Cue-Induced Craving for Marijuana in Cannabis-Dependent Adults", *Exp Clin Psychopharmacol*, 19:224~230, 2011.

3장

1 E. S. Valenstein, *Brain Stimulation and Motivation*, 1st edition, 1973, Pearson Education Inc.

2 자가자극을 유지하도록 매개하는 뇌 부위들을 보여주는 그림은 다음의 책 내용 가운데 E. L. Gardner가 쓴 '대뇌 보상 기전(Brain Reward Mechanisms)'에서 찾을 수 있다. J. H. Lowindon, P. Ruiz, R. B. Millman, J. G. Langrod (Eds), *Substance Abuse: A Comprehensive Textbook*, 4th Edition, Philadelphia, P. A.: Lippincott Williams and Wilkins, p. 48~97, 2005.

3 http://www.hackcanada.com/ice3/wetware/electrical_brain_stimulation.html.

4 과학실험에서 다양한 농도의 약물을 체계적으로 사용하는 것은 중요하다. 그림 3-3에서 역치가 약물의 농도에 의존적이라는 것을 보여주기 위해 코카인의 농도를 다양하게 변화시켰다. 만일 실험 결과가 농도에 의존적으로 나오지 않았다면, 그 효과는 약물 때문이 아닌 다른 종류의 자극, 예컨대 단순히 동물을 붙잡고 약물을 주사하는 것과 같은 자극 때문이었을 것이다. 이처럼 어떤 효과에 대한 원인으로서의 인과관계를 주장하기 위해서는 약물의 농도가 점점 진해질수록 반응의 정도도 이에 비례하여 나타나는 결과를 보여주어야 하는데, 그러기 위해서는 반드시 서로 다른 농도의 약물이 사용되어야만 한다. 약물 연구에 있어서 농도-반응 연구는 필수적인 도구라 할 수 있다.

5 L. P. Spear, E. I. Varlinskaya, "Sensitivity to Ethanol and Other Hedonic Stimuli in an Animal Model of Adolescence: Implications for Prevention Science?", *Dev. Psychobiol.*, 52(3):236~243, 2010./C. M. Davis, A. L. Riley, "Conditioned Taste Aversion Learning: Implications for Animal Models of Drug Abuse", *Ann N Y Acad Sci.*, 1187:247~275, 2010./W. A. Jr. Carlezon, M. J. Thomas, "Biological Substrates of reward and aversion: a nucleus accumbens activity hypothesis", *Neuropharmacology*, 56 Suppl 1:122~132, 2009.

4장

1 화학적 신경전달의 발견에 얽힌 흥미로운 이야기가 있다. 이 발견의 주된 부분은 미국으로 망명한 독일계 유태인 과학자, 오토 뢰비(Otto Loewi)에 의해 이루어졌다. 그는 1921년에 그를 유명하게 만든 하나의 실험을 수행했는데, 이 실험과 관련하여 어떻게 그 일이 일어났는지를 설명해주는 일화가 있다. 심장으로 연결되는 미주신경(vagus nerve)을 자극하면 심장의 박동이 느려진다는 것은 당시에 이미 잘 알려진 사실이었다. 뢰비는 여기서 더 나아가, 느리게 박동하는 심장에서 용액을 채취하여 정상적으로 박동하는 다른 심장에 접촉해보았더니, 놀랍게도 그 심장의 박동 또한 느려졌다! 뢰비는 이러한 결과가 나타난 것은 심장의 박동을 느리게 하는 어떤 화학물질이 미주신경에서 분비되어 심장으로 전달되기 때문이라고 정확하게 설명했다. 이 물질은 나중에 아세틸콜린으로 밝혀졌고, 이것이 바로 학계에서 첫 번째로 받아들여진 신경전달물질이 되었다. 이 이야기에서 흥미로운 부분은, 어느 날 밤 뢰비는 꿈속에서 실험의 아이디어가 떠올랐고, 그는 잠이 덜 깬 상태로 침실용 탁자 위에 놓인 종이에 그 아이디어를 적었다는 것이다. 그런데 아침에 일어나 보니 참으로 절망스럽게도 자신이 쓴 글씨를 알아볼 수도 없었을 뿐만 아니라 꿈 또한 기억나지 않았던 것이다! 하지만 뢰비는 참으로 운이 좋았다. 다음 날 밤 그는 똑같은 꿈을 꾸게 되었고, 이번에는 침대에서 일어나 곧바로 실험실로 달려가서는 바로 이 명확한 실험을 할 수 있었다. 13년이 지나서 뢰비는 이 '꿈의 실험'으로 노벨상을 수상하는 영예를 안았다.

2 다음은 도파민 이야기와 약물 중독의 역사에 관한 간단한 요약으로, 이 분

야에서 오랫동안 생산적인 일을 해온 로이 와이즈(Roy Wise)로부터 개인적인 연락을 통하여 듣게 된 그의 말을 인용한 것이다.

가장 처음으로 연구한 사람은 올즈(Olds)로(a), 그는 클로르프로마진(chlorpromazine)과 레저핀(reserpine)−이들 약물의 효과에는 도파민의 효과를 무디게 하는 것이 포함된다−과 같은 비선택적 약물이 전기 뇌 자극 보상을 차단함을 보여주었다. 스타인(Stein)은 노르에피네프린이 신경전달물질로써 중요하게 작용한다는 내용의 보상에 관한 이론을 제안했지만, 추후에 얻어진 실험자료들과 맞지 않아 지지를 얻지 못했다(b, c). 나중에 보다 선택적인 도파민의 길항제가 개발되자, 이것을 사용하여 도파민을 포함하는 신경세포들을 선택적으로 파괴함으로써 보상을 차단하는 데 효과가 있음을 증명할 수 있게 되었다. 이러한 결과들은 노르에피네프린이나 다른 종류의 신경전달물질이 아닌 바로 도파민이 뇌를 자극하여 얻게 되는 보상에 관여하고 있음을 의미했다(d, e). 픽켄스(Pickens)와 해리스(Harris)가 뇌를 자극하여 얻는 보상과 정신자극제를 통해 얻는 보상에 관여하는 뇌 부위는 동일한 곳이라고 처음으로 제안했다(f).
요켈(Yokel)과 나(로이 와이즈)(g), 그리고 데이비스(Davis)와 스미스(Smith)(h)가 처음으로 암페타민의 보상 작용이 도파민 시스템을 선택적으로 방해하면 사라진다는 것을 보였다. 드윗(de Wit)과 나(i), 그리고 리스너(Risner)와 존스(Jones)(j)는 코카인으로 동일한 결과를 얻었다. 로버츠(Roberts)는 노르에피네프린 말고 도파민성 신경세포를 선택적으로 손상을 입힐 때 코카인의 보상이 망가진다는 것을 밝혔다(k). 이러한 연구들이 코카인과 암페타민의 보상에 도파민의 기능이 필요하다는 것을 보여준 첫 번째 연구들이었다. 요켈과 나는 이어서 도파민의 효현제(agonist)의 하나인 아포모르핀(apomorphine)−도파민 수용체를 직접 자극하는 물질의 하나−이 자가투여됨을 알아냈는데(g, l), 이것은 약물과 관련된 보상에 있어서 도파민의 활성이 충분한 효과가 있다는 것을 확증했다. 리츠(Ritz) 등은(m) 더 나아가 코카인과 다른 정신자극제들의 보상 및 강화 작용과 관련하여 나타나는 초기의 작용부위가 도파민 수송체임을 입증했다. 유전자 결핍 생쥐를 이용한 초기 연구에서 도파민 수송체가 결여된 동물에서도 코카인의 보상 효과가 계속 나타난다고 생각했지만(n), 최근 연구에서는 이 발견에 의문을 던졌고, 오히려 그 반대의 결과를 제시했다(o).

(a) J. Olds, K. F. Killam, P. Bach y Rita, *Science*, 124, 265 (1956). (b) L. Stein, *J. Psychiat Res* 8, 345 (1971). (c) S. K. Roll, *Science*, 168, 1370 (1970). (d) A. S. Lippa, S. M. Antelman, A. E. Fisher, D. R. Canfield, *Pharmacology Biochemistry and Behavior*, 1, 23 (1973). (f) R. Pickens, W. C. Harris, *Psychopharmacologia* 12, 158 (1968). (g) R. A. Yokel, R .A. Wise, *Science* 187, 547 (1975). (h) W. M. Davis, S. G. Smith, *Journal of Pharmacy and Pharmacology*, 27, 540 (1975). (i) H. de Wit, R. A. Wise, *Can J Psychol*, 31, 195 (1977). (j) M. E. Risner, B. E. Jones, *Psychopharmacology*, 71, 83 (1980). (k) D. C. S. Roberts, M. E. Corcoran, H. C. Fibiger, *Pharmacology Biochemistry and Behavior*, 6, 615 (1977). (l) R. A. Yokel, R. A. Wise, *Psychopharmacology (Berl)*, 58, 289 (1978). (m) M. C. Ritz et al., *Science* 237, 1219~1223 (1987). (n) B. A. Rocha et al., *Nature Neuroscience*, 1, 132 (1998). (o) M. Thomsen, D. D. han, H. H. Gu, S. B. Caine, *J Pharmacol Exp Ther* 331, 204 (2009).

3 도파민 수송체(DAT)는 코카인이 중독성을 만들어내기 위해 처음으로 작용하는 부위로 알려졌다. 이것은 1987년에 나온 논문에서 어느 정도 확실하게 밝혀졌는데, 여기서 약물의 초기 작용부위를 밝히는 데 유용한 기술인 "수용체 결합(receptor binding)" 기술을 사용했다. 이 논문이 나오기 전까지 코카인은 많은 작용부위를 갖고 있어서 중독성을 나타내는 데 우선적으로 작용하는 정확한 부위를 모른다는 것이 해결해야 할 문제점이었다. 즉, 코카인은 도파민의 재흡수를 방해하기도 하지만, 세로토닌과 노르에피네프린의 재흡수도 방해했다. 게다가 신경세포의 나트륨 통로(sodium channel)를 막음으로써 국소적 진통 효과도 만들어내며, 그 외에도 다른 작용이 더 있다. 따라서 코카인을 중독성 약물로 만들어주는 것은 어느 부위에 나타나는 작용 때문인지가 알기 어려웠다. 나와 메리리츠 박사가 이끄는 미국의 국립약물남용연구소 연구팀은 코카인과 몇 가지 코카인의 유사체들이 신경전달물질의 재흡수를 저해하는 능력과 동시에 이들 화학물질들을 가지고 동물이 자가투여하는 정도를 비교해보았다. 그 결과, 도파민 수송체에 효과적인 약물일수록 자가투여가 잘되고, 반대로 수송체에 미치는 효과

가 약할수록 자가투여가 그만큼 잘 일어나지 않았다. 이러한 상관관계는 강하게 나타났으며, 통계적으로도 유의성이 있었다. 그 당시에 이런 상관관계를 뒷받침하는 다른 증거들도 있었지만, 여기서 사용한 "결합 실험(binding experiment)"은 이러한 생각을 매우 견고하게 확증해주었다. 이 실험의 참고문헌은 다음과 같다. M. Ritz et al., "Cocaine Receptors on Dopamine Transporters Are Related to the Self-Administration of Cocaine." *Science*, 237:1219~1223 (1987).

4 빠르게 활동을 시작하는 물질이 강화력이 더 뛰어나다는 동물실험을 보여주는 연구의 한 예는 다음의 논문이다. Kimmel et al., *Pharmacol Biochem Behav*, 86:45~54, 2007. 본문에서 기술한 것처럼, 뇌로 들어가는 코카인의 속도가 코카인의 강화 (중독) 효과를 결정한다는 결과를 보여주는, 사람을 대상으로 한 연구의 예는 N. D. Volkow 등이 2000년에 발표한 *Life Sciences*, 67:1507~1515 논문에 나와 있다.

5 위와 동일함.

6 이 아이디어는 우리 몸의 감각계 연구에서 비롯됐다. 시각과 촉각에 관한 세련된 많은 연구들은 말초와 뇌에 분포한 각각의 신경세포들이 자극의 '변화'-증가 또는 감소-에 반응하는 것을 보여준다. 망막의 신경절 세포(ganglion cell)의 반응, 기계적 감각 수용기(mechanoreceptor)에 반응하는 대뇌피질의 신경세포들, 그리고 빠르게 적응하는 피부 위의 기계적 감각 수용기들에서 이런 예들을 찾아볼 수 있다. 이러한 연구들에 대한 자세한 내용은 에릭 캔들(Eric Kandel) 등이 쓴 『신경과학의 원리*Principles of Neural Science*』 제3판에 자세히 나와 있다. 아직까지 약물로부터 생겨난 만족점과 같은 현상에 대하여 이런 관점에서의 자세한 연구는 되어 있지 않지만, 이러한 현상 또한 기본적인 감각의 변화 때문에 생겨난 것으로 보는 견해도 타당성이 있어 보인다.

5장

1 이 내용은 다음의 기사를 요약한 것이다. Richard Friedman, "Lasting pleasures, robbed by drug abuse.", *New York Times*, August 30, 2010.

2 신경가소성이란 말은 자극에 반응하여 변화하는 뇌의 능력을 말한다. 본문

에서는 약물에 반응하여 변화하는 뇌 기능의 능력을 말한다. 이와 같은 가소성적 변화는 뇌 안에 존재하는 시냅스 숫자의 증가 혹은 감소, 중요한 단백질 수준의 변화로 나타날 수 있다. 내성과 중독은 가소성을 수반한다. 안토넬로 본시(Antonello Bonci)박사를 비롯한 몇몇 다른 연구자들이 가소성에 대한 몇 가지 발견들에 대해 잘 개관했는데, 다음의 논문을 참조하면 도움이 될 것이다. G. D. Stuber et al., *Curr Top Behav Neurosci*, 3:3~27, 2010., B. T. Chen et al., *Ann N Y Acad Sci*, 1187:129~139, 2010.

3 위와 동일함.

4 보통 유전자 발현의 변화는 DNA로부터 직접 만들어지는 전령 RNA 수준의 변화로 정의된다(그림 5-2 참조). 하지만 이야기를 단순화하기 위해 종종 유전자 발현의 결과물을 단백질로 정의한다.

5 2장의 주(註) 1에서, 연구 대상이 사람일 경우 피실험자를 어떻게 위험으로부터 보호해야 하는지에 대해 연구 계획서에 기술한다고 했다. 이러한 규칙은 사람을 대상으로 하는 사후 연구에도 적용된다. 예를 들어, 뇌 조직을 제공한 연구 대상자의 신원은 어떤 토의나 자료의 발간물에서도 노출되어서는 안 된다.

6 예를 들어, 다음의 논문들을 참고하라. S. E. Hemby, "Cocainomics: New Insights into the Molecular Basis of Cocaine Addiction.", *J Neuroimmune Pharmacol*, 5:70~82, 2010. T. Flatscher-Bader et al., "Comparative Gene Expression in Brain Regions of Human Alcoholics.", *Genes Brain Behav*, 5 (Suppl 1):78~84, 2006.

6장

1 최근 생식 행동과 섭식과 같은 자연보상에서의 도파민의 역할을 보여주는 데이터를 잘 요약한 몇 가지 훌륭한 종설 논문들이 나왔는데, 다음과 같다. T. A. Baskerville and A. J. Douglas, "Dopamine and Oxytocin Interactions Underlying Behaviors.", *CNS Neurosci Ther*, 16:92~123, 2010., Pfaus J. G., "Pathways of Sexual Desire.", *J Sex Med*, 6:1506~1533, 2009., A. E. Kelley, "Ventral Striatal Control of Appetitive Motivation.", *Neurosci Behav Rev*, 27:765~776, 2004., W. A. Carlezon and M. J. Thomas, "Biological

Substrates of Reward and Aversion.", *Neuropharmacol*, 56 suppl 1:122~132, 2009., M. Peeters and F. Giulliano, "Central Neurophysiology and Dopaminergic Control of Ejaculation.", *Neurosci Biobehav Rev*, 32:438~453, 2008.

2 N. T. Bello and A. Hajnal, "Dopamine and Binge Eating Behaviors.", *Pharmacol Biochem Behav*, 97:25~33, 2010.

3 이러한 연구의 예는 다음 논문에서 찾아볼 수 있다. L. J. Cheskin et al., "Calorie Restriction Increases Cigarette Use in Adult Smokers.", *Psychopharmacology*, 179:430~436, 2004., K. D. Carr et al., "Chronic Food Restriction in Rats Augments the Central Rewarding Effect of Cocaine…….", *Psychopharmacology*, 152:200~207, 2000., M. E. Carroll, "Interactions between Food and Addiction." In R. J. M. Niesink, R. M. A. Jaspers, L. M. W. Kornet, and J. M. van Ree (eds), *Drugs of Abuse and Addiction: Neurobehavioral Toxicology*, CRC, Boca Raton, p. 286~311, 1998.

4 다음의 책을 요약했다. D. J. Linden, *The Accidental Mind*, Harvard University Press, 2007, p. 162.

5 다음의 논문을 참조했다. *PLoS ONE*, 3(1): e1506, January 2008. doi:10.1371/journal.pone.0001505.

6 Q. Y. Zhou and R. D. Palmiter, "Dopamine-Deficient Mice Are Severely Hypoactive, Adipsic, and Aphagic.", *Cell*, 83:1197~1209, 1995.

7 신경전달물질 GABA와 아세틸콜린을 갖고 있는 신경세포들은 알코올 혹은 니코틴 중독에 중요하다(흥미롭게도, 이런 물질들도 중격측좌핵 내에서 도파민의 분비와 작용에 영향을 끼친다).

8 칼리바스(Kalivas)의 모델은 글루타메이트를 갖고 있으면서 전전두엽 피질로부터 내려오는 신경세포들을 다루고 있는데, 이들은 중격측좌핵에 도달하여 거기서 도파민의 분비를 조절한다. 도파민은 중요한 자극에 적응하는 것을 학습하도록 돕는 역할을 한다. 전전두엽 피질로부터 내려오는 이 신경경로는 탐색 행동을 조절하는데, 이 부분이 약물 사용에 의해 손상을 입게 된다. 반복적인 약물 사용은 이 부분의 분자적 변화를 일으킨다. 이 주제에 관한 다음의 최신 논

문을 참조하길 바란다. P. W. Kalivas and C. O'Brien, "Drug Addiction as a Pathology of Staged Neuroplasticity." *Neuropsychopharmacology Reviews*, 33:166~180, 2008.

9 G. F. Koob and M. Le Moal, Chapter 6, "Nicotine.", *Neurobiology of Addiction*, Elsevier, 2006.

10 N. D. Volkow et al., "Imaging Dopamine's Role in Drug Abuse and Addiction." *Neuropharmacol*, 56 (Suppl 1) 3~8, 2009.

11 R. D. Badgaiyan et al., "Dopamine Release During Human Emotional Processing.", *Neuroimage*, 47:2041~2045, 2009., R. C. Martinez et al., "Involvement of Dopaminergic Mechanisms in the Nucleus Accumbens Core and Shell Subregions in the Expression of Fear Conditioning.", *Neurosci Lett*, 446:112~116, 2008., L. Levita et al., "Nucleus Accumbens Dopamine and Learned Fear Revisited: A Review and Some New Findings.", *Behav Brain Res*, 137:115~127, 2002.

12 K. C. Berridge, "The Debate over Dopamine's Role in Reward: The Case for Incentive Salience.", *Psychopharmacol*, 191:391~431, 2007.

7장

1 오늘날 우리가 알고 있는 것과 같은 형태의 PET 스캐닝이 발달하기까지는 반세기 이상이 걸렸다. 방출과 전송을 통한 단층촬영을 할 수 있다는 개념은 1950년대 말 데이비드 쿨(David Kuhl)과 로이 에드워즈(Roy Edwards)에 의해 소개되었다. 단층촬영은 어떤 종류든지 감마선과 같은 투과성 파동을 사용하여 몸의 단면에 대한 상을 만들어낸다. 워싱턴 의과대학의 미쉘 테르-포고시안(Michel Ter-Pogossian)과 마이클 펠프스(Michael E. Phelps), 그리고 매사추세츠 종합병원의 고든 브라우넬(Gordon Brownell)과 찰스 버램(Charles Burham)도 PET 기술의 발전에 상당한 기여를 했다. 하지만 양전자방출 동위원소를 포도당에 붙여서 사용하는 FDG(2-fluorodeoxy-D-glucose)를 개발하여 의학적으로 PET를 널리 사용하도록 기여한 사람은 브룩헤이븐국립연구소(Brookhaven National Labs)의 알 울프(Al Wolfe)와 조안나 파울러

(Joanna Fowler)였다. 그들은 펜실베이니아 대학의 아바스 알라비(Abass Alavi)와 함께 PET가 뇌 안에서 일어나는 활동을 관찰하는 데 어떻게 사용될 수 있는지를 보여주었다. 뇌 안의 수용체에 대한 PET 스캐닝은 1980년대 초 존스홉킨스 대학에서 헨리 와그너(Henry Wagner)가 이끄는 연구팀에 의해 개발되었다. 당시 나는 존스홉킨스 대학 내 다른 팀의 상위급 멤버로서, 자기방사법(autoradiography)이라고 부르는 침습적인 접근 방법으로 뇌 안의 수용체 영상 촬영을 했고, 그 기술을 PET 촬영팀에 전해주었다.

2 이 주제를 다룬 다음의 논문을 참조하기 바란다. N. Volkow et al., "Imaging dopamine's role in drug abuse and addiction.", *Neuropharmacol*, 56 (suppl) 1:3~8, 2009.

3 수용체 자기방사법은 뇌 절편 안에서 약물에 반응하는 수용체를 현미경으로 볼 수 있게 하는 방법이다. 수용체가 어디에 위치하는지를 보는 것은 약물이 뇌 안에서 무슨 일을 하며, 어떻게 뇌가 반복적인 약물 섭취에 적응하는지를 결정하는 데 커다란 도움이 된다.

사람들은 과학자가 매력적으로 보일 수 있는 이야기에 흥미를 갖는다. 제임스 왓슨(James Watson)의 '이중나선'은 그런 면에서 대중적으로 잘 알려진 대표적인 예이다. 하지만 어떤 과학자들은 (그들도 사람이다 보니) 누가 무엇을 했고 어떻게 일들이 진행되었는지 그 과정을 잊어버릴 때가 있다. 『정서 분자*Molecules of Emotion*』라는 책에서 그 책의 저자는 수용체 자기방사법의 개발 단계에서 누가 그 일을 했으며, 어떤 순서로 일들이 진행되었는지 혼동했던 것 같다. 사실 그 책은 이 기술의 상임 개발자가 당시 속해 있던 부서의 이름조차도 잘못 기술했다. 뇌 안의 수용체의 위치를 파악하기 위해 자기방사법적인 접근을 행한 것은 나와 내 동료인 야마무라(H. Yamamura), 그리고 대학원생이었던 영 3세(W. S. Young Ⅲ)이다. 노트북에 아직도 남아 있는 자료들, 사진 기록들, 출간된 논문들, 그리고 당시 그 연구를 하면서 우리가 글로 남긴 회고문들이 분명하게 뒷받침한다. 이와 관련된 논문들은 다음과 같다. M. J. Kuhar and H. I. Yamamura, "Light Autoradiographic Localization of Cholinergic Muscarinic Receptors in Rat Brain by Specific Binding of a Potent Antagonist.", *Nature*, 253:560~561, 1975., W. S. Young and M. J. Kuhar, "Autoradiographic Localization of Benzodiazepine Receptors in the Brain of Humans and

Animals.", *Nature*, 280:393~395, 1979., W. S. Young III and M. J. Kuhar, "A New Method for Receptor Autoradiography: [3H]Opioid Receptors in Rat Brain.", *Brain Research*, 179:255~273, 1979. 다른 사람들과의 공동 연구들은 이 초기 그룹에 의한 자세한 연구가 이루어지고 난 후에 시작되었다.
4 M. J. Kuhar, "Measuring Levels of Proteins by Various Technologies: Can We Learn More by Measuring Turnover?", *Biochem Pharmacol*, 79:665~668, 2010.
5 M. Nader et al., "PET Imaging of Dopamine D2 Receptors During Chronic Cocaine Self-Administration in Monkeys.", *Nature Neurosci*, 9:1050~1056, 2006.

8장

1 *NIDA Notes*, "New technique link 89 genes to drug dependence." Vol. 22, No. 1, September 2008.
2 위와 동일함.
3 예를 들어, 다음 논문의 표 1.5를 보라. G. F. Koob and M. Le Moal, *Neurobiology of Addiction*, London: Academic Press, 2006.
4 B. F. Grant et al., "Nicotine Dependence and Psychiatric Disorders in the United States.", *Arch Gen Psychiatry*, 61:1107~1115, 2004.
5 S. Grant et al., "Drug Users Show Impaired Performance in a Laboratory Test of Decision Making." *Neuropsychologia*, 38:1180~1187, 2000.
6 J. Haidt, *The Happiness Hypothesis*, Cambridge MA: Basic Books, 2006.

9장

1 *NIDA Notes*, Vol. 14, April 1999.
2 미국 국립약물남용연구소(NIDA)는 중독에 있어서 스트레스의 중요성에 대해 특별한 주장을 했다. *NIDA Notes*, "NIDA Community Drug Alert

Bulletin – Stress & Substance Abuse", February 2006.
3 예를 들어, 다음 논문을 보라. J. W. Tidey, K. A. Miczek, "Acquisition of cocaine self-administration after social stress: role of accumbens dopamine.", *Psychopharmacology (Berl)*, 130(3):203~212, 1997.

10장

1 실제로 이것은 특히 자신이 약물 문제를 가지고 있는지 궁금해하는 사람들에게 도움이 되는 단순화된 정의이다. 하지만 진단을 목적으로 전문가들이 사용하는 정의는 더 자세하고 더 많은 요소들을 포함하고 있다. 예를 들어, 전문가들은 약물 사용자가 그 활동에 관여한 시간이 얼마큼인지, 약물 사용을 멈추려고 얼마나 노력했는지, 동일한 효과를 내기 위해 더 많은 약물을 필요로 하지는 않는지, 금단 증상이 나타나는지 등을 질문하고, 만약 부정적 답변을 들으면 그것에 대해 더 자세한 설명을 요구한다. 이런 내용들은 『*DSM IV TR*』에 서술되어 있고, 1장의 주(註) 1에서 다룬 바가 있다. 다음의 논문에 행위 중독에 대한 유용한 내용이 실려 있다. J. E. Grant et al., "Introduction to Behavioral Addictions.", *Am J Drug Alc Abuse*, 36:233~241, 2010. 만일 중독 관련 고민이 있다면, 반드시 전문가와 상담하길 바란다.
2 마합하라타(Mahabharata, 마합하라타는 고대 인도의 대표적인 범어 서사시(Sanskrit epic) 가운데 하나)의 '주사위 게임', http://www.wmblake.com/stories/mahabharata/dicing.html.
3 다음의 도박에 대한 연구 논문들을 참고하길 바란다: H. C. Breiter et al., "Functional Imaging of Neuronal Responses to Expectancy and Experience of Monetary Gains and Losses.", *Neuron*, 30:619~639, 2001; A. E. Goudriaan et al., "Brain Activation Patterns Associated with Cue Reactivity and Craving in Abstinent Problem Gamblers.", *Addiction Biology*, 15:491~503, 2010; J. Reuter et al., "Pathological Gambling Is Linked to Reduced Activation of the Mesolimbic Reward System." *Nature Neurosci*, 8:147~148, 2005; R. J. Van Holst et al., "Brain Imaging Studies in Pathological Gambling.", *Curr Psychiatry Rep*, 12:418~425, 2010.

4 섹스 중독을 다루는 몇 가지 발표된 논문을 소개하면 다음과 같다: A. E. Kelley and K. C. Berridge, "The Neuroscience of Natural Rewards: Relevance to Addictive Drugs.", *J Neurosci*, 22(9):3306~3311, 2002; M. N. Potenza, "Should Addictive Disorders Include Nonsubstance-Related Conditions?", *Addiction*, 101 (Suppl 1):142~151, 2006; J. P. Schneider and R. R. Irons, "Assessment and Treatment of Addictive Sexual Disorders: Relevance for Chemical Dependency Relapse.", *Subst Use Misuse*, 36(13):1795~1820, 2001.

5 N. D. Volkow and C. P. O'Brien, "Issues for *DSM V*: Should Obesity Be Included as a Brain Disorder?", *Am J Psychiatry*, 164:708~710, 2007., N. M. Avena et al., "Sugar and Fat Bingeing Have Notable Differences in Addictive-Like Behavior.", *Journal of Nutrition*, 139:623~628, 2011., J. A. Corsica and M. L. Pelchat, "Food Addiction: True or False?", *Curr Opin Gastroenterol*, 26:165~169, 2010., P. J. Rogers and H. J. Smit, "Food Craving and Food Addiction: A Critical Review of the Evidence from a Biopsychosocial Perspective.", *Pharmacol Biochem Behav*, 66:3~14, 2000.

11장

1 예를 들어, 다음의 논문을 보라. S. S. Hecht et al., "Similar Uptake of Lung Carcinogens by Smokers of Regular, Light, and Ultralight Cigarettes.", *Cancer Epidemio Biomarkers Prev*, 14:693~698, 2005.

2 다음 논문은 마리화나에 대한 금단 증상을 보여주는 연구의 한 예이다. K. H. Levin et al., "Cannabis Withdrawal Symptoms in Nontreatment-Seeking Adult Cannabis Smokers.", *Drug Alc Dep*, 111:120~127.

3 B. Han et al., "Associations between Duration of Illicit Drug Use and Health Conditions: Results from the 2005~2007 National Surveys on Drug Use and Health.", *Ann Epidemiol*, 20:289~297. 미국 국립약물남용연구소(NIDA)는 최근 "마리화나 남용"이라는 보고서를 발표했는데, 다음 인터넷 사이트에서 찾아볼 수 있다: www.nida.nih.gov/ResearchReports/Marijuana/

default.html.

4 마리화나 흡연은 비행기 조종사의 업무 수행 능력을 24시간가량이나 저해하는 것으로 밝혀졌다. 활동적인 조종사 9명에게 델타-9-THC가 20mg 들어 있는 마리화나 담배를 피우게 했다(이때 피험자는 담배 성분을 모르게 한다). 그러고선 모의비행실험을 했는데, 9명 중 7명은 약물 흡연 후 24시간이 지나서도 비행 조작 능력이 떨어지는 결과를 보였으며, 48시간이 지나서야 약물의 영향을 받지 않게 되었다. 흥미롭게도 이런 손상을 보인 7명 중 한 사람만이 자신이 약물을 한 것처럼 느꼈다고 보고를 했다. 따라서 마리화나 흡연을 하면, 바로 그 순간에는 약효를 의식하지 못하더라도 24시간가량 심각한 손상이 유지될 수 있다. 실제로 마리화나 사용자들은 그렇게 많은 양의 약물을 섭취하지 않는다거나 실험에 사용된 모의비행장치가 특별히 민감한 도구여서 이런 결과가 나온 것이라고 할 수도 있지만, 마리화나의 부정적인 효과가 오랜 시간 지속된다는 건 분명한 사실이다. (출처: V. O. Leirer et al., "Marijuana Carry-Over Effects on Aircraft Pilot Performance.", *Aviat Space Enviro Med*, 62:221~227, 1991.)

5 코카인은 도파민 수송체를 막아주기 때문에 중독성이 있다. 이것은 코카인과 비슷한 성질을 보이는 몇 가지 약물들의 중독성 효능과 수송체를 방해하는 능력을 비교하는 실험을 통해 발견되었다. 동물모델에서 중독을 야기하는 약물들의 효능은 다른 종류의 수송체에서는 나오지 않고 오직 도파민 수송체만을 방해하는 능력과 상관관계가 있는 것으로 나왔다. 이 연구에서 도파민을 분비시키지 않고 단지 도파민의 재흡수만을 막아준다는 점에서 코카인과 유사한 성질의 물질만 실험에 포함시켰다. 다음을 참조하길 바란다. M. C. Ritz et al., "Cocaine Receptors on Dopamine Transporters Are Related to Self-Administration of Cocaine.", *Science* 237:1219~1223, 1987.

6 4장의 주(註) 2와 동일함.

7 〈오레고니언*Oregonian*〉은 메스암페타민에 대한 특별한 보고를 실었는데, 다음 인터넷 사이트에서 찾아볼 수 있다: http://www.pbs.org/wgbh/pages/frontline/meth/body. 미국 오리건 주에 있는 멀트노마 군(Multnomah County)의 보안관 사무소의 부국장으로 있는 브레트 킹(Brett King)은 메스 사용자의 약물 사용 전과 후의 얼굴 사진을 찍어 비교했다. 그 결과 눈과 전체적인 인상, 치아, 그리고 몸무게 등이 놀랍게 변해 있었다. 대부분의 다른 중독성 약

물처럼, 메스암페타민도 우리의 건강을 유지하기 어려운 지점까지 삶을 지배한다. 다음 인터넷 사이트를 참조하기 바란다. http://www.oregonlive.com/news/oregonian/photos/gallery.ssf?cgi-bin/view_gallery.cgi/olive/view_gallery.ata?g_id=2927.

8 다음의 예를 보기 바란다. R. L. Cowan et al., "Reduced Cortical Gray Matter Density in Human MDMA (Ecstasy) Users.", *Drug Alcohol Depend*, 72:225~235, 2003.

9 이 놀라운 이야기에 대한 자세한 논의는 다음의 인터넷 사이트를 참조하기 바란다. http://www.snopes.com/horrors/drugs/facepeel.asp.

10 *DSM IV TR*, Fourth edition, Washington D. C.: American Psychiatric Association, 2000.

12장

1 David Braun, "Neanderthal Brain Size at Birth Sheds Light on Human Evolution.", *National Geographic*, September 9, 2008. http://newswatch.nationalgeographic.com/2008/09/09/neanderthal.

2 약물 사용에 있어서 성의 차이를 보여주는 매우 많은 논문들이 있다: J. B. Becker and M. Hu, "Sex Differences in Drug Abuse.", *Front Neuroendocrinol*, 29(1):36~47, 2008; V. Quinones-Jenab, "Why Are Women from Venus and Men from Mars When They Abuse Cocaine?", *Brain Res*, 1126(1):200~203, 2006; T. R. Kosten et al., "Gender Differences in Response to Intranasal Cocaine Administration to Humans.", *Biol Psychiatry*, 39(2):147~148, 1996; Q. D. Walker et al., "Sex Differences in Cocaine-Stimulated Motor Behavior: Disparate Effects of Gonadectomy.", *Neuropsychopharmacology*, 25(1):118~130, 2001; T. L. White, A. J. Justice, and H. de Wit, "Differential Subjective Effects of D-amphetamine by Gender, Hormone Levels, and Menstrual Cycle Phase.", *Pharmacol Biochem Behav*, 73(4):729~741, 2002; L. Ignjatova and M. Raleva, "Gender Difference in the Treatment Outcome of Patients Served in

the Mixed–Gender Program.", *Bratisl Lek List*, 110(5):285~289, 2009; S. Narayanan, J. O. Ebbert and A. Sood, "Gender Differences in Self–Reported Use, Perceived Efficacy, and Interest in Future Use of Nicotine–Dependence Treatments: A Cross–Sectional Survey in Adults at a Tertiary Care Center for Nicotine Dependence.", *Gend Med*, 6(2):362~368, 2009; L. M. Ambrose–Lanci, R. C. Sterling and E. J. Van Bockstaele, "Cocaine Withdrawal–Induced Anxiety in Females: Impact of Circulating Estrogen and Potential Use of Delta–Opioid Receptor Agonists for Treatment.", *J Neurosci Res*, 88(4):816~824, 2010; H. E. Jones, H. Fitzgerald and R. E. Johnson, "Males and Females Differ in Response to Opioid Agonist Medications.", *Am J Addict*, 14(3):223~233, 2005; W. Zhou, K. A. Cunningham and M. L. Thomas, "Estrogen Regulation of Gene Expression in the Brain: A Possible Mechanism Altering the Response to Psychostimulants in Female Rats.", *Brain Res Mol Brain Res*, 100(1~2):75~83, 2002; S. L. Sell et al., "Influence of Ovarian Hormones and Estrous Cycle on the Behavioral Response to Cocaine in Female Rats.", *J Pharmacol Exp Ther*, 293(3):879~886, 2000; Q. D. Walker, R. Ray and C. M. Kuhn, "Sex Differences in Neurochemical Effects of Dopaminergic Drugs in Rat Striatum.", *Neuropsychopharmacology*, 31(6):1193~1202, 2006; S. L. Parylak et al., "Gonadal Steroids Mediate the Opposite Changes in Cocaine–Induced Locomotion Across Adolescence in Male and Female Rats.", *Pharamcol Biochem Behav*, 89(3):314~323, 2008; T. E. Kippin et al., "Potentiation of Cocaine–Primed Reinstatement of Drug Seeking in Female Rats During Estrus.", *Psychopharmacology (Berl)*, 182(2):245~252, 2005; R. A. Fuchs et al., "Influence of Sex and Estrous Cyclicity on Conditioned Cue–Induced Reinstatement of Cocaine–Seeking Behavior in Rats.", *Psychopharmacology (Berl)*, 179(3):662~672, 2005.

3 위와 동일함.

4 위와 동일함.

5 예를 들어, 다음 논문을 보라. D. R. Rosenberg and D. A. Lewis,

"Postnatal Maturation of the Dopaminergic Innervation of the Monkey Prefrontal and Motor Cortices.", *J Comp Neurol*, 358:383~400, 1995; E. R. Sowell et al., "In Vivo Evidence for Post-Adolescent Brain Maturation in Frontal Regions.", *Nature Neuroscience*, 2:859~861, 1999.
6 위와 동일함.

13장

1 A. T. McLellan, D. C. Lewis, C. P. O'Brien and H. D. Kleber, "Drug Dependence, A Chronic Medical Illness.", *JAMA*, 284(13):1689~1695, 2000. 이 논문에서는 약물 남용을 일반적인 의학적 돌봄을 규칙적으로 필요로 하는 뇌질환으로 기술한다. 이 논문에 참여한 연구자들은, 약물 남용을 고혈압, 천식, 2형 당뇨병과 같은 다른 만성 질환과 비교하여 유사점을 발견했다.
2 다음의 책 내용을 요약했다. M. Adler et al., "The Treatment of Drug Addiction: a Review.", In Graham et al., *Principles of Addiction Medicine*, Third edition, American Society of Addiction Medicine, p. 419, 2003. 치료의 원리들은 또한 다음의 책에도 잘 요약되어 있다. *Principles of Drug Addiction Treatment: A Research Based Guide*, Rockville, MD, NIDA, Chapter 2, NIH Publication No. 99-4180. 두 번째 원리에서 좀 더 긍정적인 문장이 되도록 말을 약간 바꾸었다.
3 다음의 논문을 참조하기 바란다. "Lower Rates of Cigarette and Marijuana Smoking Among Exercising Teens.", *NIDA Notes*, 22(4):20, 2009.
4 S. S. O'Malley et al., "Naltrexone and Coping Skills Therapy for Alcohol Dependence.", *Arch Gen Psychiatry*, 49:881~887, 1992.
5 V. P. Dole, "Implications of Methadone Maintenance for Theories of Narcotic Addiction.", *JAMA*, 260:3025~3029, 1988. 이 논문에서 빈센트 돌(Vincent Dole)은 수용체 이론의 관점에서 자신의 연구 결과와 경험을 서술하고 있다. 그의 작업은 모든 약물 중독 연구를 통틀어서 가장 중요한 것 중의 하나이다.
6 예를 들어, 다음을 보라. R. L. Spoth et al., "Longitudinal Substance

Initiation Outcomes for a Universal Preventive Intervention Combining Family and School Programs.", *Psychol Addict Behav*, 16:129~134, 2002.

14장

1 B. H. Wainer, F. W. Fitch, R. M. Rothberg, C. R. Schuster, "In Vitro Morphine Antagonism by Antibodies.", *Nature*, 241(5391):537~538, 1973.

2 우리가 사용하는 모든 치료용 약물은 사용 농도에 따라 부작용을 나타낸다. 아스피린은 위에 출혈을 일으킬 수 있다. 어떤 항우울제는 성적 욕구를 감소시키기도 한다. 어떤 항생제는 설사를 일으킨다. 이런 내용을 숙지하고 있는 의사들은 환자에 따라 치료용 약물의 부작용의 위험 정도를 진단할 수 있다. 모든 치료용 약물에 있어서 그 약물이 주는 혜택과 위험의 비율은 중요한 고려 대상이다.

3 나 자신이 초창기 이 약물 효과에 대한 테스트 연구팀을 이끌었다. 합성화학의 지도자는 아이비 캐롤(Ivy Carroll)박사였고, 레오나르드 호웰(Leonard Howell) 박사가 자가투여 실험을 했다. 나는 또한 RTI-336 개발자의 한 사람으로서, 그 물질에 대한 특허 권한이 내게도 있음을 밝힌다. 관련 논문은 다음과 같다: F. I. Carroll, N. Pawlush, M. J. Kuhar, G. T. Pollard and J. L. Howard, "Synthesis, Monoamine Transporter Binding Properties, and Behavioral Pharmacology of a Series of 3-(Substituted Phenyl)-2-(3'-substituted Isoxazol-5-yl)tropanes.", *J Med Chemistry*, 47(2):296~302, 2004., F. I. Carroll, J. L. Howard, L. L. Howell, B. S. Fox and M. J. Kuhar, "Development of the Dopamine Transporter Selective RTI-336 as a Pharmacotherapy for Cocaine Abuse.", *AAPS Journal*, 8(1):E196~E203, 2006.

4 위와 동일함.

5 코카인이 중독성을 나타내는 부위는 도파민 수송체이고, 코카인은 이 부위를 차단함으로써 시냅스 내의 도파민의 양을 증가시키고, 도파민에 의한 신경전달을 향상시킨다. 그림 4-4와 그림 11-4를 각각 참조하라.

6 대체용 치료제에 관해서는 12장에서 다루었다. 성공적인 대체용 치료제로 니코틴과 아편류 중독자를 위해 각각 개발된 니코틴 패치와 메타돈이 있다. 이를테

면 코카인 중독자를 위한 대체용 치료제는 코카인과 같은 방식으로 작용해야 하지만, 그 치료용 약물을 유용하게 만드는 다른 성질을 갖고 있어야 한다.

7 A. Goldstein, *Addiction: From Biology to Drug Policy*, Second Edition, New York: Oxford University Press, p. 293, 2001.

8 그리피스 에드워즈 박사가 알코올과 그 정책에 관하여 논평을 한 논문은 다음과 같다: G. Edwards, "Alcohol policy and the public good.", *Addiction*, 92 (Supple 1): S73~79, 1997; G. Edwards, "The Trouble with Drink: Why Ideas Matter.", *Addiction*, 105:797~804, 2010.

9 몇몇 그룹의 보다 완성된 정책에 대한 내용은 다음을 살펴보기 바란다. Endnote No. 7~8, the NIDA strategic plan, NIH publication No. 10-6119, September 2010. SAMHSA 전략 계획은 http://www.samhsa.gov/about/SAMHSAStrategicPlan.pdf에 나와 있다.

자료 출처

1장

그림 1-1 SAMHSA(Substance Abuse and Mental Health Services Administration), 2008./NSDUH(National Survey on Drug Use and Health), September 2009.

그림 1-2 "The Economic Costs of Drug Abuse in the United States." (1992~2002, Washington, D. C.: Executive Office of the President, Publication No. 207303), Office of National Drug Control Policy, 2004.

그림 1-3 http://medicalimages.allrefer.com/large/brain.jpg.

2장

그림 2-1 Modified from www.pharmaco.umontreal.ca/apropos/LaboFilep/images/Self-administrationEN_000.jpg.

그림 2-2 Henry Gleitman, *Psychology*, first edition, Figure 4.25, 1981, W. W. Norton & Company, Inc.(W. W. Norton & Company, Inc.의 허가를 받아 사용함).

그림 2-3 Jaworski et al., "Injection of CART Peptide into the Nucleus Accumbens Reduces Cocaine Self-Administration in Rats.", *Behavioral Brain Research* 191:266~271, 2008.

그림 2-4 Peter W. Kalivas, Jamie Peters and Lori Knackstedt, "Animal Models and Brain Circuits in Drug Addiction.", *Mol Interv*, 6:339~344,

December 2006.

3장

그림 3-1 A. J. Roberts and G. F. Koob, "The Neurobiology of Addiction: An Overview.", *Alcohol Health & Research World*, 21(2): 101~106, 1997(2000년 10월에 새로운 자료로 보완함).

그림 3-2 http://www.medicinenet.com/script/main/art.asp?articlekey=56945.

그림 3-3 George F. Koob, Michel Le Moal, *Neurobiology of Addiction*, p. 23~67, 2006, Elsevier Books를 재인용.

4장

그림 4-1 (왼쪽) http://en.wikipedia.org/wiki/Nervous_system.

(오른쪽) M. J. Kuhar, M. C. Ritz and J. W. Boja, "The dopamine hypothesis of the reinforcing properties of cocaine.", *Trends in Neurosciences*, Vol. 14, p. 299~302, 1991.를 재인용.

그림 4-2 http://en.wikipedia.org/wiki/File:Three_conformation_states_of_acetylcholine_receptor.jpg.

그림 4-3 http://www.proteopedia.org/wiki/index.php/Category:Acetylcholinesterase.

그림 4-4 M. J. Kuhar, M. C. Ritz and J. W. Boja, "The dopamine hypothesis of the reinforcing properties of cocaine.", *Trends in Neurosciences*, Vol. 14, p. 299~302, 1991.

그림 4-5 W. H. Church, J. B. Justice Jr. and L. D. Byrd, "Extracellular dopamine in rat striatum following uptake inhibition by cocaine, nomifensine and benztropine.", *European Journal of Pharmacology*, Vol. 139, p. 345~348, 1987.

5장

그림 5-1 John Littleton, *Alcohol Health & Research World*, Vol. 22, p. 13~24, 1998.

그림 5-3 http://en.wikipedia.org/wiki/File:Dna-SNP.svg.

그림 5-4 Dr. Danton O'Day, University of Toronto Mississauga.

그림 5-5 http://www.lexic.us/definition-of/epigenetics.

그림 5-6 L. J. Porrino, H. R. Smith, M. A. Nader and T. J. Beveridge, "The Effects of Cocaine: A Shifting Target over the Course of Addiction.", *Prog in Neuropsychopharmacol and Biol Psychiat*, 31:1593~1600, 2007(Elsevier의 허가를 받아 사용함).

6장

그림 6-1 "Figure 3." from James G. Pfaus, "Reviews: Pathways of Sexual Desire.", *Journal of Sexual Medicine,* 2009(John Wiley & Sons, Inc.의 허가를 받아 재사용함).

그림 6-2 J. G. Pfaus, G. Damsma, G. G. Nomikos, D. G. Wenkstern, C. D. Blaha, A. G. Philips and H. C. Fibiger, "Sexual behavior enhances central dopamine transmission in the male rat.", *Brain Res*, 530:345~348, 1990(Elsevier의 허가를 받아 사용함).

7장

그림 7-1 http://faculty.washington.edu/chudler/slice.html.

그림 7-2 "PET." in http://en.wikipedia.org/wiki/Positron_emission_tomography.

그림 7-3 "Figure 2." from Volkow et al., "Decreased Dopamine D2 Receptor Availability Is Associated with Reduced Frontal Metabolism in Cocaine Abusers.", *Synapse*, 14:169~177, 1993(John Wiley & Sons, Inc.의 허가를 받아 사용함).

그림 7-4 *Time*, p. 45, July 16, 2007(미국 국립보건원(NIH)과 미국 국립약물남용연구소(NIDA)의 허가를 받아 사용함).

8장

표 8-1 "Figure 1." from C. P. O'Brien, "Review: Evidence-Based Treatments of Addiction.", *Philos Trans R Soc Lond B Biol Sci*, 363(1507): 3277~3286, 2008(허가를 받아 사용함).

표 8-2 NIDA Notes, "Studies Link Family of Genes to Nicotine Addiction.", Vol. 22, December 2009.

그림 8-1 http://en.wikipedia.org/wiki/File:Dna-SNP.svg.

그림 8-2 NIDA Notes, "Studies Link Family of Genes to Nicotine Addiction.", Vol. 22, December 2009.

그림 8-3 Bridget F. Grant and Deborah A. Dawson, "Age of onset of drug use and its association with *DSM IV* drug abuse and dependence: Results from the national longitudinal alcohol epidemiological survey.", *Journal of Substance Abuse*, Vol. 10, p. 163~173, 1998(Elsevier의 허가를 받아 재사용함).

그림 8-4 Andon N. Placzek, Tao A. Zhang, and John A. Dani, "Age dependent nicotinic influences over dopamine neuron synaptic plasticity.", *Biocehmical Pharmacology*, Vol. 78, p. 686~692, 2009(Elsevier의 허가를 받아 재사용함).

9장

표 9-1 D. Morgan et al., "Social Dominance in Monkeys: Dopamine D2 Receptors and Cocaine Self-Administration.", *Nature Neuroscience*, 5:169~174, 2002(이 논문의 결과를 요약함).

그림 9-1 http://being.publicradio.org/programs/stress/particulars.shtml(그리고 Roberto Osti의 허가를 받아 사용함).

그림 9-2 "Figure 1." from J. N. Jaworski, D. D. Francis, C. L. Brommer, E. T. Morgan and M. J. Kuhar, "Effects of early maternal separation on ethanol intake, GABA receptors and metabolizing enzymes in adult rats.", *Psychopharmacology*, Vol. 181 (2005) p. 11(Springer Science+Business Media의 허가를 받아 사용함).

그림 9-3 Theresa A. Kosten, Mindy J. D. Miserendino and Priscilla Kehoe, "Enhanced acquisition of cocaine self-administration in adult rats with neonatal isolation stress experience.", *Brain Research*, Vol. 875, p. 44~50, 2000(Elsevier의 허가를 받아 재사용함).

10장

그림 10-1 Hans C. Breiter, Itzhak Aharon, Daniel Kahneman, Anders Dale and Peter Shizgal, "Functional Imaging of Neural Responses to Expectancy and Experience of Monetary Gains and Losses.", *Neuron*, 30:619~639, 2001(Elsevier의 허가를 받아 재사용함).

그림 10-2 Gene-Jack Wang, Nora D. Volkow, Jean Logan, Naomi R. Pappas, Christopher T. Wong, Wei Zhu, Noelwah Netusll and Joanna S. Fowler, "Brain dopamine and obesity.", *The Lancet*, 357:354~357, 2001(Elsevier의 허가를 받아 재사용함).

11장

표 11-1 "Annual Smoking-Attributable Mortality, Years of Potential Life Lost and Productivity Losses, United States, 1997~2001.", http://www.cdc.gov/mmwr/preview/mmwrhtml/mm5425a1.html.

그림 11-1 "Table 3." from D. Nutt et al., "Development of a Rational Scale to Assess the Harm of Drugs of Potential Misuse.", *The Lancet*, 369:1047, 2007, http://en.wikipedia.org/wiki/Cocaine#Acute.

그림 11-2 D. H. Mathalon et al., "Compounded Brain Volume Deficits in

Schizophrenia–Alcoholism Comorbidity.", *Arch of Gen Psych*, 60:245~252, 2003.

12장

표 12-1 H. Hu, H. S. Crombag, T. E. Robinson and J. B. Becker, "Biological Basis of Sex Differences in the Propensity to Self–Administer Cocaine.", *Neuropsychopharmacology*, 29:81~85, 2004.
그림 12-1 http://www.drzukiwski.com/brain–function.
그림 12-2 C. M. Friemel et al., "Reward Sensitivity for a Palatable Food Reward Peaks During Pubertal Development in Rats.", *Frontiers in Behavioral Neuroscience*, 4:1~10, Figure 1c, 2010.

13장

표 13-1 M. E. Piper et al., "A Randomized Placebo–Controlled Clinical Trial of 5 Smoking Cessation Pharmacotherapies.", *Arch Gen Psychiatry*, 66:1254~1262, 2009.
그림 13-1 NSDUH, SAMHSA, September 2008, and http://www.whitehousedrugpolicy.gov/mediacampaign/about.html.

14장

그림 14-1 L. Whitten, "Cocaine Vaccine Helps Reduce Drug Use.", *NIDA Notes*, Vol. 23, December 2010.

찾아보기

중독에 빠진 뇌

1판 1쇄 2014년 4월 18일
1판 8쇄 2021년 7월 23일

지은이 마이클 쿠하
옮긴이 김정훈
펴낸이 김정순
책임편집 김소희 허영수
디자인 김진영 모희정
마케팅 이보민 양혜림 이다영

펴낸곳 (주)북하우스 퍼블리셔스
출판등록 1997년 9월 23일 제406-2003-055호
주소 04043 서울시 마포구 양화로 12길 16-9(서교동 북앤드빌딩)
전자우편 henamu@hotmail.com
홈페이지 www.bookhouse.co.kr
전화번호 02-3144-3123
팩스 02-3144-3121

ISBN 978-89-5605-722-4 03400